Flash CS6 动画制作

严　磊　严　晨　编　著

電子工業出版社
Publishing House of Electronics Industry
北京・BEIJING

内 容 简 介

随着我国职业教育改革的不断深入与创新，为了适应模块化课程改革的要求，从企业岗位任务的实际出发，本书遵循由浅入深、循序渐进的教学原则，根据职业院校学生的特点与需求，在介绍 Flash CS6 基本知识的基础上，强调上机操作，以任务单的形式讲授知识要点，这种任务式教程非常适合职业院校学生的学习与理解。

本书共分 8 章，其中第 1 章介绍 Flash 的基本知识；第 2 章介绍绘画工具；第 3 章介绍图形对象的编辑；第 4 章介绍文本工具；第 5 章第介绍创建元件；第 6 章介绍动画制作基础；第 7 章介绍高级动画制作方法；第 8 章介绍综合商业应用设计项目。

本书不仅适用于数字媒体技术专业、计算机平面设计专业学生使用，还适用于对动画制作有兴趣的初学者参考学习。

图书在版编目（CIP）数据

Flash CS6 动画制作 / 严磊，严晨编著. —北京：电子工业出版社，2015.11

ISBN 978-7-121-24803-0

Ⅰ.①F… Ⅱ.①严… ②严… Ⅲ.①动画制作软件—教材 Ⅳ.①TP391.41

中国版本图书馆 CIP 数据核字（2014）第 271061 号

策划编辑：关雅莉
责任编辑：郝黎明
印　　刷：三河市鑫金马印装有限公司
装　　订：三河市鑫金马印装有限公司
出版发行：电子工业出版社
　　　　　北京市海淀区万寿路 173 信箱　邮编　100036
开　　本：787×1 092　1/16　印张：11.75　字数：307.2 千字
版　　次：2015 年 11 月第 1 版
印　　次：2015 年 11 月第 1 次印刷
定　　价：24.00 元

凡所购买电子工业出版社图书有缺损问题，请向购买书店调换。若书店售缺，请与本社发行部联系，联系及邮购电话：（010）88254888。

质量投诉请发邮件至 zlts@phei.com.cn，盗版侵权举报请发邮件至 dbqq@phei.com.cn。

服务热线：（010）88258888。

前言 PREFACE

Flash 最早由美国 Macromedia 公司出品，是专业开发矢量图形编辑和动画创作软件的公司。在 2007 年该公司被 Adobe 公司收购并推出 CS 系列版本。由于 Flash 动画具有空间占用量较小的特点，所以很快流行于通过网络传播。近年来，随着网络技术的迅猛发展，这一优秀的矢量动画编辑工具凭借自身优势已经被广泛应用于网页广告、网站片头、交互游戏、电视节目、互动动画 MTV 和数字媒体等诸多领域中，并逐渐被国内企业所认识和接受。目前，企业急需大量高素质高技能的 Flash 人才以满足市场上商业设计的需要。

职业教育是我国教育中的主要组成部分，其教学目标是培养出符合企业需求的具有高素质的技能型人才。随着我国职业教育改革的不断深入与创新，为了适应模块化课程改革的要求，从企业岗位任务的实际出发，本书本着由浅入深、循序渐进的教学原则，根据职业院校学生的特点与需求，在介绍 Flash CS6 基本知识的基础上，强调上机操作，以任务单形式讲授知识要点，这种任务式教程非常适合职业院校学生的学习与理解。简单实用，任务明确是本书的特点。

本书共分 8 章，其中第 1 章介绍 Flash 的特点、开始界面、操作界面、文档的基本操作；第 2 章介绍矢量绘图的基本工具、颜色的填充、喷涂工具、辅助工具的使用；第 3 章介绍图形对象编辑的基本知识，图形的选取、锁定、移动、复制、变换、删除、查看、任意变形等辅助工具的使用；第 4 章介绍文本工具使用、传统文本、创建文本、文本分离与变形；第 5 章介绍元件的概念、元件的种类、元件的分类、创建图形元件的基本操作、使用库面板；第 6 章介绍制作补间形状动画、补间动画、帧动画等；第 7 章介绍高级动画制作、滤镜特效、图层、引导路径动画、声音的导入、使用声音的方法、视频的导入；第 8 章介绍 Flash 动画实例的详细制作过程。

为了方便教学，本书配有相关资源素材，请有此需要的读者登录华信教育资源网（www.hxedu.com.cn）注册后免费进行下载使用。

本书由严磊、严晨编著，在本书编写过程中得到了吴徐君老师、付林、张雯、王晶晶、王斐、柴纯钢、刘洋、徐昱多媒体教研室全体同仁的大力帮助。另外还得到了赵一飞、杨旺工等同事的技术帮助。在本书的编写过程中，特别感谢北京印刷学院数字媒体艺术实验室（北京市重点实验室）的大力支持。

由于编者水平有限，书中疏漏和不足之处在所难免，恳请广大读者及专家不吝赐教。

编　者

CONTENTS | 目录

Flash 概述

在本章中，主要介绍 Flash 从一个单一时间轴的工具发展到多媒体交互制作软件的过程，Flash 软件设计的应用领域与特点以及 Flash 的安装与退出，为以后学习 Flash 动画制作打下良好的基础。

本章知识要点

1. Flash 发展重要阶段的标志性成果
2. Flash 软件设计应用领域及特点
3. Flash 的操作界面

本章知识难点

熟练掌握 Flash 的界面功能区域

1.1　Flash 简介

1. 什么是 Flash

由于 HTML 语言的功能十分有限，无法完全达到预期设计的要求，难以实现令人耳目一新的动态效果，在这种情况下，各种脚本语言应运而生，使得网页设计更加多样化。然而，程序设计总是不能很好地普及，因为其要求设计者有一定的编程能力，而人们更需要一种既简单直观又有强大功能的动画设计工具，而 Flash 的出现正好满足了这种需求。

Flash 动画设计知识体系中最重要且最基础的是 Flash 动画设计的三大基本功能，这三个基本功能包括：绘图和编辑图形、补间动画和遮罩。三者是紧密相连的逻辑功能，并且这三个功能自 Flash 诞生以来就存在。Flash 动画说到底就是“遮罩+补间动画+逐帧动画”与元件（主要是影片剪辑）的混合物，通过这些元素的不同组合，从而可以创建千变万化的效果。

2. Flash 的特征

1）平民化的专业软件

为什么说 Flash 是平民化、大众化动画软件？因为它是一个功能完善、简单易学、老少皆喜的动画软件。用 Flash 制作出来的动画不但占用空间小，而且动画品质高，不管怎样放大或缩小，它都不会失真。它和传统绘制动画没有本质上的区别，两者都是动画的一种表现形式，只是制作方法有很大的不同。

2）特效化的艺术表现

Flash 动画的动画意义不单使动画制作效率增倍提高，而且 Flash 动画为二维特效领域的设计应用方面填补了空白。通过 Flash 可以制作文字特效、鼠标特效、遮罩特效、导航栏特效，这些特效的产生，完全是依托 Flash 自身特点与技术特征发展变化出来的，通过设计师的长期实践和用户反馈积累而来的。

3）多媒体的视听共享

Flash 软件是多媒体电脑技术的重要组成部分。它可以实现视与听相辅相成，互为补充。达到"画面赋予声音以形态和神韵，声音给予画面生命和生活气息"的艺术效果。

Flash 动画作为视听艺术的种类之一，它是由视觉的画面元素和听觉的声音元素相互融合并不断发展构成的。画面需要声音的补充和丰富，相反，声音也不能离开画面而单独存在。Flash 动画更加生动、直观地将声音与画面的独特质感相互配合、扬长避短，形成了二维空间到多维空间的全新视听感受。

4）交互性的娱乐体验

Flash 网页视觉设计便是互联网人机交互中的一种全新表现形式。浏览者对 Flash 网页视觉的参数与交互体现在两个方面：第一，Flash 网页视觉设计根据浏览者的交互控制而逐步展开；第二，由于浏览者交互控制的不同，使用 Flash 网页视觉设计的发展是不正确的。浏览者在其中扮演着决定性的作用，因此在开放的互联网世界里，晦涩难懂，难以操作的交互式必然会影响浏览者的体验感受，交互方式的简易性直接影响 Flash 网页视觉设计效果。

3. Flash 动画的设计应用领域

1）绘制矢量图形

利用 Flash 的矢量绘图工具，可以绘制具有丰富表现力的图形作品。

商业用途：制作艺术海报、平面印刷品。

2）设计制作二维动画

动画设计是 Flash 最普遍的应用，是基于迪斯尼早期动画的基本形式，即"帧到帧"动画原理发展而来的。

Flash 提供多种添加动画的方法，其中最常见的有两种：

（1）补间动画。补间动画技术的引入，给计算机动画技术带来一场革命。一些运动和变形，只需通过制作起点帧和终点帧，并对两帧之间的运动规律进行准确的时间设定，计算机便可以通过计算完全生成中间的图形动画部分。

（2）frame by frame 动画。frame by frame 动画，是通过在时间轴上添加更改连续帧的内容来创建动画。这种逐帧动画，可以很细腻地表达动画效果，在舞台中可以多种编辑对象，使其达到最佳动态效果。

商业用途：影视动画广告、banana 通栏广告、动态界面等动画领域。

3）超强的编程功能

动作脚本是 Flash CS5 的编写语言，可以使影片具有交互性。动作脚本提供一些元素，这些脚本元素将指示影片素材进行相应的操作。如前进、后退、快进、播放、停止、暂停等操作。

商业用途：多媒体课件、电子读物、网页游戏等。

1.2 操作界面

1. Flash CS6 的“开始”页

启动 Flash CS6 界面，如图 1-1 所示。

图 1-1　Flash CS6 的启动界面

（1）运行 Flash 后会打开“开始”页。通过“开始”页，可以轻松地运行常用的操作。开始页包含以下 5 个区域，如图 1-2 所示。

● 从模板创建：列出创建新的 Flash 文件最常用的模板。可以通过单机列表中所需的模板创建新文件。

● 打开最近的项目：用于打开最近使用过的文档，也可以通过单击“打开”图标显示“打开”对话框。

● 新建：列出 Flash 的文件类型，如 Flash JavaScript 文件和 ActionScript 文件等，可以通

过单击列表中所需的文件类型，快速地创建新的文件。

● 扩展：连接到 Microsoft Internet Explorer 站点。用户可以在其中下载 Flash 的扩展程序、脚本以及相关的信息。

● 学习：用于了解 Flash 的相关知识。

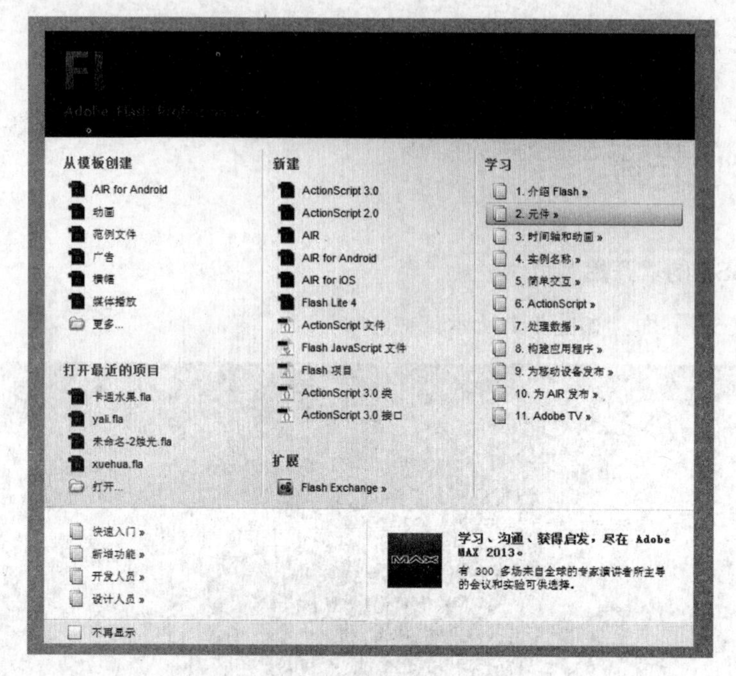

图 1-2　“开始”页

（2）启动 Flash CS6 后进入操作界面，如图 1-3 所示。

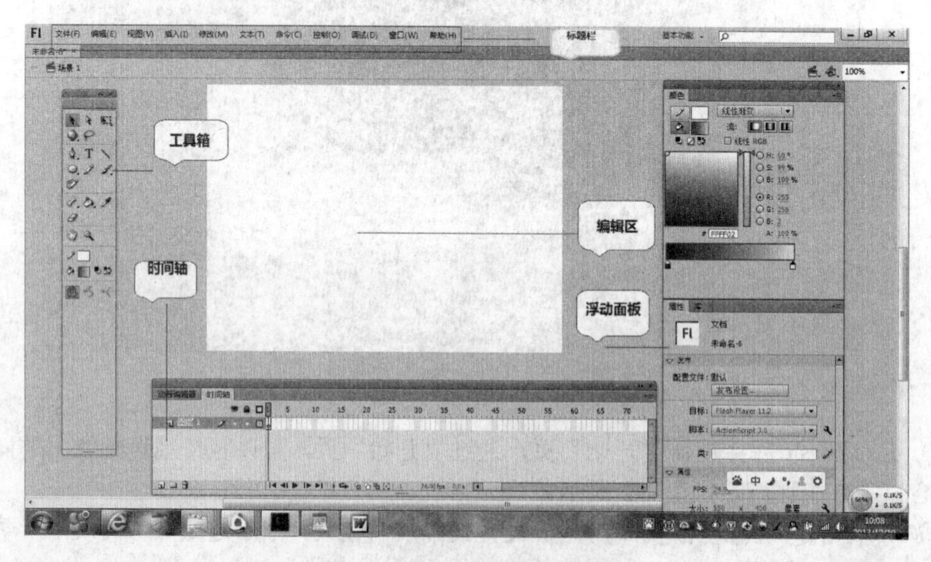

图 1-3　Flash CS6 操作界面

2. 场景与舞台

用户可以通过放大或缩小编辑区的大小，以更改舞台中的视图，如图 1-4 和图 1-5 所示。

图 1-4　放大视图窗口

图 1-5　缩小视图窗口

3. 时间轴

时间轴，如图 1-6 所示。

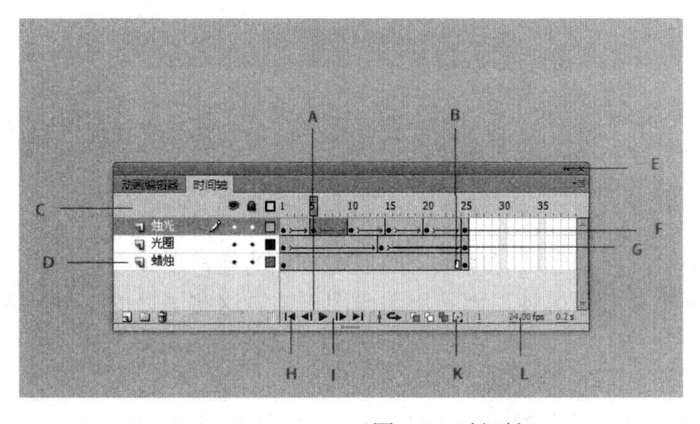

A：播放头；B：空关键帧；C：时间轴标题；D：引导层图标；E：“帧视图”弹出菜单；F 关键帧；G：补间动画；H：帧居中按钮；I：绘图纸按钮；J：当前帧指示器；K：帧频指示器；L：运行时间指示器

图 1-6　时间轴

对于 Flash 来说，时间轴至关重要，可以说时间轴是动画的灵魂，只有熟悉了时间轴的操作和使用方法，才能在制作动画时得心应手。

文档中的每个图层中的帧显示在该图层名右侧的一行中，时间轴顶部的时间轴标题指示帧编号，播放头指示当前在舞台中显示的帧。时间轴状态显示在时间轴的底部，可显示当前帧频，帧速度以及到当前帧为止的运行时间。

若要更改时间轴中的帧显示，则可单击时间轴右上角的“帧视图”按钮，此时可弹出“帧视图”菜单。根据弹出菜单，用户可以更改帧单元格的宽度和减小帧单元格行的高度，要打开或关闭用彩色显示帧顺序，则可选择“彩色显示帧”。

3. 工具箱

工具箱分为以下 4 个部分，如图 1-7 所示。

（1）工具区域：包含绘图、上色和选择工具 。

（2）查看区域：包含应用程序窗口内进行缩放和移动工具。

（3）颜色区域：包含用于笔触颜色和填充颜色的功能键。

（4）选项区域：显示用于当前所选工具的功能键。功能键影响工具的上色或者编辑操作。

工具箱面板如果 1-8 所示。

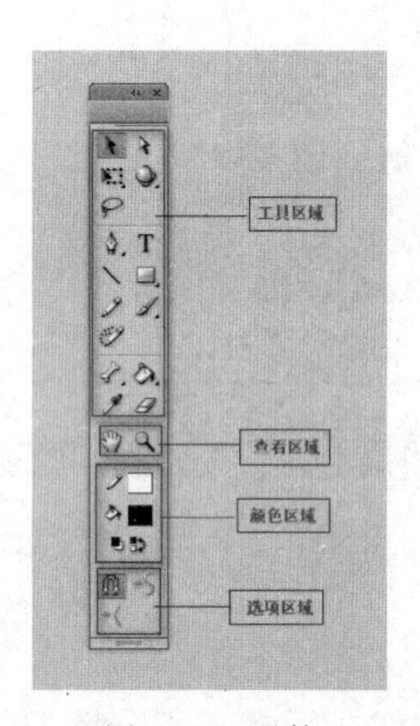

图 1-7　工具箱

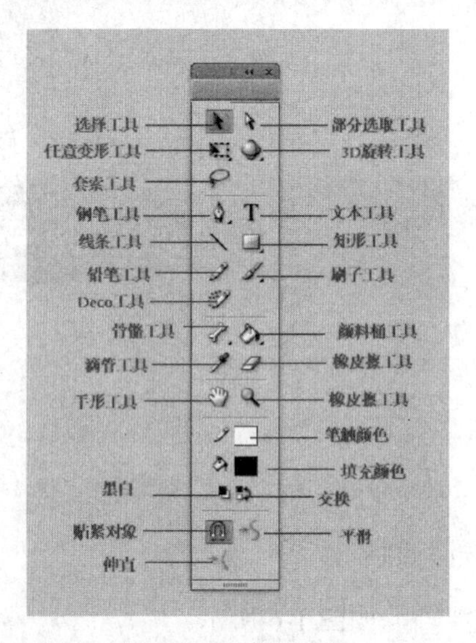

图 1-8　工具箱面板

4. 认识其他面板

通过 Flash 提供的其他面板，可以查看、组织和更改媒体和资源及其属性。用户还可以将面板组合在一起，并保存自定义面板设置，使工作区符合个人的偏好。

1）“属性”面板

使用“属性”面板，可以访问舞台或时间轴上当前选定项的最常用属性，从而简化文档的创建过程，用户可以在其中更改对象属性，而不用访问用于控制这些属性的菜单或者面板，如图 1-9 所示。

2）“库”面板

“库”面板是存储和组织在 Flash 中创建的各种元件的地方。它还用于存储和组织导入的文件，包括位图图形、声音文件和视频剪辑等，如图 1-10 所示。

图 1-9　“属性”面板

图 1-10　“库”面板

3）“动作”面板

用户可以在“动作”面板中编辑 ActionScript 代码。选择帧，可以激活“动作”面板，如图 1-11 所示。

4）“历史记录”面板

“历史记录”面板显示的是自创建或打开某个文档以来，在该活动文档中执行的步骤的列表。选择“窗口”→“其他面板”→“历史记录”菜单命令，即可打开“历史记录”面板，如图 1-12 所示。

图 1-11　“动作”面板

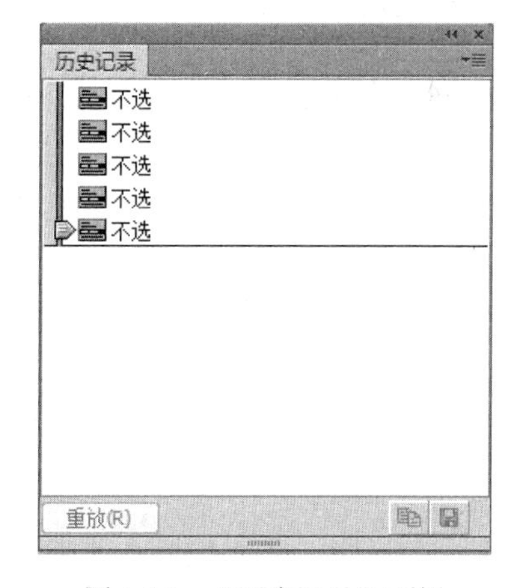

图 1-12　“历史记录”面板

5．菜单栏和编辑栏

Flash 应用程序窗口顶部的菜单栏显示包含用于控制 Flash 功能的命令菜单，包括“文件”、“编辑”、“视图”、“插入”、“修改”、“文本”、“命令”、“控制”、“调试”、“窗口”和“帮助”等，如图 1-13 所示。

图 1-13　菜单栏

6．图层

图层用于帮助用户组织文档中的插图，用户可以在图层上绘制和编辑对象，而不会影响其他图层上的对象。如果一个图层上没有内容，那么就可以透过它看到下面的图层，如图 1-14 所示。

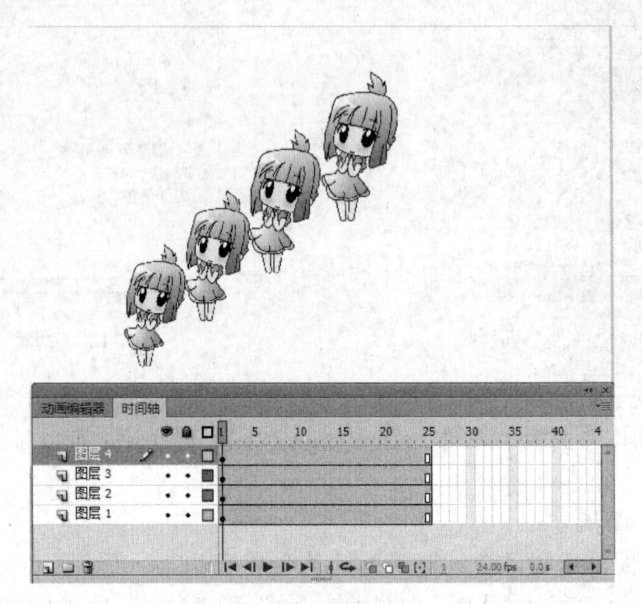

图 1-14　图层

7．浮动面板

浮动面板如图 1-15 所示。

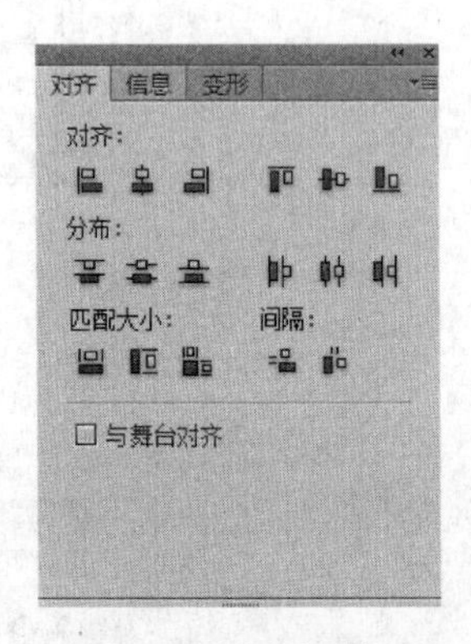

图 1-15　浮动面板

1.3　Flash CS6 的基本操作

如果我们第一次启动进入 Flash 界面，那么在运行一段程序后，会自动出现一个对话框，新建区域包括 11 个选项，无论单击其中任何一个选项，都可以进入到这个选项的编辑窗口，如图 1-16 所示。

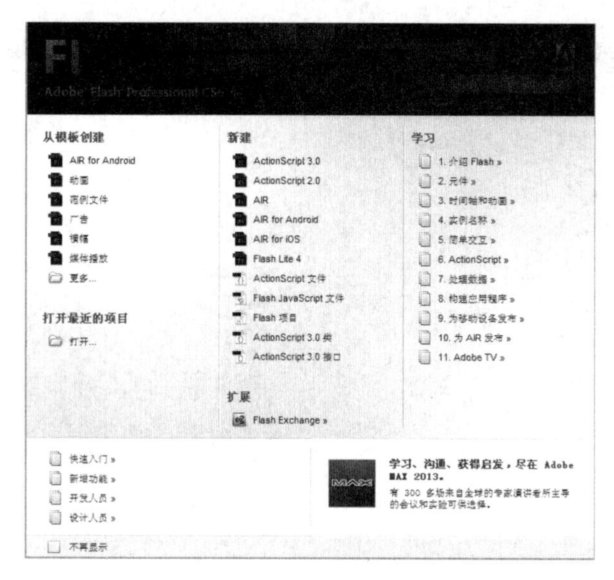

图 1-16　Flash CS6 界面

1. 新建 Flash 文件

1）Flash 文件

在制作某一个项目的实际工作中，经常需要建立一个新的文件。这时我们就可以进行如下操作：

执行菜单栏中的“文件”→“新建”命令，弹出“新建文档”对话框，选择常规类型中的“Action Script 3.0”右侧的参数选项也可以根据需要填写，单击“确定”按钮，这时在编辑工作区就会出现一个新的空白文件，这样一个新的文件就建好了。如图 1-17 和图 1-18 所示。

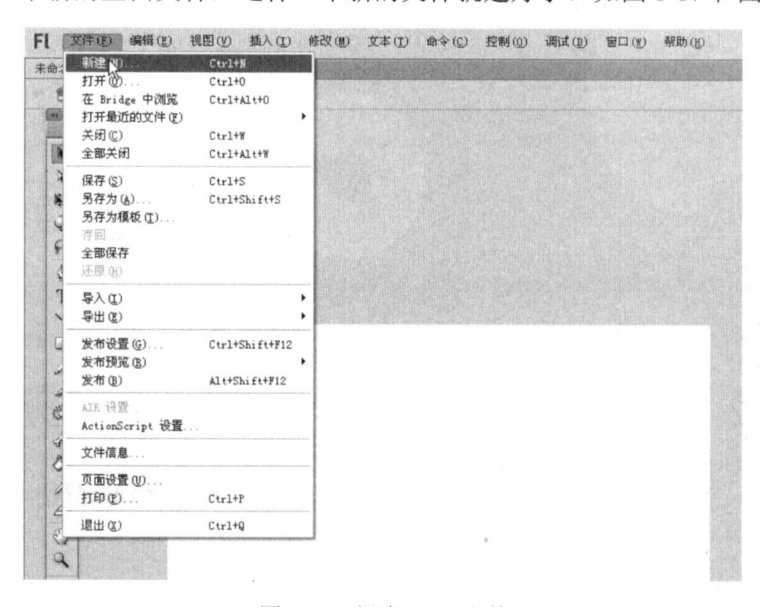

图 1-17　新建 Flash 文件

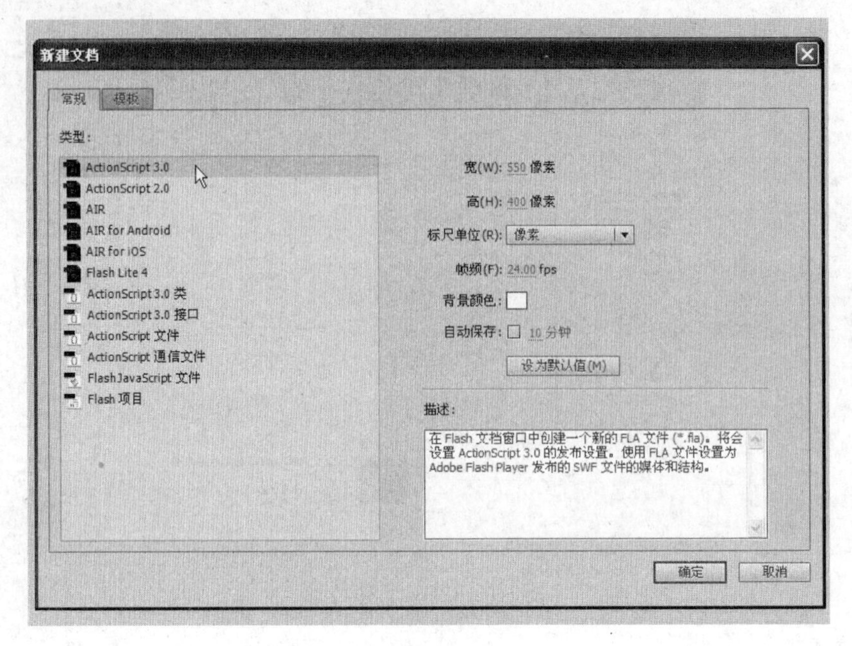

图 1-18 “新建文档”对话框

高手提示

为了使用方便，要牢记创建新文档快捷键【Ctrl+N】，会大大提高工作效率。

2）ActionScript 文件

在新建文件时，也可以选择“ActionScript 文件”选项，可以创建一个外部脚本文件（.as），同时可以打开动作脚本窗口对它进行编辑，如图 1-19 所示。

图 1-19 “动作脚本”窗口

3）Flash 项目

选择这个选项，就可以创建一个新的 Flash 项目文件，也可以使用 Flash 项目文件组合相关文件（.fla、.as、.jsf 及多媒体等文件），可以为这些文件建立发布设置并且实施版本控制，如图 1-20 所示。

图 1-20　创建项目

2．打开 Flash 文件

打开一个现有文档具体操作步骤如下：

（1）执行菜单栏中的“文件”→“打开”命令，弹出“打开”对话框，如图 1-21 所示。

（2）在“查找范围”下拉列表中找到 Flash 文件的存放位置，然后选中要打开的“风景动画”文件。

（3）单击“打开”按钮，文件被打开。

图 1-21　“打开”对话框

3．保存和关闭 Flash 文件

要保存文件可以通过以下两种方法实现。

方法 1

如果文件是首次保存时，可以进行如下操作：

（1）单击“文件”→“保存”菜单命令，如图 1-22 所示。

（2）弹出“另存为”对话框，选择保存路径，如图 1-23 所示，输入文件名。

（3）单击“保存”按钮。

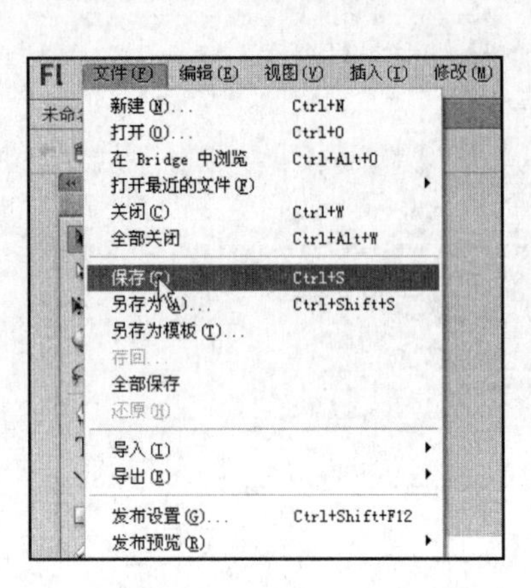

图 1-22　“保存”选项

图 1-23　“另存为”对话框

方法 2

（1）执行“文件”→“另存为”菜单命令，如图 1-24 所示。

（2）弹出“另存为”对话框，如果以前没有保存过，需要在“文件名”文本框中输入文件名，然后选择保存路径，如图 1-25 所示。

（3）单击“保存”按钮。

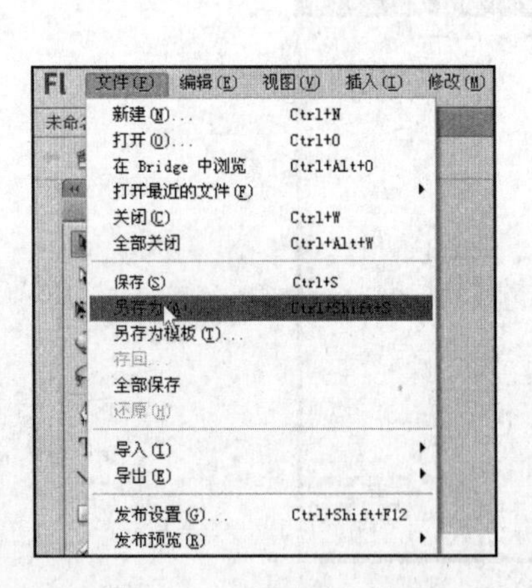

图 1-24　“另存为”选项

图 1-25　保存文件

矢量图形绘制与填色工具

Flash CS6 提供了多种绘图工具创建动画中的矢量图形，矢量图形是动画创作的重要素材，掌握图形绘制的技能，是制作 Flash 动画的基本要求。本章介绍了 Flash CS6 图形绘制与填色工具组的使用方法及操作技巧。

本章知识要点

1. 工具箱中的绘图工具组
2. 工具箱中的填色工具组

本章知识难点

“钢笔工具”中的两个锚点摆动的方向，不易调控掌握。

任务单（一）　绘制智能手机——几何图形编辑

任务描述

使用图形绘制基本工具绘制“智能手机”效果，如图 2-1 所示。

月光宝盒

矩形工具组共有 5 个常用工具，分别为：矩形工具、椭圆工具、基本矩形工具、基本椭圆工具和多角星形工具。这些工具都可用来绘制几何形状图，如方形、圆形、多边形、星形、扇形等各种形状的图形，如图 2-2 所示。

图 2-1 “智能手机”效果

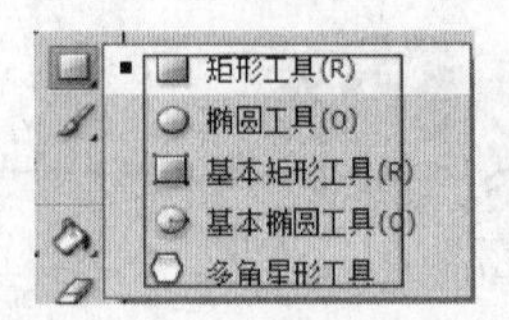

图 2-2 矩形工具组

2.1.1 矩形工具组

矩形工具可以绘制矩形、正方形等图形。在工具箱中，单击“矩形工具”或按【R】键，即可使用该工具。

1. 设置矩形工具属性

打开“矩形工具”的属性面板，如图 2-3 所示，在属性面板中可以设置填充和笔触颜色、笔触样式、端点、接合、尖角等参数。矩形选项参数用于设置圆角矩形。

2. 使用矩形工具的方法

1）绘制矩形

在工具箱中单击矩形工具后，将鼠标指针置于舞台中，鼠标指针就会变为十字形状，单击并拖动鼠标即可以单击点为起点绘制一个矩形。另外也可以配合【Alt】键不放，以单击点为中心进行绘制矩形。

2）绘制正方形

按住【Shift】键的同时拖曳鼠标，可以绘制出正方形图形；也可以按住【Shift+Alt】组合键的同时拖曳鼠标，可以绘制出以单击点为中心的正方形图形，如图 2-4 所示。

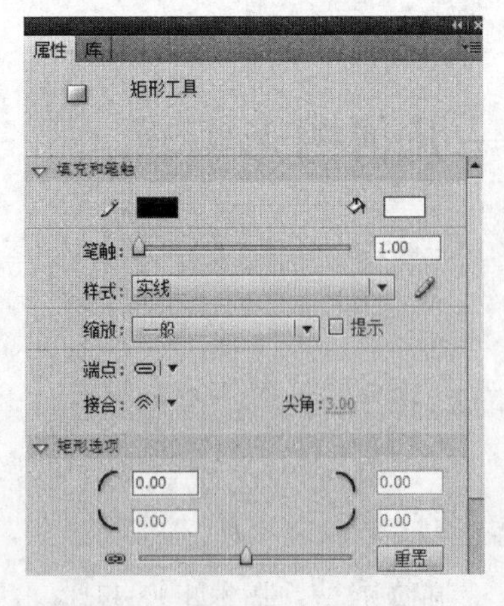

图 2-3 矩形工具属性面板

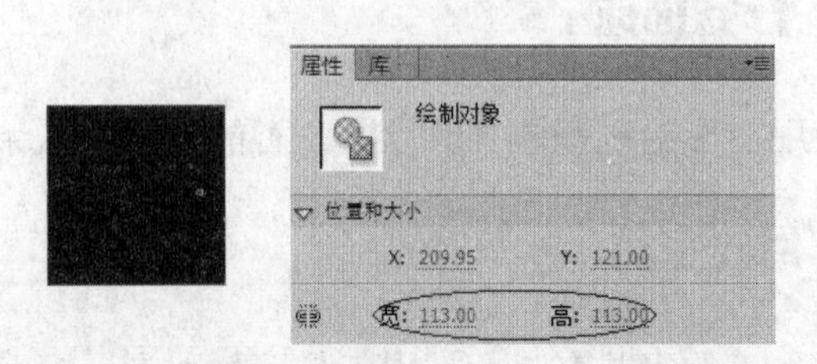

图 2-4 绘制正方形

3. 基本矩形工具

基本矩形工具多用于绘制圆角矩形。按【R】键可以实现矩形工具与基本矩形工具之间进行切换。基本矩形工具是可以绘制带倒角的矩形工具，如图 2-5 所示，可以在属性面板中设置参数来控制矩形边缘弧度的大小，绘制出相应的圆角矩形。

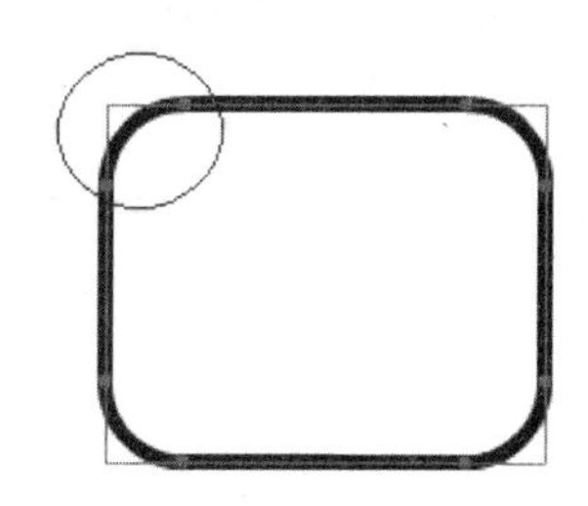

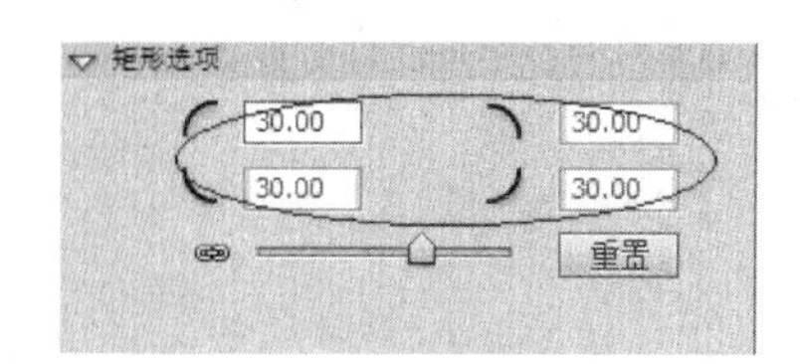

图 2-5　绘制圆角矩形

高手提示

创建圆角矩形的一个简单办法是：在拖曳鼠标的同时按键盘的上下方向键，通过按向上和向下箭头可以调节圆角半径向内及向外的弧度，如图 2-6 所示。

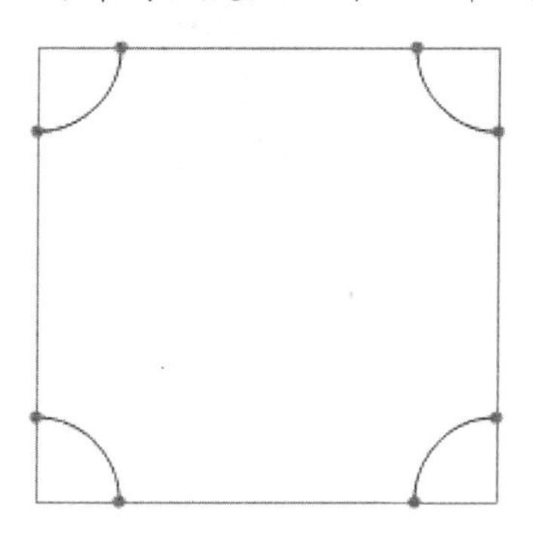

图 2-6　内圆角矩形

2.1.2　椭圆工具组

“椭圆工具”和“基本椭圆工具”属于几何形状绘制工具，如图 2-7 所示为用于创建各种比例的椭圆形，也可以绘制各种比例的圆形，操作起来比较简单。椭圆工具和基本椭圆工具的相同点是：都可以用来创建椭圆形、圆形、扇形、饼形和圆环形。

1. 设置椭圆工具属性

在属性面板中可以进行相关设置，包括笔触粗细、端点形状、尖角度。还可以设置边线类型以及填充色，如图 2-8 所示。

2. “椭圆工具”和“基本椭圆工具”的不同点

① 使用“椭圆工具”绘制后的图形是形状，只能使用直接选择工具编辑修改外轮廓，如图 2-9 所示。

② 使用“基本椭圆工具”绘制的图形，可以在“属性”面板中修改基本属性。如图 2-10 所示。

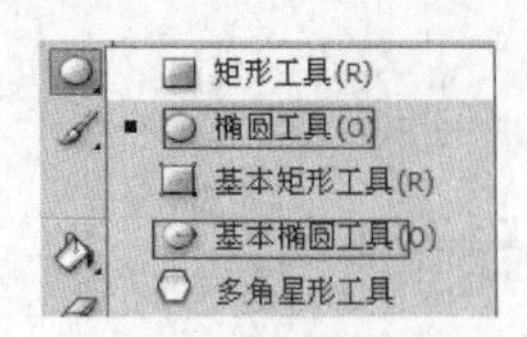

图 2-7 椭圆工具组

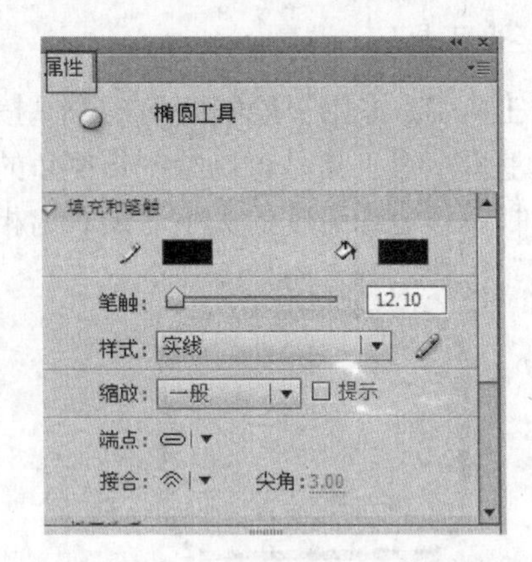

图 2-8 “椭圆工具”属性面板

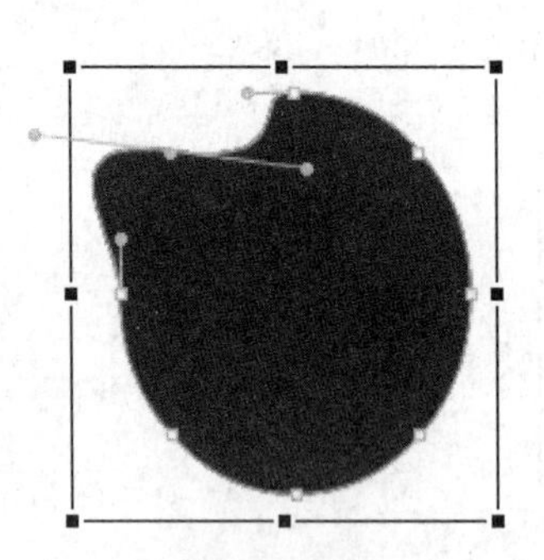

图 2-9 “椭圆工具”绘制图形

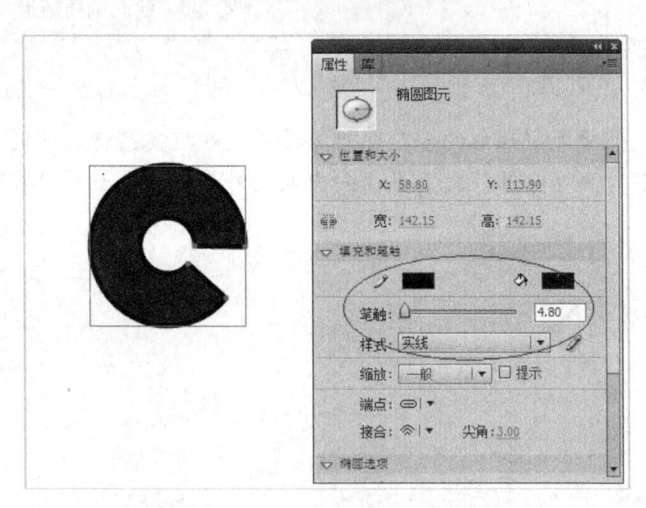

图 2-10 “基本椭圆工具”绘制图形

3．椭圆形工具的使用方法

（1）单击“工具”面板中的“椭圆工具”，如图 2-11 所示。

（2）在打开的“颜色”面板中设置笔触颜色的类型以及填充色，如图 2-12 所示。

图 2-11 椭圆工具

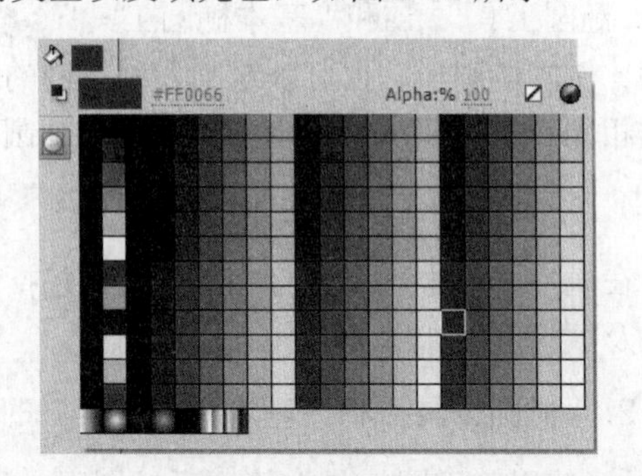

图 2-12 颜色面板

（3）将鼠标指针移到舞台上单击并拖曳，就会看到椭圆的一个基本样式，如图 2-13 所示。

（4）当椭圆的大小和形状达到要求后释放鼠标即可，如图 2-14 所示。

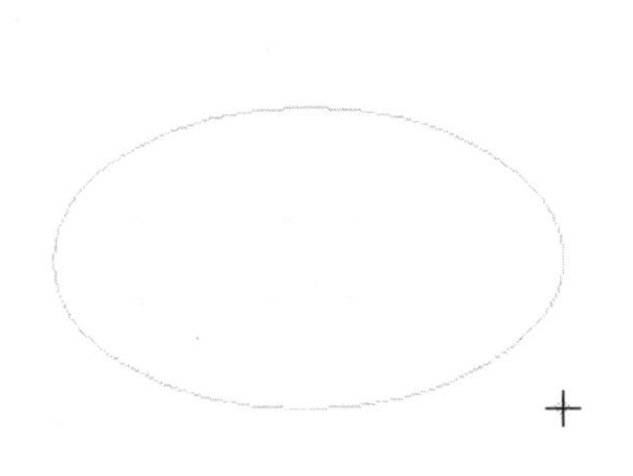

图 2-13　椭圆形轮廓

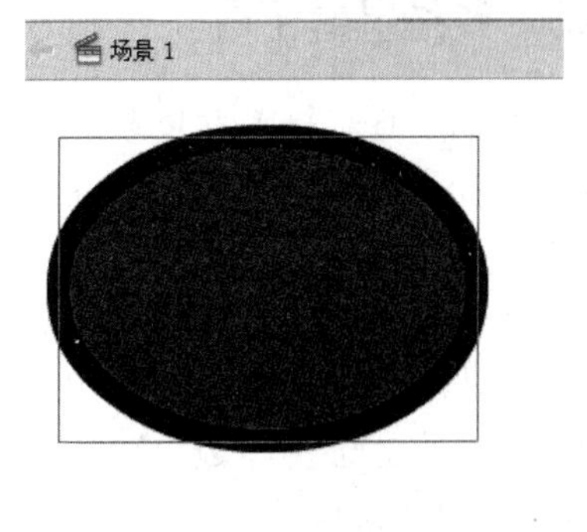

图 2-14　椭圆形图形

4．使用基本椭圆工具的方法

（1）单击“工具”面板中的“基本椭圆工具”，如图 2-15 所示。

（2）在打开的“属性”面板中（或者“颜色”面板中）设置笔触的颜色以及填充色，如图 2-16 所示。

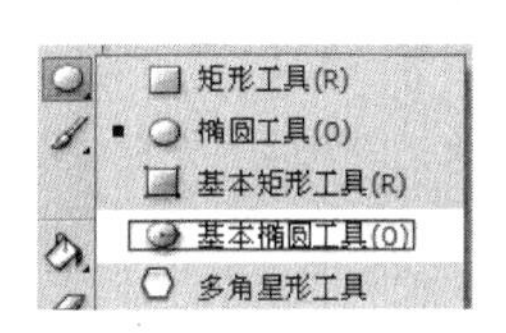

图 2-15　基本椭圆工具

图 2-16　“属性”面板

（3）将鼠标指针移到舞台上单击并拖曳，就会看到椭圆的一个基本样式，当椭圆的大小和形状达到要求后释放鼠标即可，如图 2-17 所示。

（4）选中绘制的椭圆，在“属性”面板的“椭圆选项”选项组中设置“开始角度”为“30”内径为“15”，如图 2-18 所示。

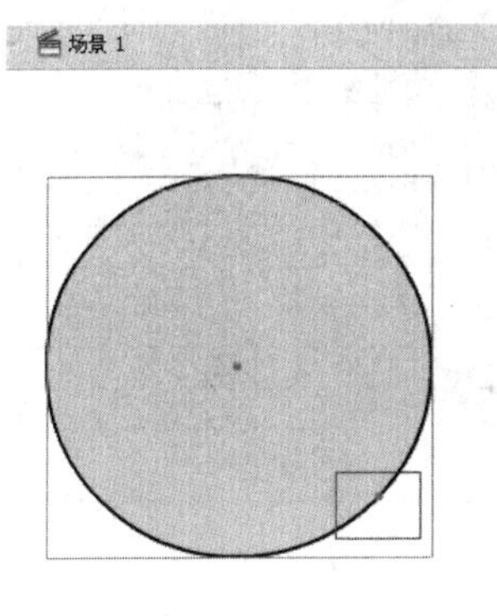

图 2-17　绘制圆形

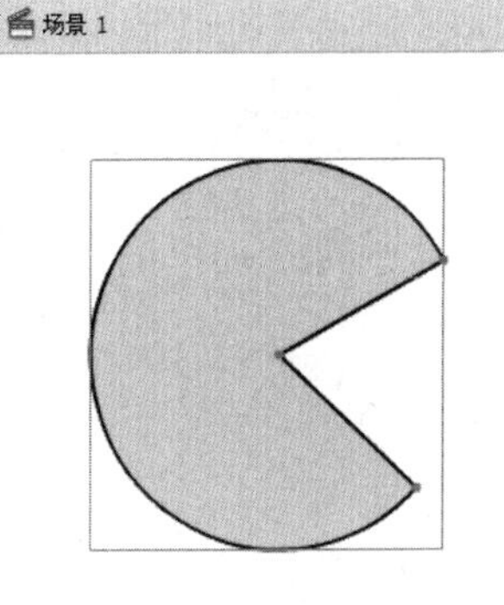

图 2-18　调节点的角度

2.1.3 多角星形工具

（1）在矩形工具组最下方是多角星形工具 ，如图 2-19 所示。它也是几何形状绘制工具，用于创建各种比例的多边形，也可以绘制各种比例的星形。

（2）多角星形工具属性面板。

在多角星形工具的属性面板中可以设置多角星形的笔触颜色、笔触大小以及单击“选项”按钮，弹出“工具设置”对话框，从中可以设置多边形的“样式”、“边数”和“星形顶点大小”。需要注意的是在工具设置中，“边数”和“星形顶点大小”数值取值范围为 0～1，值越大顶点的角度越大，当输入的数值超过其取值范围时，系统会自动以 0 或 1 取代超出的数值，如图 2-20 所示。

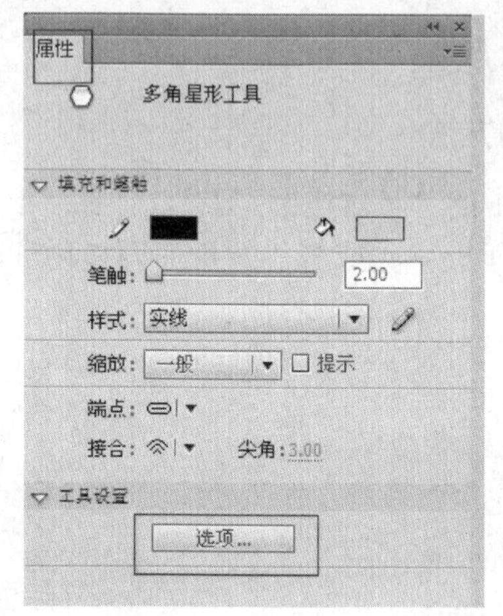

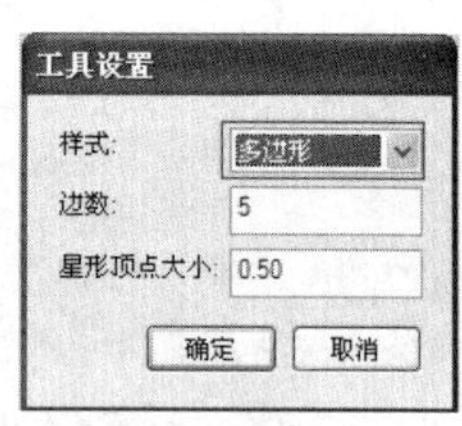

图 2-19　多角星形工具　　　　图 2-20　“属性”面板及“工具设置”对话框

（3）使用多角星形工具的方法。

① 单击“工具”面板中的“多角星形工具”，如图 2-21 所示。

② 在“颜色”面板中（或者“属性”面板中）选择笔触的颜色、填充色和颜色类型（如果希望多边形只有轮廓没有填充，可将填充颜色选为空 ，如图 2-22 所示。

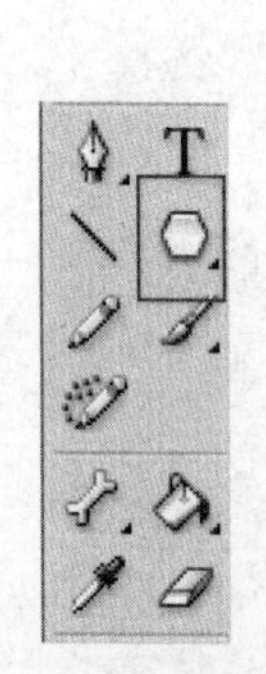

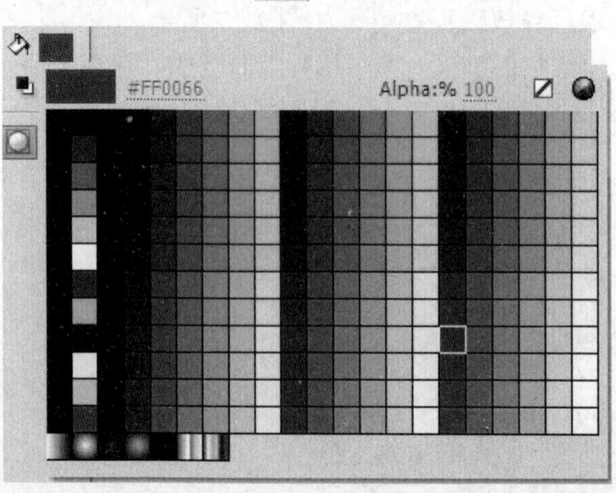

图 2-21　多角星形工具　　　　图 2-22　颜色面板

③ 打开属性面板中的“工具设置”选项组，单击“选项”按钮，弹出“工具设置”对话框，设置“样式”为“多边形”，“边数”为“8”，“星形顶点大小”为“0.5”，然后单击“确定”

按钮。如图 2-23 所示。

④ 在场景中单击并拖曳鼠标，可以看到多边形的基本样式，在多边形大小和形状达到要求后释放鼠标即可，如图 2-24 所示为八边形图形。

图 2-23　“工具设置”对话框

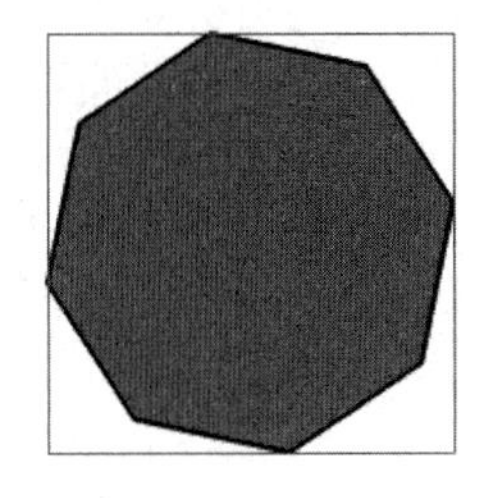

图 2-24　八边形图形

高手提示

任意变形工具进行变形操作时，只针对图形对象可以进行编辑，另外还可以通过变形面板进行参数设置来实现图形对象的编辑。

跟我学

具体操作步骤如下：

（1）新建文档，文档大小设置为 550*400 像素。

（2）选择工具箱中的“基本矩形工具”，如图 2-25 所示，设置其属性宽为 609.50、高为 310.50，并为其设定绿（#99FF00）颜色。

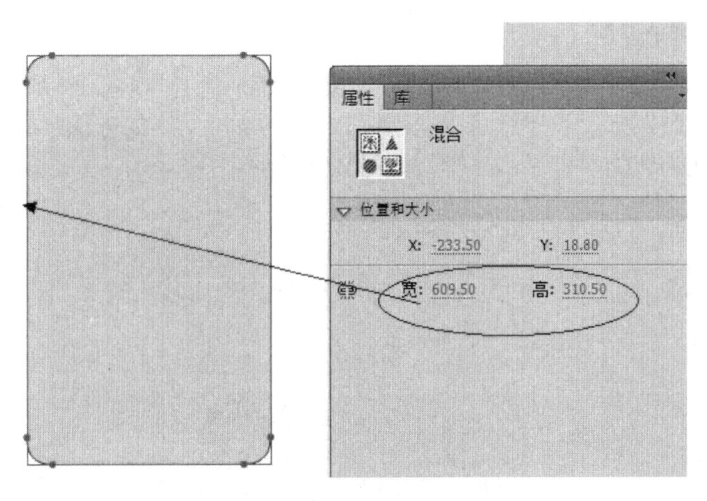

图 2-25　智能手机外轮廓

（3）打开属性面板中的“矩形选项”调节圆角弧度，设置值为 19.60，如图 2-26 所示。

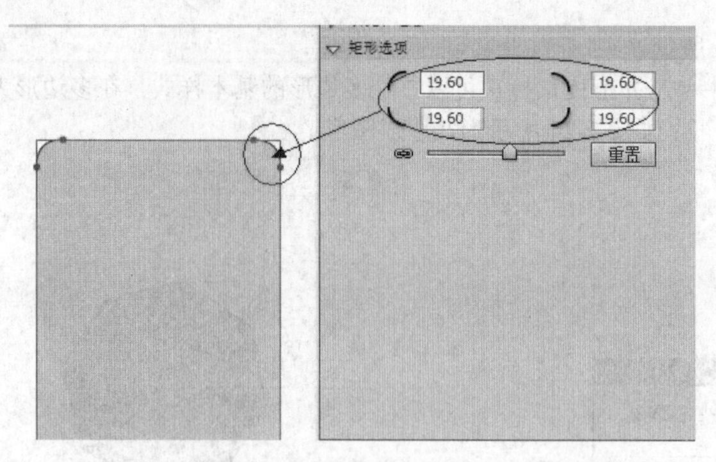

图 2-26　设置圆角弧度

（4）使用工具箱中的“矩形工具” 绘制屏幕轮廓，设置宽为 147.45，高为 231.00，颜色为浅蓝色“#99FFCC”，将其放置在手机外框中适当的位置。如图 2-27 所示。

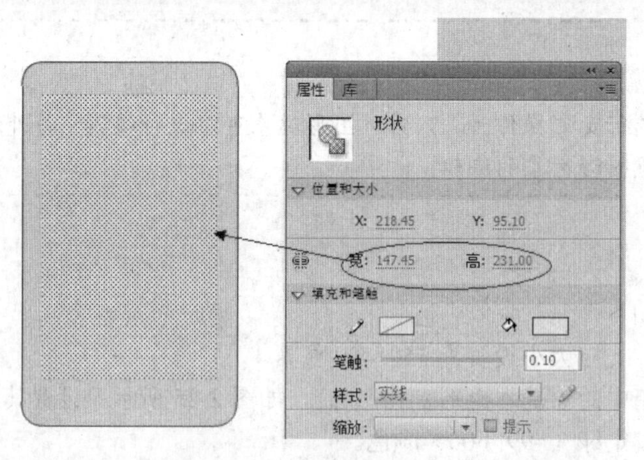

图 2-27　调整锚点曲度

（5）新建立图形元件，输入名称为“按键”，使用“椭圆工具” ，在舞台中配合【Shift+Alt】组合键拖动鼠标绘制圆形，设置颜色为“#99FFCC”，再用同样的方法绘制一个同心圆，删除其中小圆颜色，此为智能手机 Power 键，如图 2-28 所示。

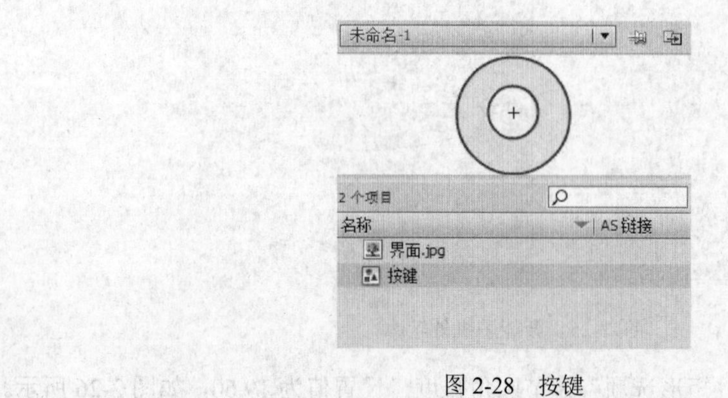

图 2-28　按键

（6）将“界面素材”导入库中，并将其“界面素材”拖至适当位置，如图 2-29 所示。

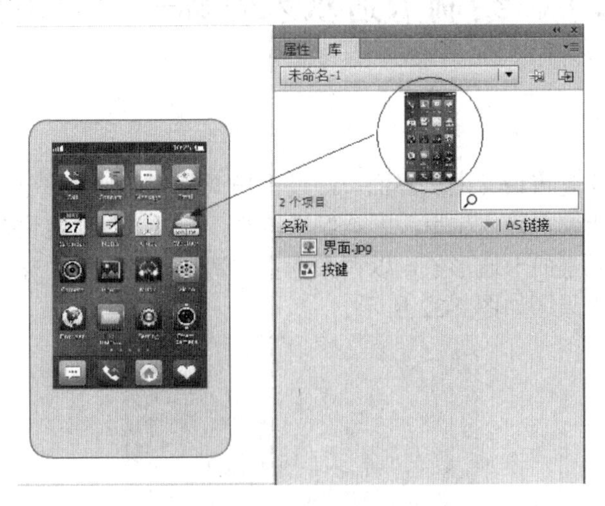

图 2-29　导入“界面设计”库面板

（7）在库面板中，导入“按键”元件，将其导入舞台中，调到适当位置，如图 2-30 所示，至此智能手机绘制完成。

图 2-30　智能手机完成效果

动手做

根据前面所学的技术工具，独立绘制早餐美食效果，如图 2-31 所示。

图 2-31　早餐美食效果

任务单（二） 绘制卡通水果轮廓——自由曲线编辑

任务描述

该任务是为一水果超市设计网页界面，经过市场调研，发现大部分水果店主页都以照片为主，缺乏个性，很难让顾客记住品牌，更难促进消费。所以该设计定位在以拟人卡通形象为主要风格，即以水果为元素的卡通形象，以鸭梨为基本造型，突出拟人化特点，色彩鲜明，传达出很好的食欲。卡通水果图如图 2-32 所示。

图 2-32 卡通水果

高手提示

在学习具体工具之前首先要知道 Flash 绘制工具是用来画矢量图形的。矢量图形特点为图片信息数据小，不失真，易于网页上使用。

月光宝盒

2.2.1 直线工具

1. 直线工具属性面板

（1）直线工具是 Flash 中最简单的工具，如图 2-33“属性”面板所示，改变其中定义直线粗细和样式的参数。从而绘制出各种样式的直线条。

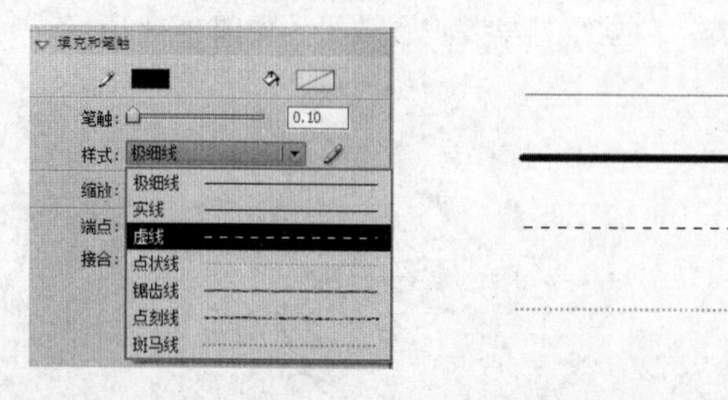

图 2-33 线条工具的属性面板

（2）设置其颜色，打开属性面板为“线条工具”选择适当的颜色（只需选择线条颜色，因为填充颜色对线条工具无效）。如图 2-34 所示。

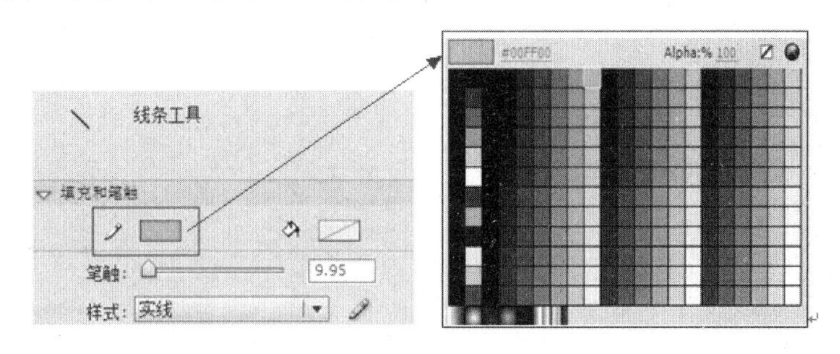

图 2-34　线条工具属性面板

高手提示

用线条工具在场景中拖动鼠标的同时通过按住【Shift】键，可以绘制出水平线条、垂直线条等。

2.2.2　铅笔工具

使用“铅笔工具”不但可以直接绘制不封闭的直线、竖线和曲线，而且可以绘制各种规则和不规则的封闭形状。

1. 铅笔工具的附属选项

（1）使用“铅笔工具”可以绘制直线和曲线，选取铅笔工具会出现附属“铅笔模式”工具，它通过 3 种可供选项修改所绘笔触的模式，如图 2-35 所示。

（2）单击“笔触颜色”按钮，如图 2-36 所示，可以选择出现在调色板上的各种颜色。

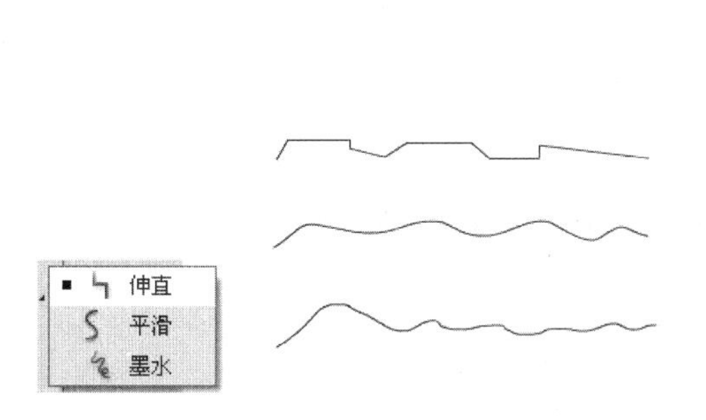

图 2-35　铅笔工具的 3 种绘画模式

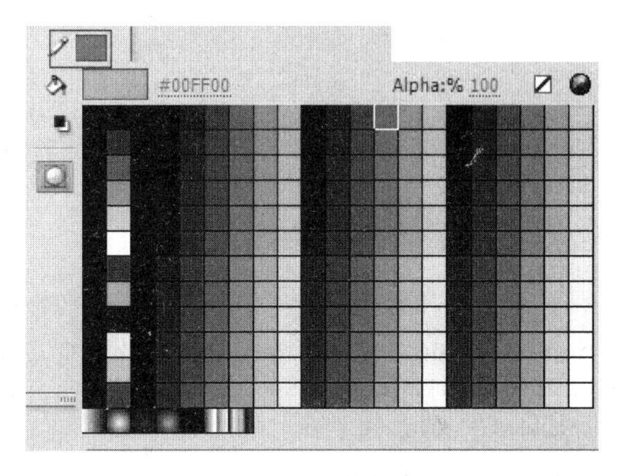

图 2-36　笔触颜色

2. 铅笔工具的属性面板

（1）选择铅笔工具后，可以通过“铅笔工具”的属性设置，如图 2-37 所示，设定笔触、样式、端点、接合等项目选项。

（2）打开“端点”选项，如图 2-38 所示，设置“无”、“圆角”、“方形”模式。

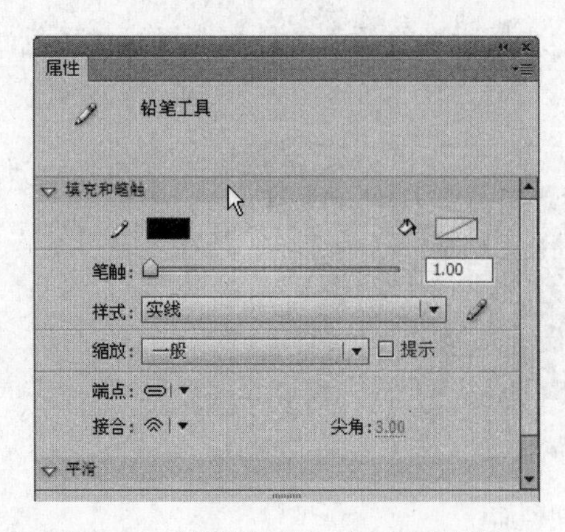

图 2-37 “铅笔工具”的“属性”面板

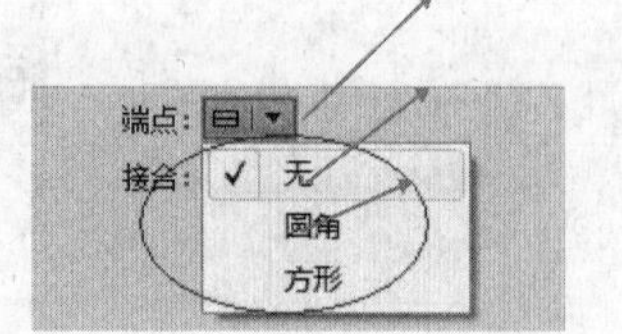

图 2-38 端点的 3 种模式

（3）打开“接合”选项，如图 2-39 所示，可以定义两路径片段的相接方式，设定尖角、圆角、斜角。

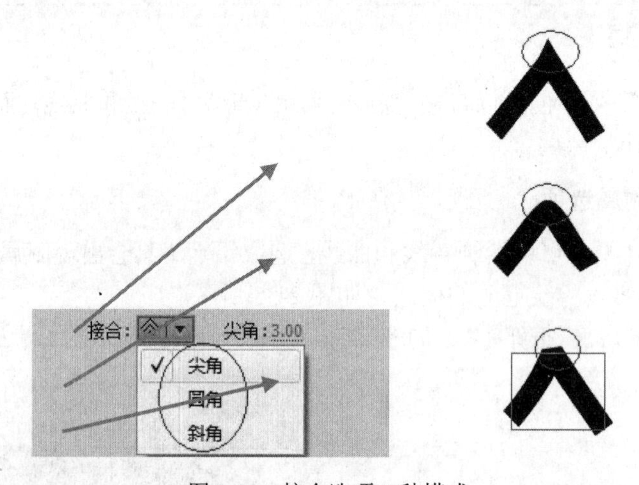

图 2-39 接合选项 3 种模式

高手提示

尖角是可以通过数值设定范围的，如果数值过大也就是说超过了尖角值的范围，那么这个线条的接合处就会被变成方形角，而不能形成尖角。

2.2.3 刷子工具

Flash CS6 中的刷子工具，跟现实中的画笔极为相似。相比之下，刷子工具更灵活、更方便。

1. 刷子工具的附属选项

在“工具”面板中单击“刷子工具”，如图 2-40 所示，在下方会出现 5 个附属工具。分别为：对象绘制、刷子模式、刷子大小、刷子形状和锁定填充。

（1）对象绘制工具用来绘制图形对象。

- 标准绘画，如图 2-41 所示。

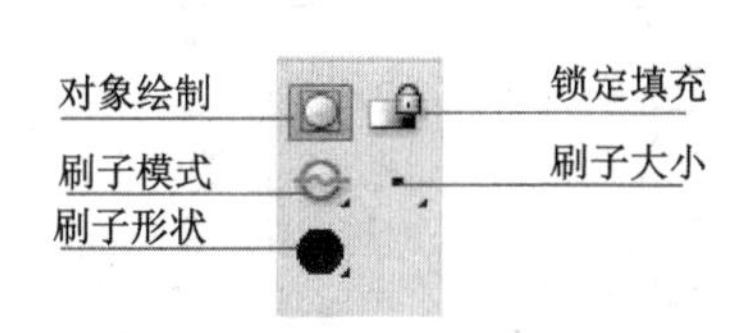

图 2-40　刷子工具的附属工具

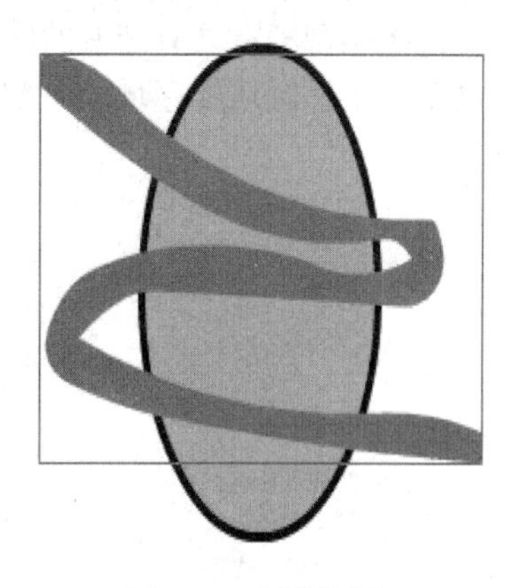

图 2-41　标准绘画

- 颜色填充，如图 2-42 所示。
- 后面绘画，如图 2-43 所示。
- 颜色填充，如图 2-44 所示。
- 内部绘画，如图 2-45 所示。

图 2-42　颜色填充

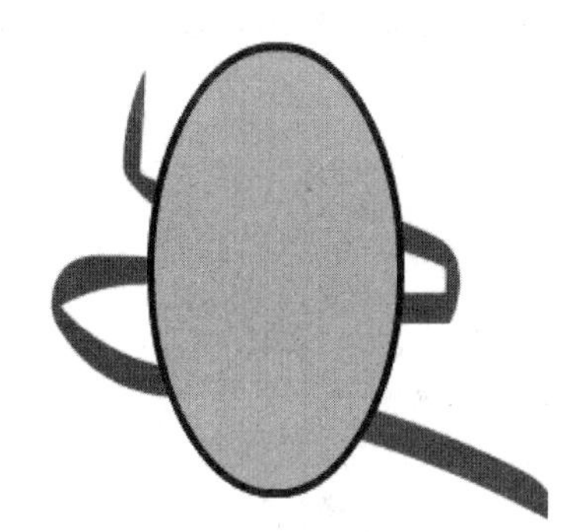

图 2-43　后面绘画

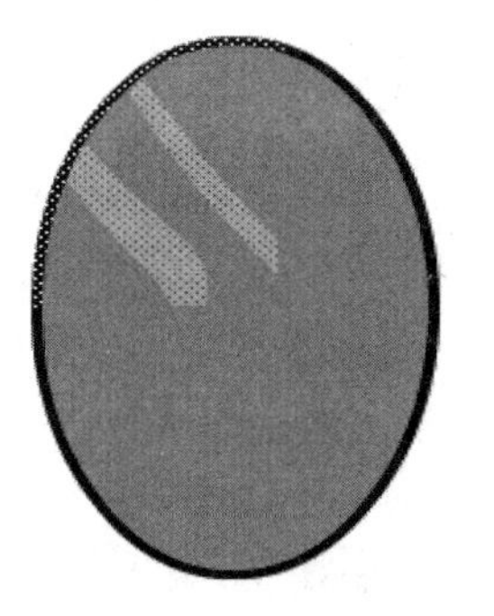

图 2-44　颜色填充

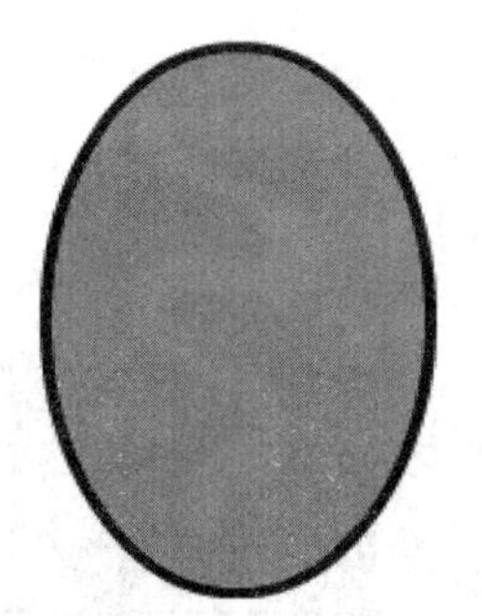

图 2-45　内部绘画

（2）刷子模式：绘制时有 5 种可供选择的刷子模式，如图 2-46 所示。

（3）刷子大小：如图 2-47 所示，可设置刷子的大小。

（4）刷子形状：通过选择不同形状的刷子，如图 2-48 所示，可创建出各种各样的笔刷效果。

（5）锁定填充：控制刷子在具有渐变的区域涂色。若打开此功能，整个场景形成整个画幅的大型渐变，且显示每个笔触所在区域的一部分渐变。若关闭此功能，每个笔触都将显示整个渐变。

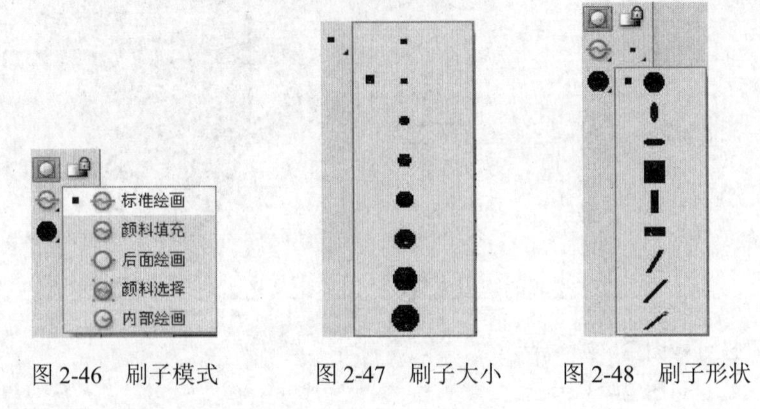

图 2-46　刷子模式　　图 2-47　刷子大小　　图 2-48　刷子形状

2．“刷子工具”的使用方法

（1）从“工具箱”面板中选择“刷子工具”（或按【B】键），如图 2-49 所示。

（2）从出现的附属工具中选择“刷子模式”、“刷子大小”以及“刷子形状”，如图 2-50 所示。

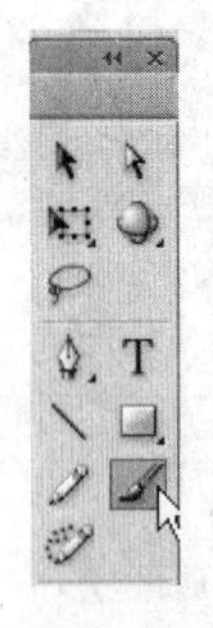

图 2-49　工具箱

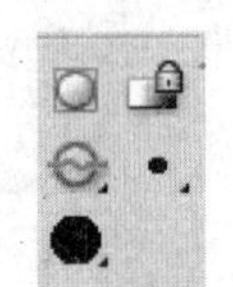

图 2-50　附属项

（3）设置填充颜色为渐变填充效果，如图 2-51 所示。

（4）在场景中单击并拖曳鼠标，可以看到相应的渐变的刷子效果，如图 2-52 所示。

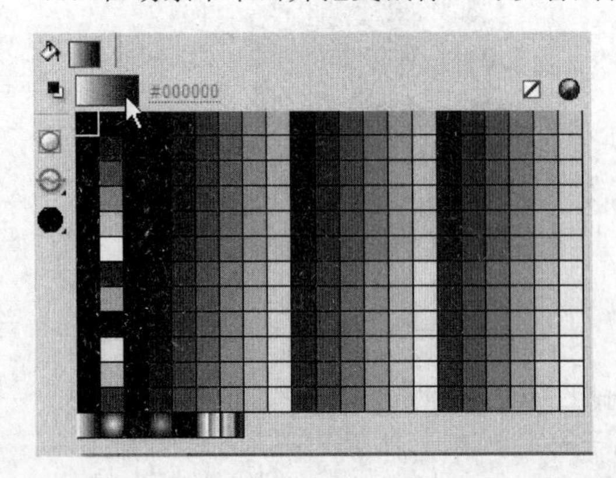

图 2-51　颜色面板

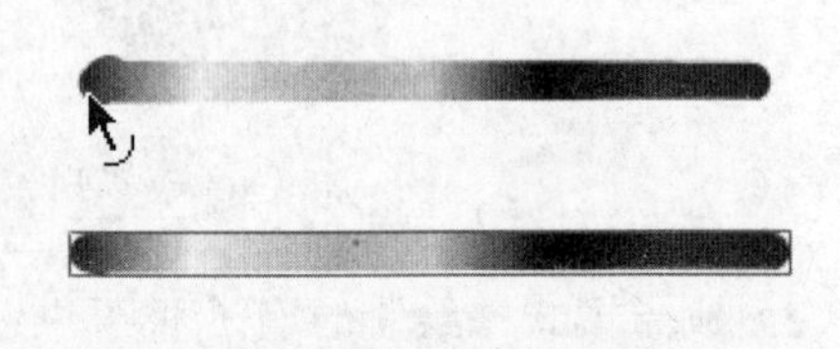

图 2-52　刷子效果

高手提示

使用刷子工具绘制出来的是填充色块，而使用铅笔工具绘制的则是线。选择“视图”→“预览模式”→“轮廓”菜单命令，可以清楚地看到它们的不同之处。

4．使用刷子工具制作“飞舞飘带”的具体步骤

（1）选择“文件”→“新建”菜单命令，弹出“新建文档”对话框，如图 2-53 所示，从中选择“常规”选项卡中的“ActionScript 3.0”选项。

（2）如图 2-54 所示，新建一个文档，选择“文件”→“保存”菜单命令，弹出“另存为”对话框，设置保存路径，输入“文件名”为“飞舞飘带”，“保存类型”为（*.fla）。单击“保存”按钮。

（3）单击“工具”面板中的“刷子工具”，在其附属工具中选择刷子的大小以及刷子的形状，设置“刷子模式”为“标准绘画”。

（4）在“属性”面板的“平滑”选项组中设置笔触平滑度为“82”。

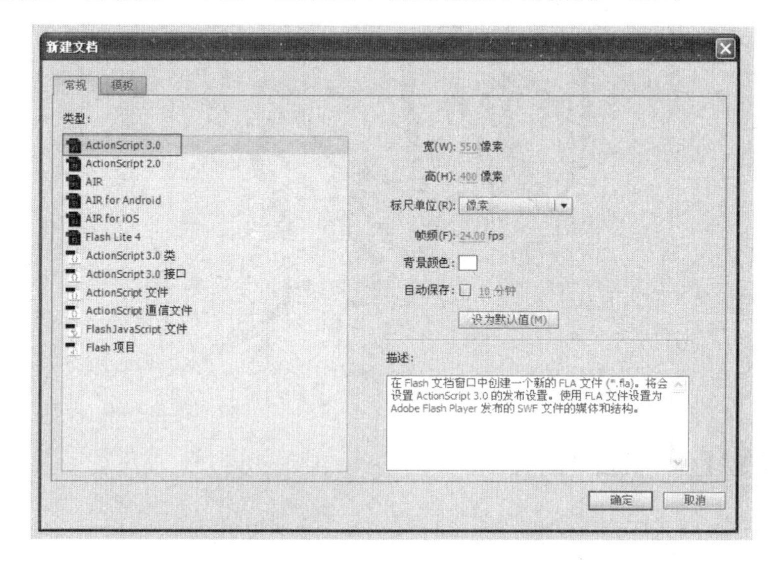

图 2-53　“新建文档”对话框

图 2-54　“另存为”对话框

（5）设置填充颜色为“#33CCFF”，如图 2-55 所示在舞台上单击拖曳绘制第 1 条彩带。

（6）设置填充颜色为“#FF0033”，改变刷子形状为 ，如图 2-56 所示，在舞台上拖曳绘制第 2 条彩带。

绘制的彩带效果如图 2-57 所示。

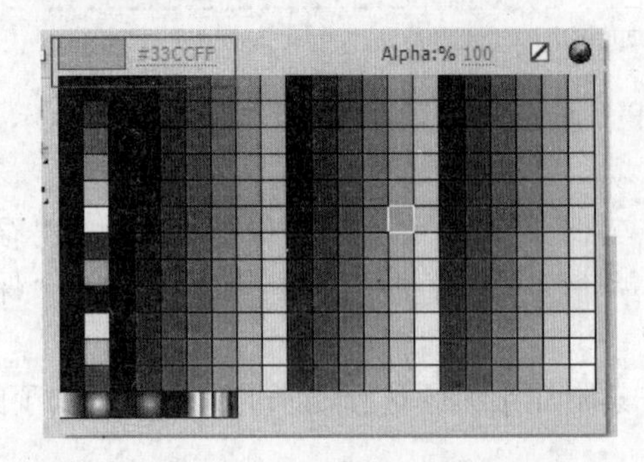

图 2-55　颜色面板

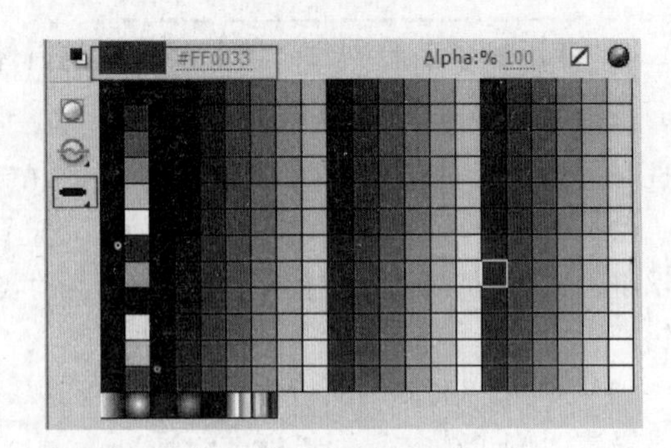

图 2-56　颜色面板

图 2-57　彩色飘带

2.2.4　钢笔工具与锚点工具

“钢笔”工具 用于手动绘制路径，可以创建直线或曲线段，然后可以调整直线段的角度和长度以及曲线段的斜率，是一种比较灵活的形状创建工具。

1. 钢笔工具

选中钢笔工具，在场景上单击确定节点位置来创建路径，路径由贝塞尔曲线构成。钢笔工具可用来添加路径点编辑路径，也可以删除路径点使路径变得平滑。

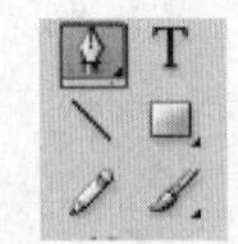

图 2-58　钢笔工具

2. 钢笔工具绘制直线的具体步骤

（1）选择钢笔工具（或按【P】键），如图 2-58 所示。

高手提示

锚记点就是线条上确定每条线段长度的点。

（2）在场景中单击鼠标确定一个锚记点，接着单击第二点画一条直线，继续单击可添加相连的线段，如图 2-59 所示。

高手提示

直线路径上或直线和曲线路径结合处的锚记点被称为转角点，转角点以小方形表示。使用部分选取工具可以选中锚记点，未被选择的锚记点是空心的，被选中后则是实心的。

3．使用钢笔工具描绘曲线

（1）选择钢笔工具，在舞台上单击确定第 1 个点。在第 1 个点的右侧单击另一个点，并向右下方拖曳绘出一段曲线，然后松开鼠标，得到如图 2-60 所示的效果。

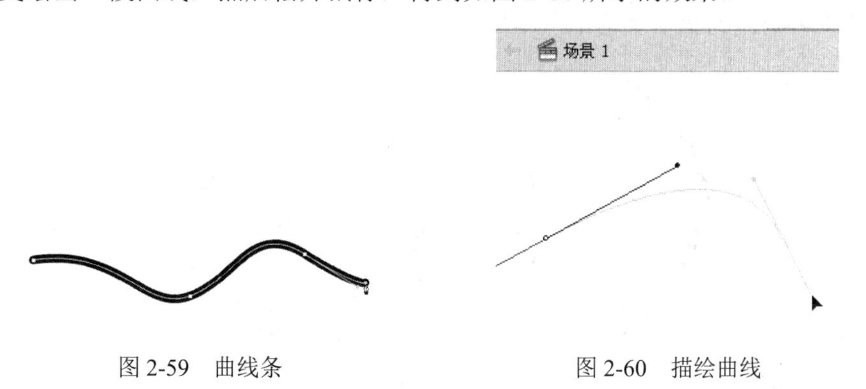

图 2-59　曲线条　　　　图 2-60　描绘曲线

（2）如图 2-61 所示，将鼠标光标再向右移，在第 3 个点按下鼠标并向右上方拖曳绘出一条曲线。

（3）再次添加路径点，效果如图 2-62 所示。

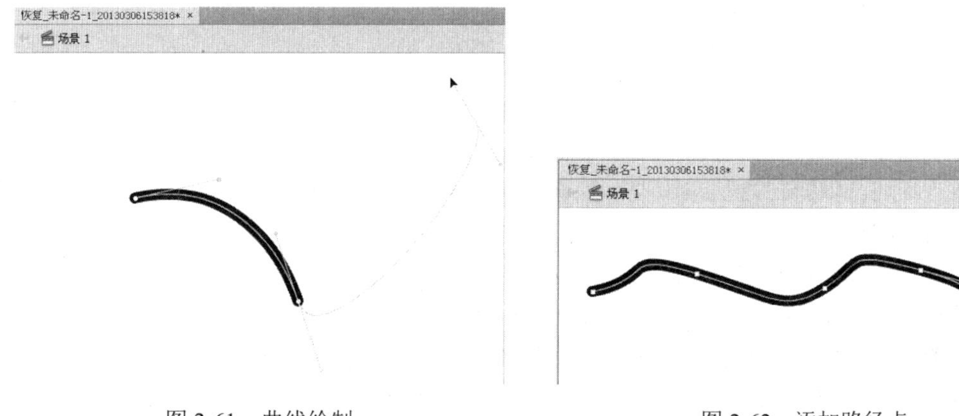

图 2-61　曲线绘制　　　　图 2-62　添加路径点

高手提示

当用钢笔工具单击并拖曳时，须注意曲线点上有延伸出去的切线，这是贝塞尔曲线所特有的手柄，拖曳它可以控制曲线的弯曲程度。

4．锚点工具与编辑曲线的方法

（1）删除路径点：将钢笔头指向一个路径点，此时钢笔头呈现+、-状态，或者直接在“工具”面板中，如图 2-63 所示选择“删除锚点工具”，单击路径点即可删除此路径点。

（2）添加路径点：如图 2-64 所示，将钢笔头移至一条路径上，当鼠标指针变成钢笔图标时单击即可添加一个路径点。

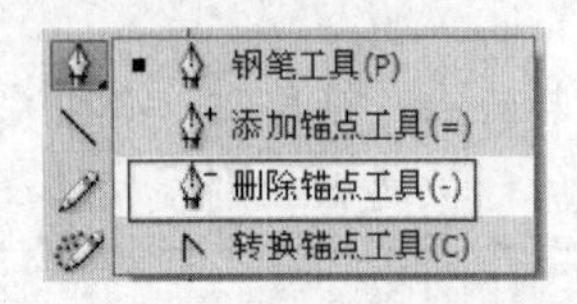

图 2-63 锚点工具

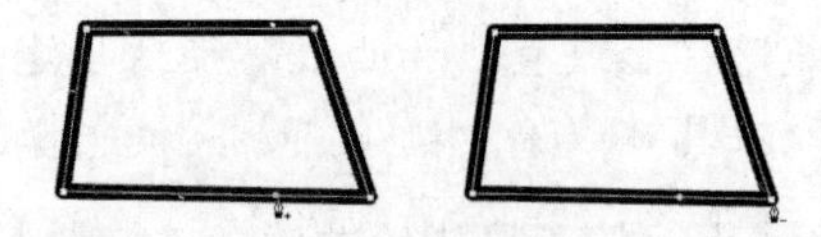

图 2-64 添加路径点

（3）如果要封闭路径，如图 2-65 所示，可以将钢笔头指向第 1 个锚记点，当钢笔头的旁边出现一个小圆圈时单击第 1 个锚记点即可完成。

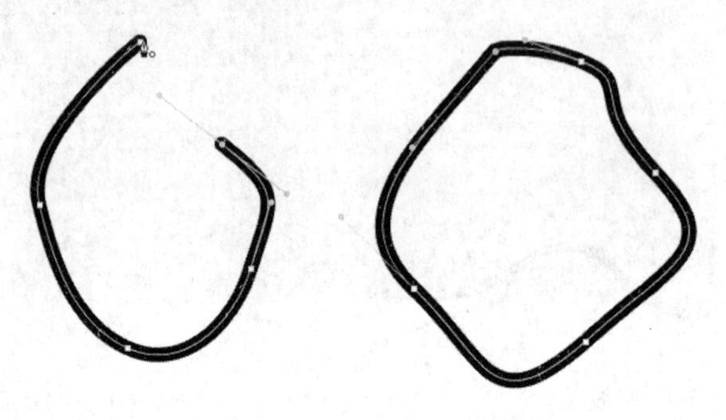

图 2-65 封闭路径

（4）要结束路径，有以下几种方法：

- 将钢笔工具放置到第 1 个锚记点上，单击或拖曳可以闭合路径。
- 按住【Ctrl】键，在路径外单击。
- 单击“工具”面板中的其他工具。

 跟我学

根据任务描述，以鸭梨为基本造型，绘制一个卡通形象。下面，首先完成卡通水果形象轮廓线——绘制轮廓线。

具体操作步骤如下。

（1）打开 Flash 动画软件，设定为默认值，新建一个 Flash 文档。

（2）如图 2-66 所示，新建一个图层，并命名为轮廓线。使用“铅笔工具”绘制出卡通水果的外轮廓。

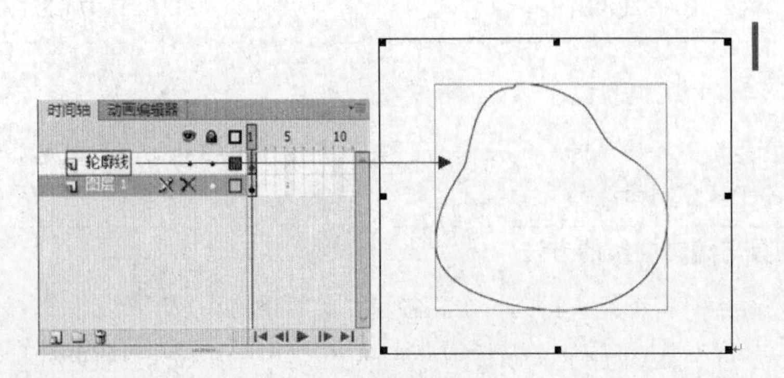

图 2-66 卡通水果轮廓线

（3）如图 2-67 所示，单击工具箱中的“部分选取”工具，选取卡通水果外轮廓线，为其调节节点位置及锚点方向，使之在正确位置。

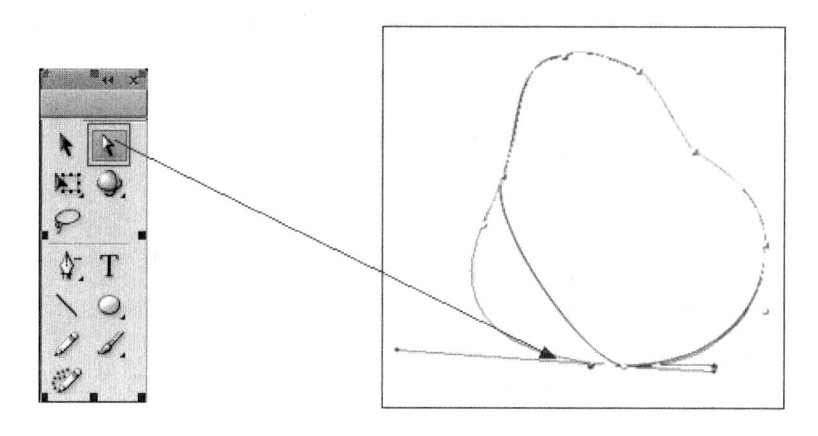

图 2-67　调节卡通水果轮廓线节点

（4）使用“铅笔工具”绘制完成卡通水果的局部细节。至此卡通水果轮廓的绘制工作完成，如图 2-68 所示。

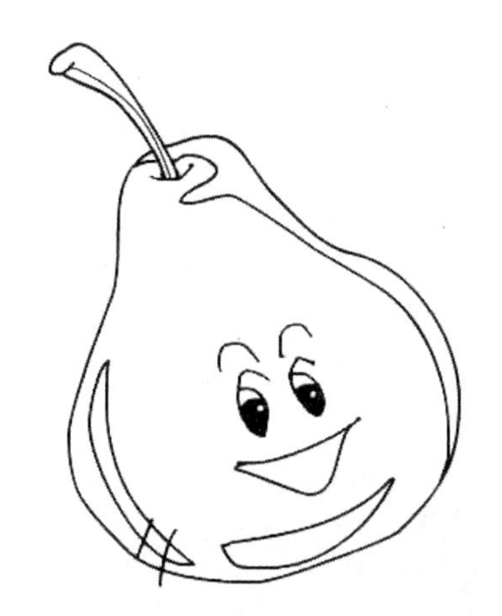

图 2-68　卡通水果轮廓线

动手做——绘制一个卡通面包

利用前面所学的技术工具，绘制完成卡通面包，如图 2-69 所示。

图 2-69　卡通面包效果

任务单（三） 为“卡通水果”图形填色——图形上色

任务描述

前面已经绘制了一个简单的卡通鸭梨形象，下面使用颜色填充工具、渐变工具，为卡通水果填充颜色。

月光宝盒

2.3.1 颜色工具

“颜色工具” 主要包含笔触颜色与填充色。在颜色工具中，可以设置笔触颜色、填充色的色彩模式和填充效果。

1．设定笔触颜色的方法

在笔触颜色图标中单击按钮，然后从弹出的调色板中如图 2-70 所示，选择一种固定颜色即可。

2．设定填充颜色的方法

在填充色图标中单击按钮，然后从弹出的调色板中选择固定颜色，也可以在底部的可用渐变色上选择预设好的渐变色。切换按钮可用来将边框指定为黑色，填充为白色。按钮用来将边框（当选中按钮时）或填充色（当选中按钮时）设置成无色状态，按钮用于交换边框与填充色的颜色值，如图 2-71 所示。

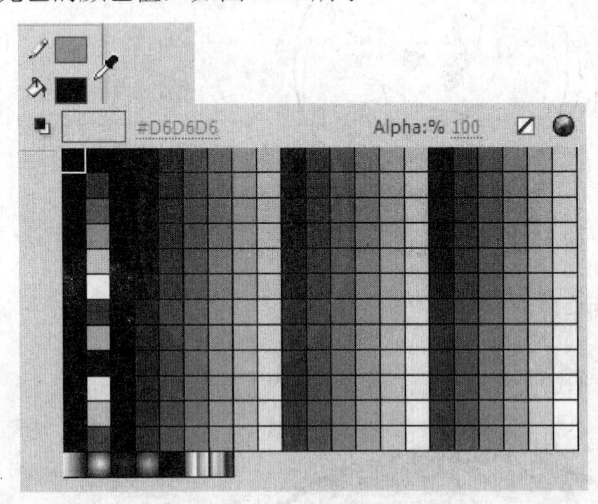

图 2-70 颜色面板

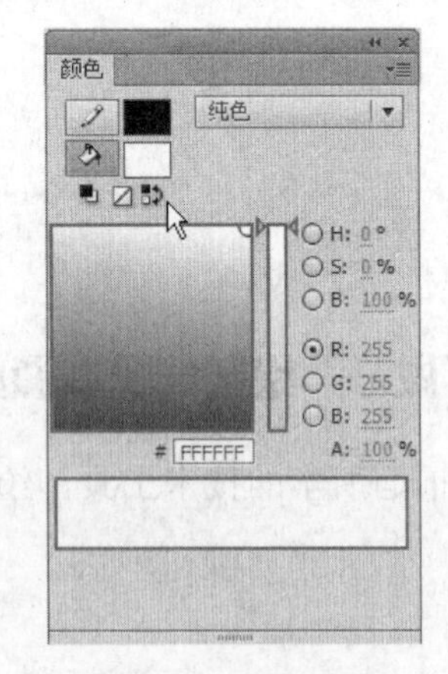

图 2-71 设置颜色

2.3.2 颜色的设置

使用上面的颜色工具只能初步选择颜色，如果需要自定义颜色，就要使用相关的浮动面板。

1．样本面板

在 Flash 菜单中选择“窗口”→“样本”菜单命令，即可打开“样本”面板，如图 2-72 所示。

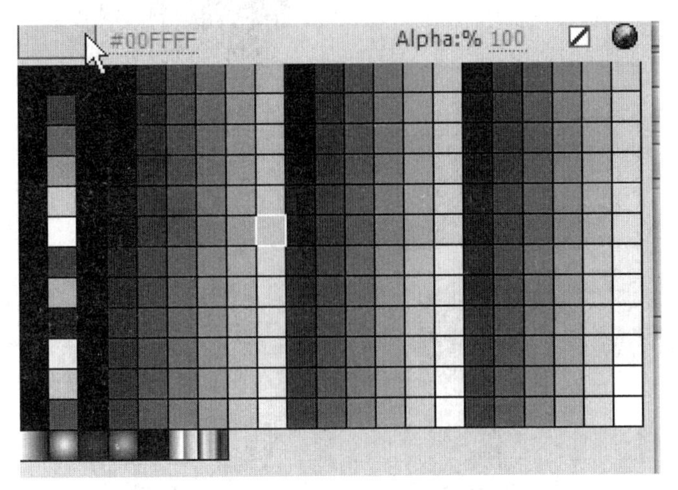

图 2-72　“样本”面板

2．颜色面板

在 Flash 菜单中选择“窗口”→“颜色”菜单命令，即可打开“颜色”面板，如图 2-73 所示。该方法同直接单击填充颜色按钮 方法，弹出窗口一样。

3．填充颜色模式

在“颜色”面板中可以设置不同的填充效果，如图 2-74 所示，从下拉列表中可以选择 5 种填充模式中的任意一种。

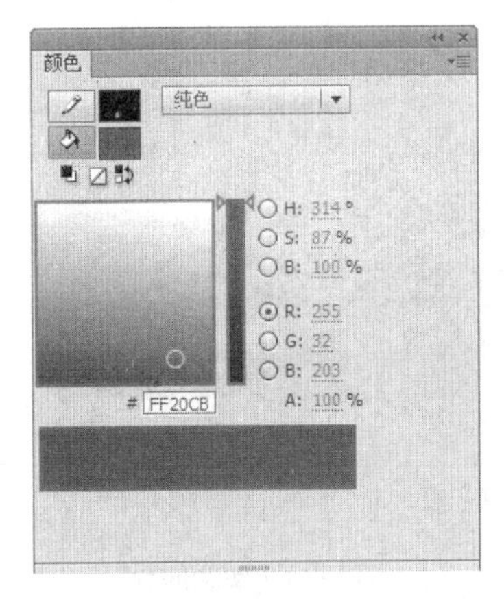

图 2-73　设置颜色

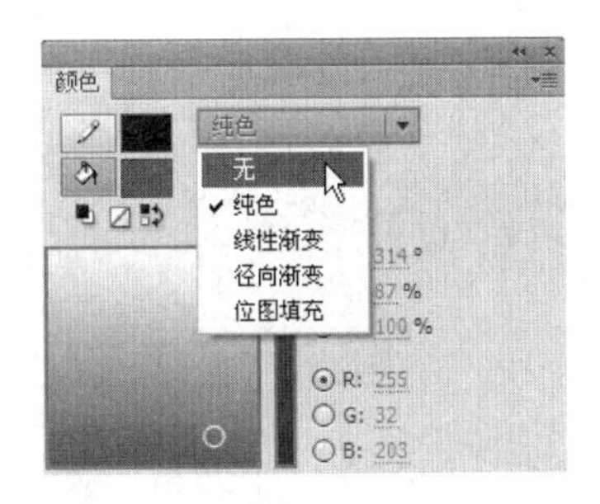

图 2-74　颜色模式

（1）无 ：没有填充色，即只显示边框或轮廓，如图 2-75 所示。

（2）纯色：如红色、绿色和蓝色等，如图 2-76 所示。

（3）线性渐变：一种特殊的填充方式，颜色可以从上往下（或者从一侧到另一侧）渐变成另一种颜色，如图 2-77 所示。

（4）径向渐变：与线性渐变类似，所不同的是从内往外呈放射状渐变，如图 2-78 所示。

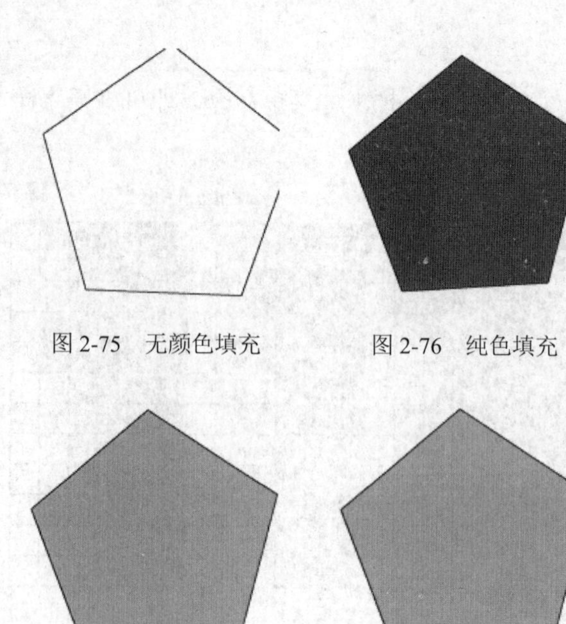

图 2-75　无颜色填充　　图 2-76　纯色填充

图 2-77　线性渐变填充　　图 2-78　径向渐变填充

（5）位图填充：用导入的位图进行填充。可以根据自己的需要从“库”面板的图标中选择任意一个位图进行填充，甚至可以将它平铺在形状中，如图 2-79 所示。

（6）在编辑渐变色时，可以在两种颜色之间过渡，也可在多种颜色之间过渡，这时就需要增加颜色的数量。如图 2-80 所示，用鼠标在色彩滑动区上单击一下，即可增加一个颜色滑块。

图 2-79　位图填充

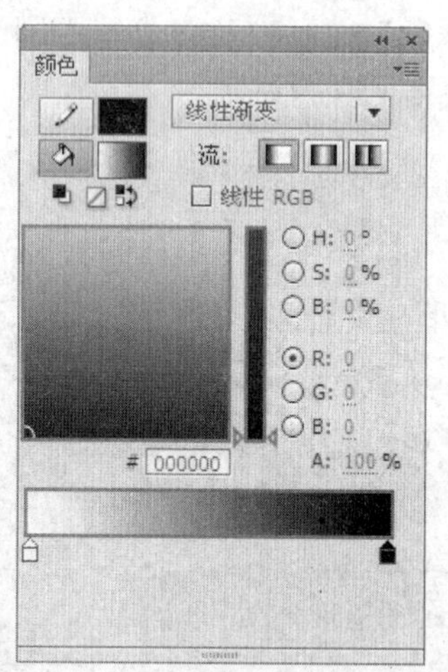

图 2-80　渐变面板

高手提示

可以将颜色滑块左右拖曳，如果拖曳出滑动区，即删除一种色彩。

（7）如果需要改变某种色彩显示器的颜色，如图 2-81 所示，可以先选中它，这时颜色滑块上面的三角部分会变成黑色，然后单击，弹出一个调色板，从中可以选择一种颜色。

（8）设置完成，若想保存颜色样品，在“颜色”面板中单击右上角的 按钮，在弹出的菜单选项组选择“添加样本”选项，即可保存这种渐变色，以便于以后调用，如图 2-82 所示。

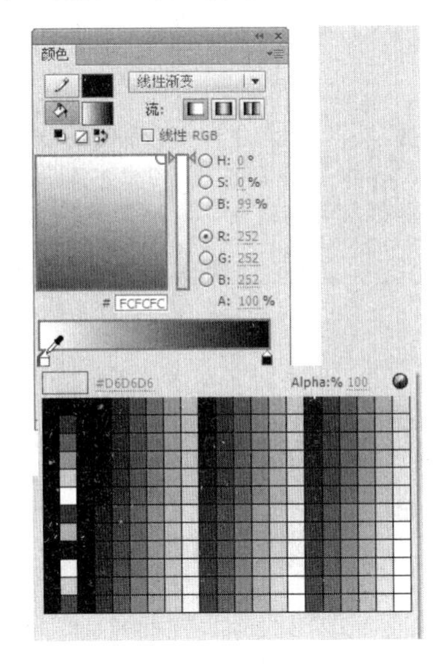

图 2-81　渐变面色设置

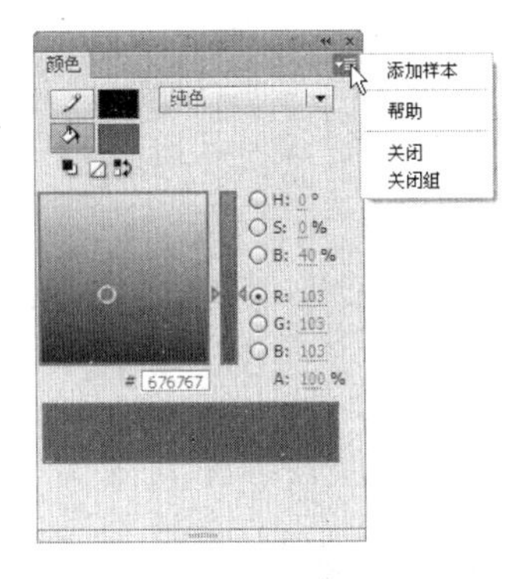

图 2-82　颜色样本

2.3.3　墨水瓶工具

对直线或形状轮廓只能应用纯色，而不能应用渐变或位图。而使用墨水瓶工具就可以在不选择形状轮廓的情况下，实现一次更改多个对象的笔触属性，如图 2-83 所示。

1. 墨水瓶工具相关知识

墨水瓶工具用于创建形状边缘的轮廓（或修改形状边缘的笔触），并且可以在“属性”面板中设定轮廓的颜色、宽度和样式。此工具仅影响形状对象。要添加轮廓设置，可以先在铅笔工具中设置笔触属性，如图 2-84 所示，然后再使用墨水瓶工具。

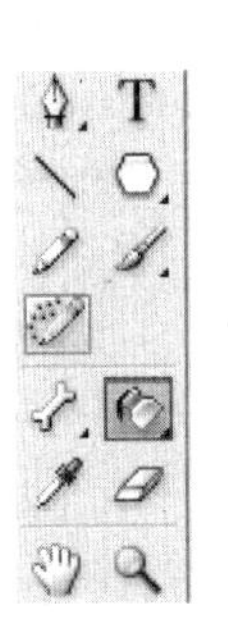

图 2-83　墨水瓶工具

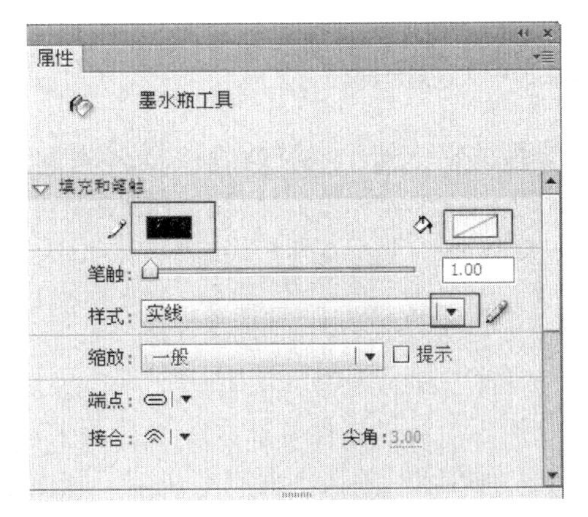

图 2-84　墨水瓶工具属性面板

2. 使用墨水瓶工具的方法

（1）在“工具箱”中，如图 2-85 所示单击图形工具中的矩形工具，然后绘制矩形图形，选择椭圆形工具，绘制一个椭圆形。

（2）从“工具”面板中单击“墨水瓶工具”（或按【S】键）。将鼠标指针移到场景中，此时鼠标指针会变成一个墨水瓶形状，如图 2-86 所示。

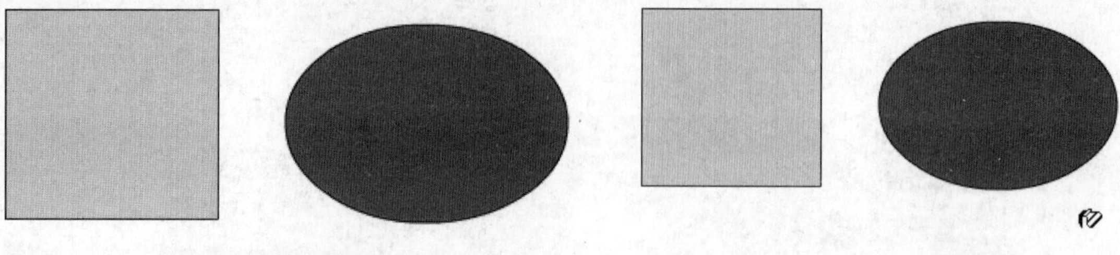

图 2-85　绘制椭圆形　　　　图 2-86　单击墨水瓶工具

（3）从“属性”面板中进行所需要的设置，选择笔触颜色为红色，笔触大小为“5”，如图 2-87 所示。

（4）使用墨水瓶单击某个形状的填充轮廓区域，添加的轮廓将具有铅笔工具中设置的属性，如图 2-88 所示。

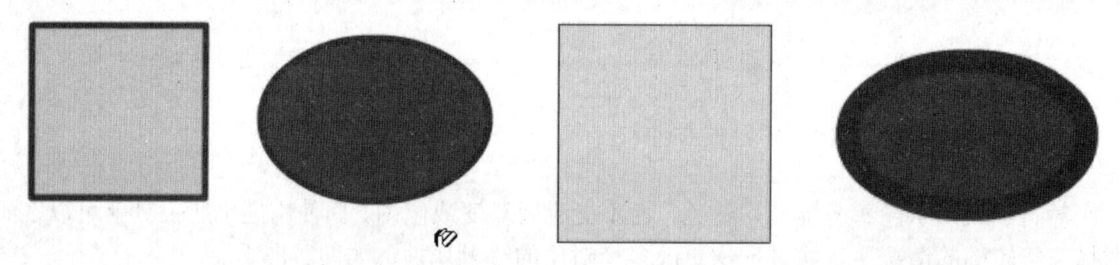

图 2-87　设置墨水瓶工具属性　　　　图 2-88　填充轮廓区域

高手提示

使用墨水瓶工具也可以改变框线的属性。如果一次要改变数段线条，可以按【Shift】键将它们选中，再使用墨水瓶工具点选其中的任何一条线段。

2.3.4　颜料桶工具

Flash CS6 中的形状对象以及文本对象都具有填充属性，而开放的路径对象虽然具有填充属性，却无法显示填充。封闭的路径对象可以应用填充属性，可以使用颜料桶工具填充。当选择“工具”面板中的“颜料桶工具”时，在“工具”面板的下方会出现附属工具。

1. 空隙模式

颜料桶工具的其中一个附属工具是“空隙大小”按钮，单击可弹出各种空隙的选项，如图 2-89 所示。可以根据空隙大小来处理未封闭的轮廓，有以下 4 种模式可供选择。

（1）不封闭空隙：不允许有空隙，只限于封闭区域，如图 2-90 所示。

（2）封闭小空隙：允许有小空隙，如图 2-91 所示。

（3）封闭中等空隙：允许有中等空隙，如图 2-92 所示。

（4）封闭大空隙：允许有大空隙，如图 2-93 所示。

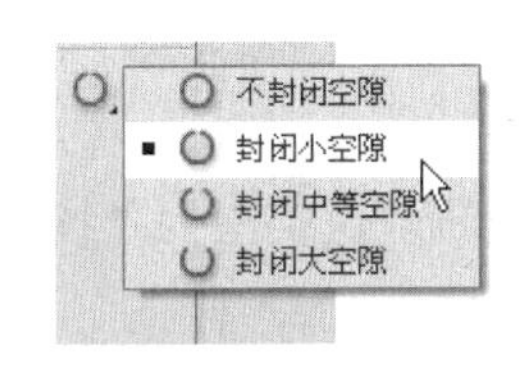

图 2-89　颜料桶工具附属工具

图 2-90　不封闭空隙

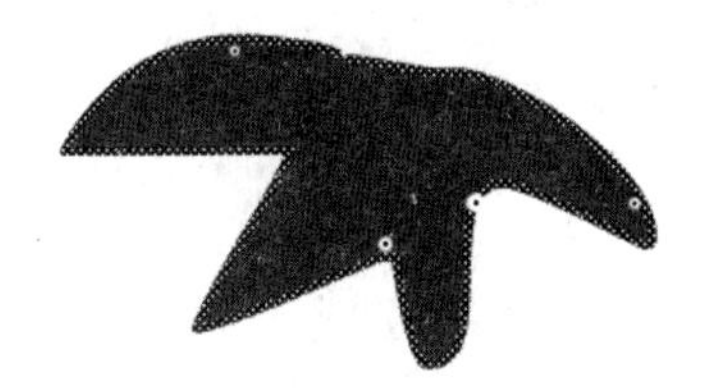

图 2-91　封闭小空隙

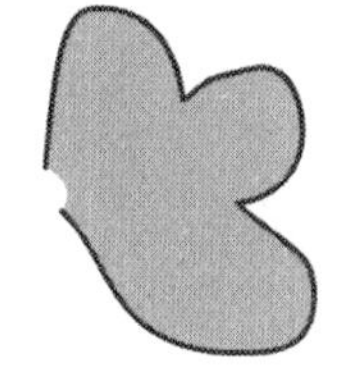

图 2-92　封闭中等空隙

图 2-93　封闭大空隙

高手提示

虽然使用“封闭大空隙”模式可以封闭许多空隙，但是当空隙太大时就不起作用了，这时可采用缩小显示比例的方法来完成填充。

2．锁定填充

颜料桶工具的另一个附属工具是“锁定填充”按钮，用于控制渐变的填充方式。当打开此功能时，所有使用渐变的填充看上去就像场景中整个大型渐变形状的一部分，当关闭此功能时，每个填充都清晰可辨，而且可以显示出整个渐变。分为两种状态，一种是关闭“锁定填充”功能，另一种为打开“锁定填充”功能状态。

（1）关闭“锁定填充”功能，效果如图 2-94 所示。

（2）打开“锁定填充”功能，效果如图 2-95 所示。

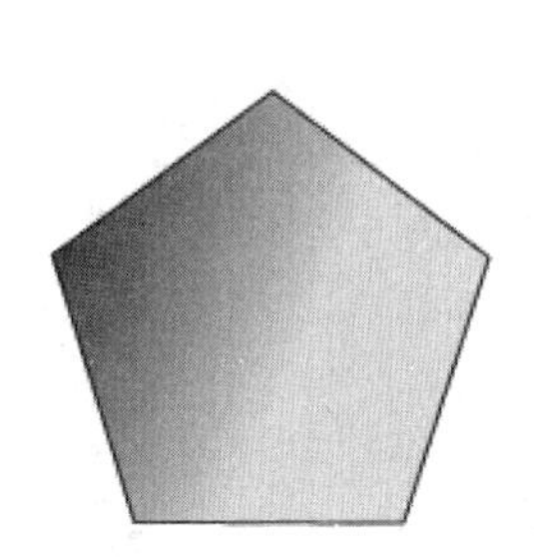

图 2-94　关闭“锁定填充”功能

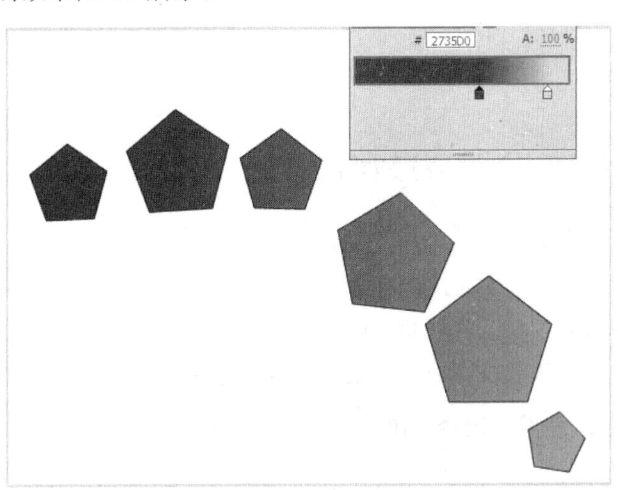

图 2-95　打开“锁定填充”功能

2.3.5 线性渐变填充工具

编辑线性渐变填充的具体方法如下：

（1）如图 2-96 所示，单击矩形图形工具绘制矩形图形，填充为绿色。

（2）在窗口中，打开颜色面板，如图 2-97 所示，然后设置颜色类型为“线性渐变”，在色彩渐变定义栏设置渐变颜色。

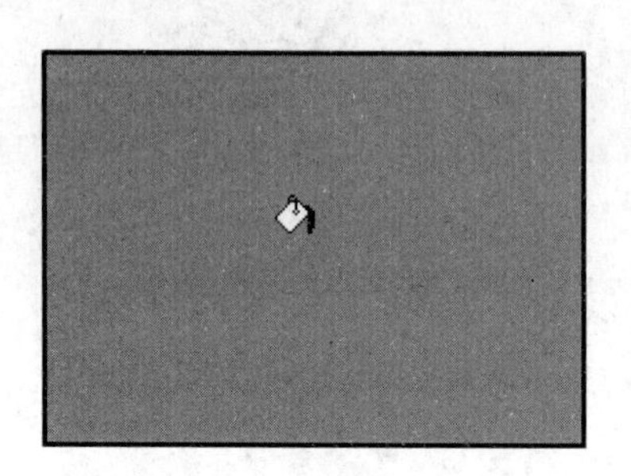

图 2-96　填充绿色图形

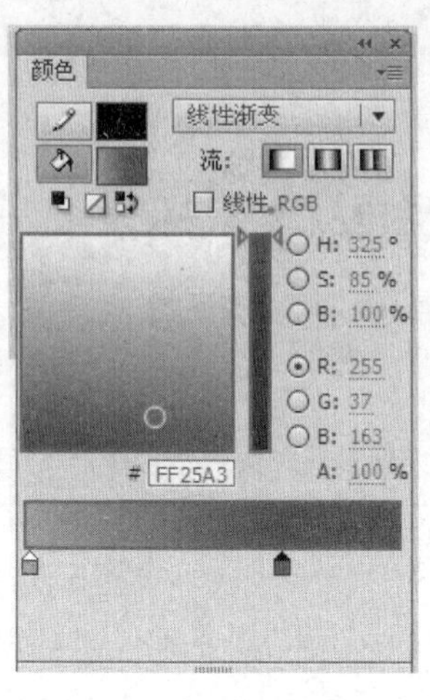

图 2-97　渐变色面板

（3）将鼠标指针移动到场景中，此时鼠标指针会变成一个颜料桶形状，单击并拖曳鼠标，效果如图 2-98 所示。

图 2-98　渐变填充

2.3.6 渐变变形填充工具

1．“渐变变形工具”

在线性渐变区域的任意处单击，会出现编辑手柄，利用手柄可以对渐变进行调整。要移动渐变的中心点，单击并拖曳中心手柄即可；要旋转渐变，单击并拖曳圆圈手柄即可；要调整渐变的大小，单击并拖曳方块手柄即可，如图 2-99 所示。

2．使用编辑径向渐变填充的方法

（1）从“工具”面板中选择颜料桶工具，在“颜色”面板中如图 2-100 所示，选择类型为“径向渐变”。

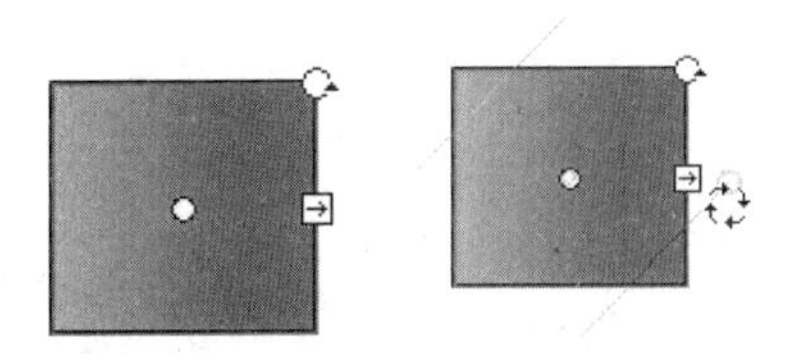

图 2-99　渐变变形工具的方法

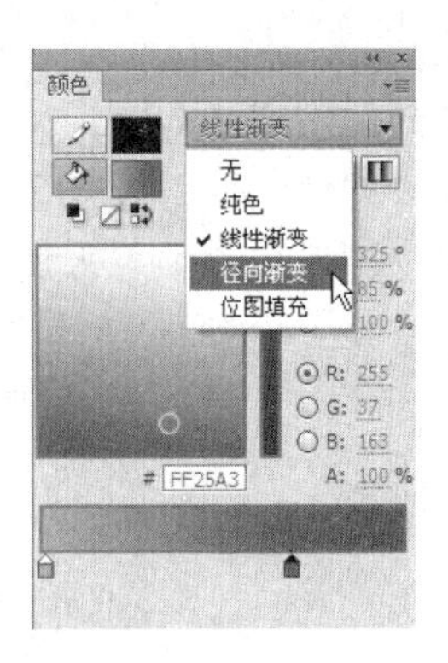

图 2-100　径向渐变

（2）使用颜料桶工具在填充内部单击，得到如图 2-101 所示的图形填色效果。

（3）单击“工具”面板中的“渐变变形工具”，然后单击填充的区域，如图 2-102 所示渐变将处于可编辑状态。

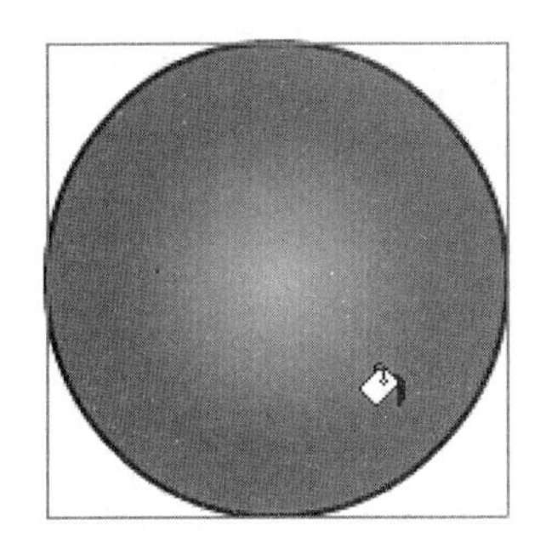

图 2-101　图形径向填色效果

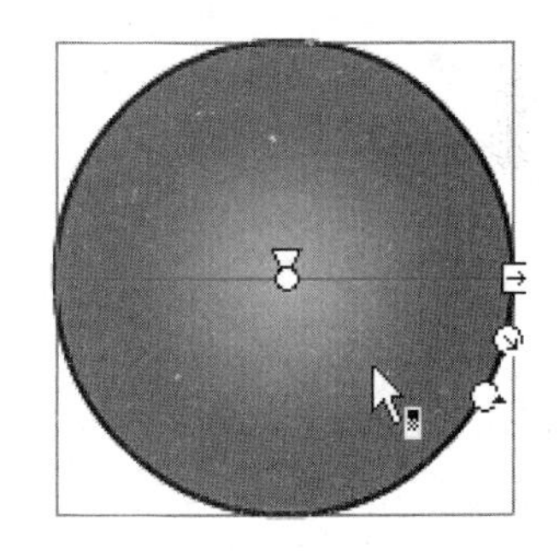

图 2-102　渐变变形工具

（4）要移动渐变的中心点，单击并拖曳带十字选取的中心手柄即可；要改变渐变，单击并拖曳带箭头的小方形手柄即可；要调整渐变的大小，单击并拖曳里面带箭头的小圆圈手柄即可；要旋转渐变，单击并拖曳小圆圈即可，如图 2-103 所示。

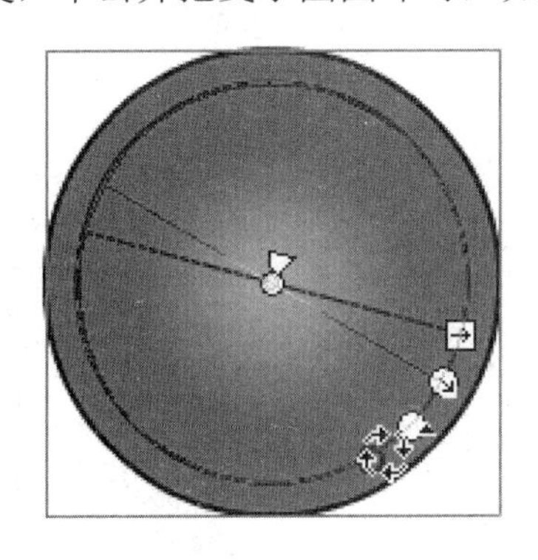

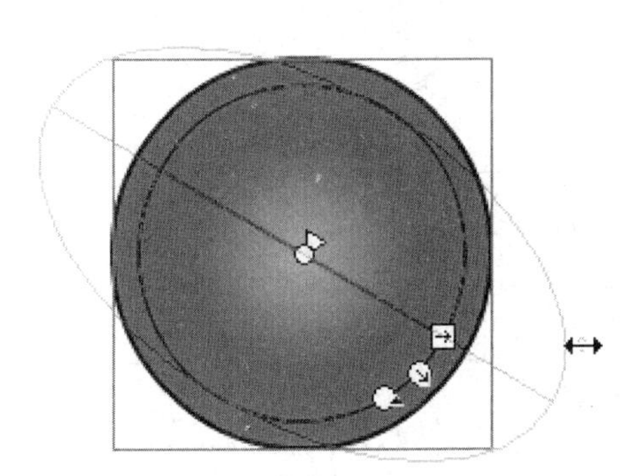

图 2-103　设置渐变变形工具

2.3.7　滴管工具

“滴管工具”是关于颜色的工具的应用，可以获取需要的颜色，另外还可以对位图进行属性采样。也可以对场景中的图片颜色区域进行填充或对笔触进行采样，然后将采到的样式应

用于其他对象。

滴管工具的使用方法如下。

（1）打开“文件”→“导入”→“导入到库”，导入一幅图形到库中，如图 2-104 所示。

（2）将素材图形从库中拖入场景中，如图 2-105 所示。

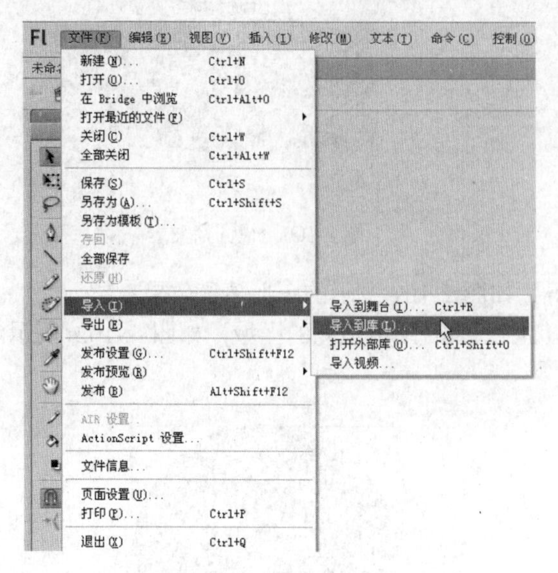

图 2-104　导入到库

图 2-105　库

（3）如图 2-106 所示按【Ctrl+B】组合键分离位图，然后从“工具”面板中选择滴管工具（或按【I】键）。

（4）将滴管放在想复制其属性的填充上，这时滴管工具的旁边会出现一个刷子图标，如图 2-107 所示，然后单击填充，就会将形状信息采样到填充工具中。

图 2-106　分离位图

图 2-107　滴管填充

（5）单击已有的填充（或用填充工具拖出填充），该填充将具有滴管工具所提取的填充属性，如图 2-108 所示。

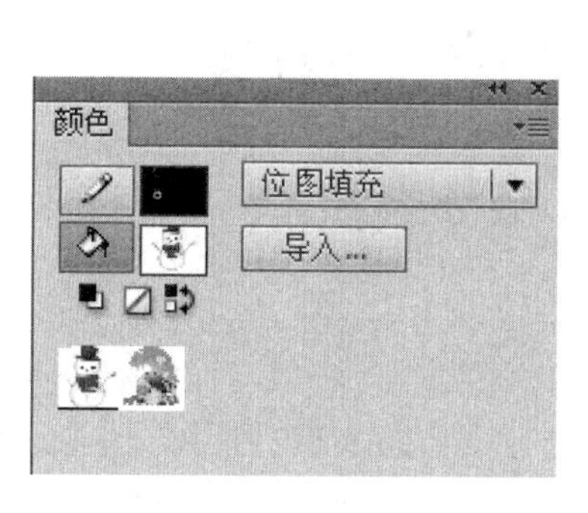

图 2-108 位图填充

高手提示

如果将位图分离，就可以用滴管工具取得图像，并用于填充颜色。

跟我学

绘制卡通水果的具体操作步骤如下：

（1）用“选择工具”选取卡通水果的明暗区域，并单击“颜色填充”面板，如图 2-109 所示分别为卡通水果的中间色填充颜色。

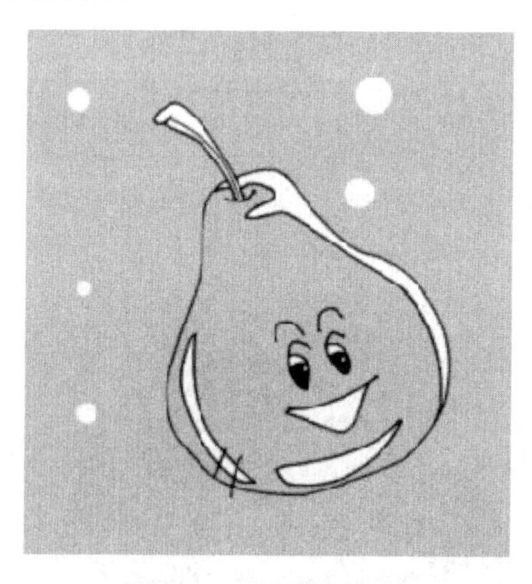

图 2-109 填充明暗区域

（2）单击“颜色填充”为卡通梨主体亮部区、暗部区填充颜色。如图 2-110 所示，然后删除亮部、暗部边缘线。

（3）用“颜料桶工具”填充颜色，如图 2-111 所示填充其他细节部分。

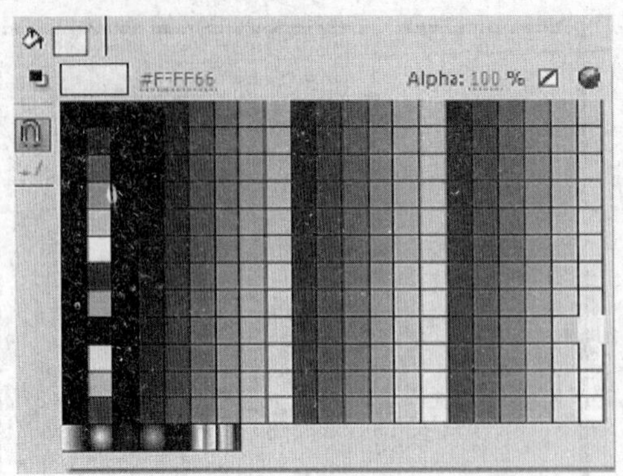

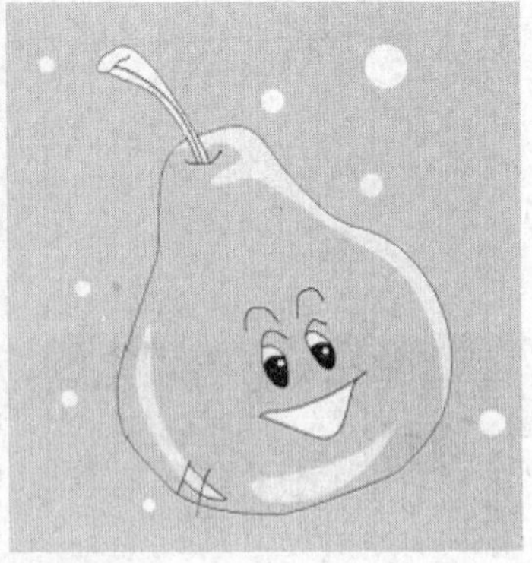

图 2-110　填充亮部、暗部颜色

（4）用“椭圆工具”绘制卡通梨身上大小不同的麻点，如图 2-112 所示，为卡通梨添加阴影颜色，增加立体效果。至此，卡通梨制作完成，另存为文件，命名为“卡通水果”。

图 2-111　细节部分颜色填充

图 2-112　卡通水果

 动手做

任务单：绘制“卡通小乌龟”形象

案例效果如图 2-113 所示。

图 2-113　卡通小乌龟

任务单（四） 绘制“飞舞雪花”景色——装饰工具

任务描述

在“卡通水果”图案背景中，有很多大小不一的圆点，形成美丽的雪花图案，下面使用“喷涂刷”工具绘制漫天飞舞的雪花效果。

月光宝盒

2.4.1 “喷涂刷”工具

“喷涂刷”工具的作用类似于粒子喷射器，使用它可以一次将形状图案“刷”到场景中。也可以使用喷涂刷工具将影片剪辑成图形元件作为图案应用。

1. “喷涂刷”工具属性面板

在“喷涂刷”工具的“属性”面板中，如图 2-114 所示，可以设计粒子的颜色、形状大小以及角度等。

2. 喷涂刷的应用

当库中存在元件时，单击“编辑”按钮，弹出“选择元件”对话框，如图 2-115 所示，从中选择自定义元件作为“粒子”使用。

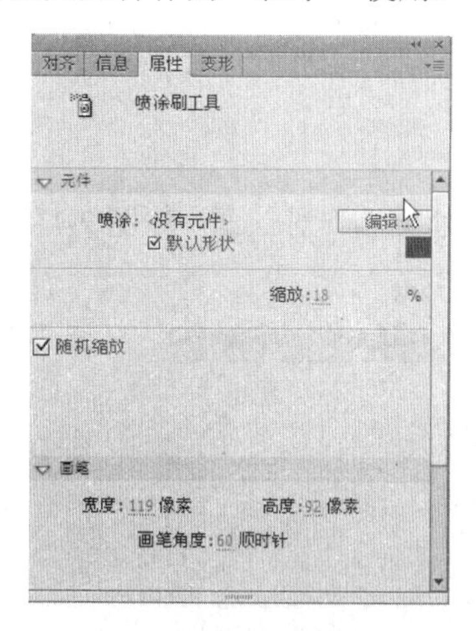

图 2-114 喷涂刷属性面板

图 2-115 选择元件

3. “喷涂刷”工具的使用

（1）单击工具箱中的喷涂刷工具，如图 2-116 所示。

（2）在喷涂刷工具的属性面板中选中“默认形状”复选框，如图 2-117 所示。

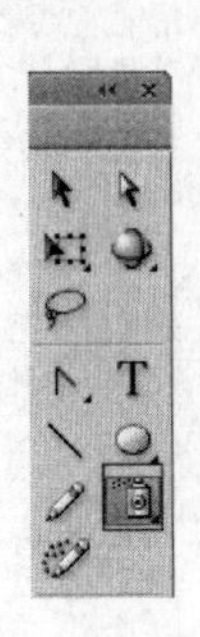

图 2-116 喷涂刷工具

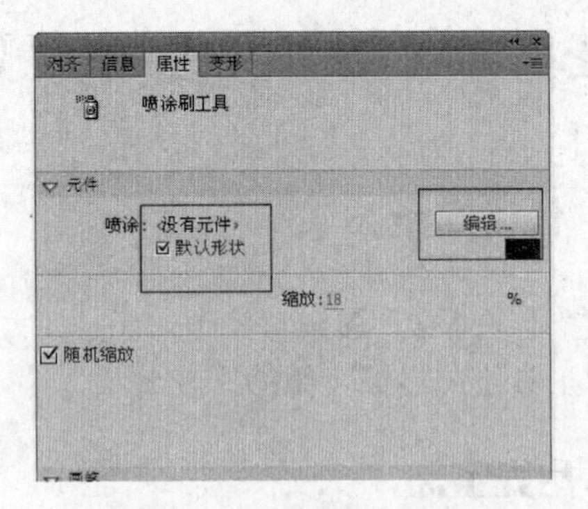

图 2-117 喷涂刷工具属性面板

（3）在场景中要显示图案的位置单击或拖动即可得到如图 2-118 所示的沙粒效果。

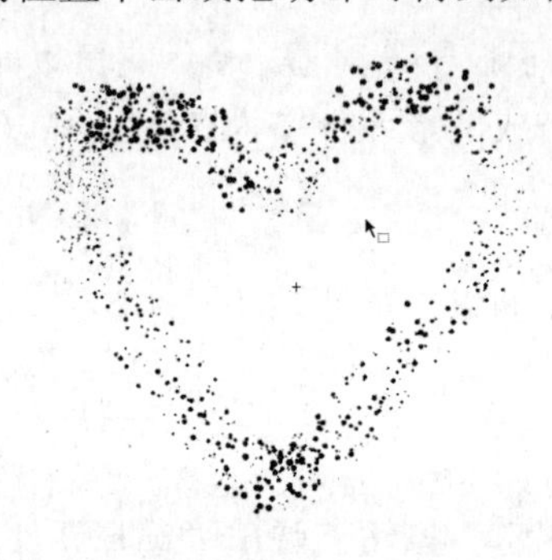

图 2-118 沙粒效果

跟我学

使用“喷涂刷”工具制作满天星星。

（1）选择“文件”→“新建”菜单命令，弹出“新建文档”对话框，如图 2-119 所示，从中选择“常规”选项卡中的“ActionScript 3.0”选项。

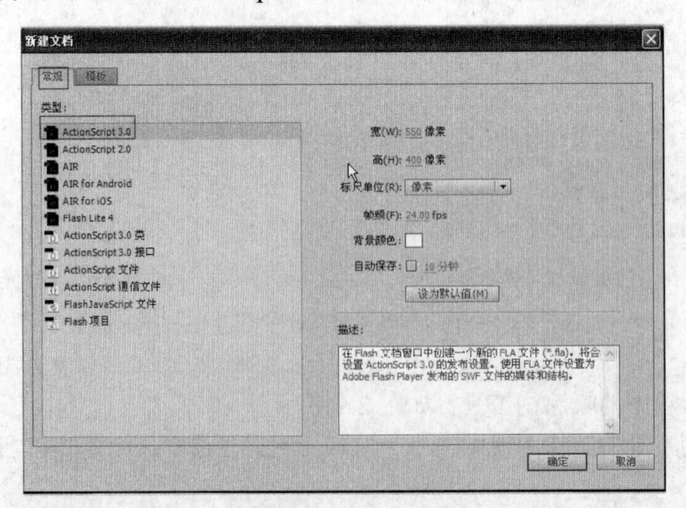

图 2-119 新建文档

（2）新建一个文档，如图 2-120 所示，选择“文件”→“保存”菜单命令，弹出“另存为”对话框，设置保存路径，输入“文件名”为“满天星”，“保存类型”为（*.fla）。单击“保存”按钮。

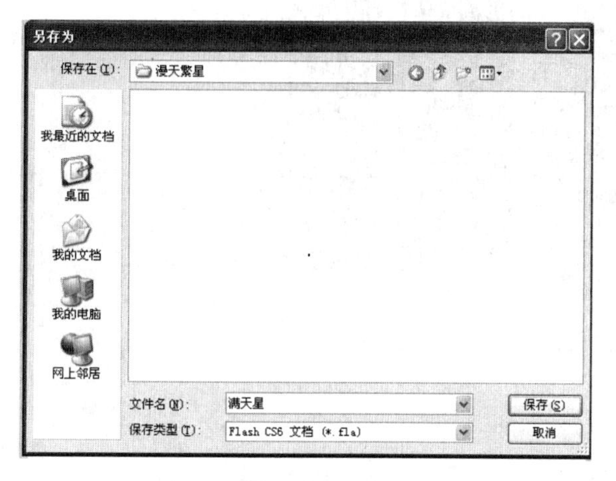

图 2-120　“另存为”对话框

（3）在库的元件中右击，选择“新建元件”，在弹出的“创建新元件”对话框中，按如图 2-121 所示设置“名称”为“星星”，“类型”为“图形”，单击“确定”按钮。

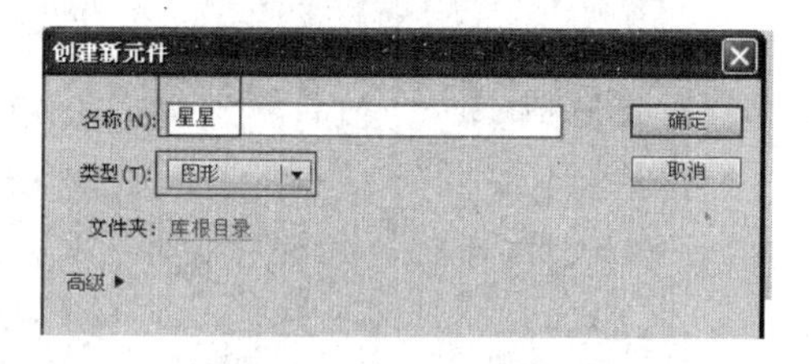

图 2-121　创建星星新元件

（4）选择工具栏中的“矩形工具”→“多角星形工具”，如图 2-122 所示。

（5）在其“属性”面板中单击“工具设置”按钮，弹出“工具设置”对话框，将样式改为“星形”，边数改为“5”。如图 2-123 所示，单击“确定”按钮。

图 2-122　多角星形工具

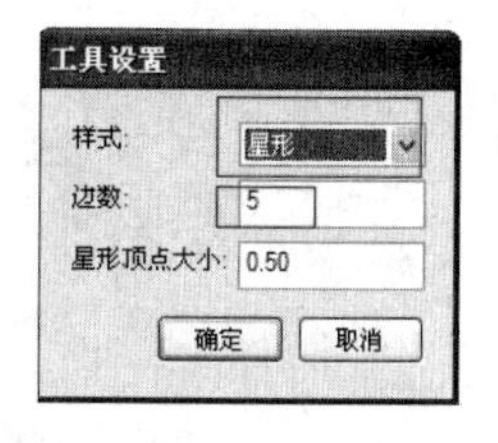

图 2-123　工具设置

（6）设置颜色面板，选择黄（#D6D6D6）颜色，如图 2-124 所示。

（7）绘制好五角星元件，如图 2-125 所示。

（8）在场景工作区中如图 2-126 所示，选择工具栏中的矩形工具，颜色选择深蓝色，为夜晚天空背景。

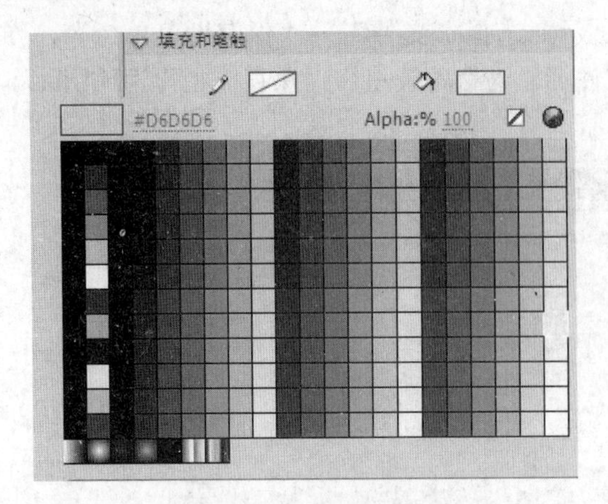

图 2-124　设置填充颜色

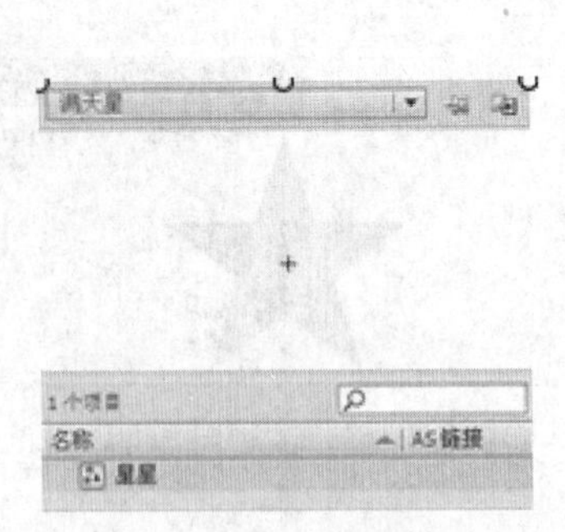

图 2-125　五角星元件

图 2-126　蓝色夜空

（9）单击“喷涂刷”按钮，打开喷涂属性面板，如图 2-127 所示，单击元件编辑按钮，弹出“选择元件”对话框，选择星星图形元件，单击“确定”按钮。

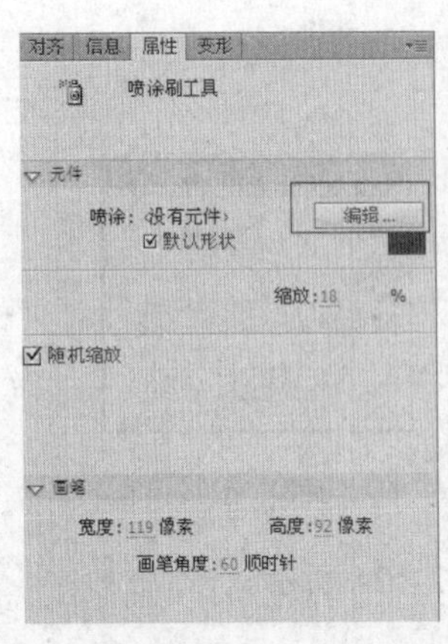

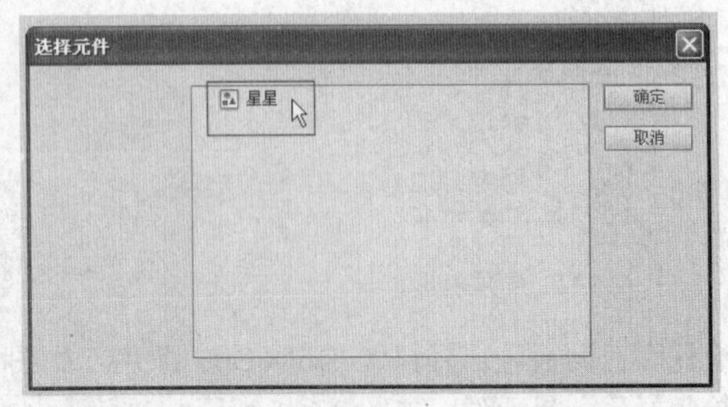

图 2-127　选择星星元件

（10）修改属性面板相关参数，如图 2-128 所示修改“缩放宽度”为“20%”，“缩放高度”

为“18%”，勾选“随机缩放”、“旋转元件”、“随机旋转”复选框。

（11）在蓝色背景上，使用“喷涂刷”工具，在工作区中单击鼠标，出现随机旋转的五角星，如图 2-129 所示。

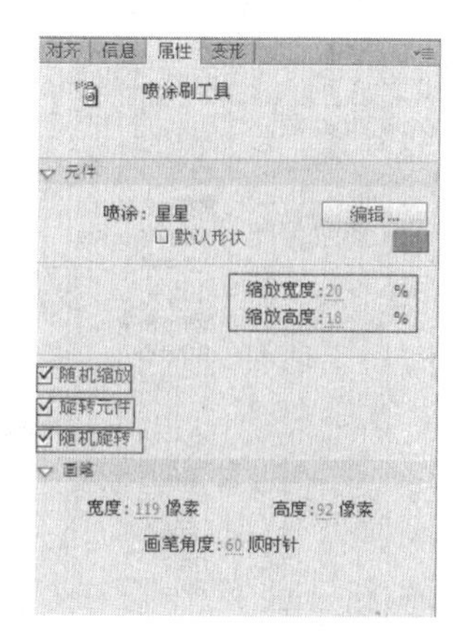

图 2-128　喷涂刷工具属性设置

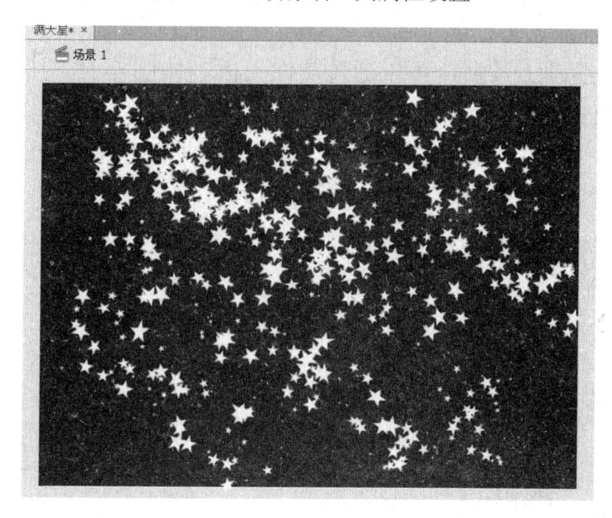

图 2-129　满天星效果

2.4.2　Deco 工具

1．“Deco（装饰性绘画）”工具

借助装饰性绘画工具，可以将创建的图形形状转换成复杂的几何图案。例如，可以将一个或多个元件与 Deco 对称工具一起使用，以创建万花筒效果，如图 2-130 所示。

2．“Deco（装饰性绘画）”工具属性面板

在选择 Deco 绘画工具后，可以从“属性”面板中选择效果，如图 2-131 所示，其中包含 13 种效果。

跟我学

使用“Deco”工具绘制蓝色闪电。

（1）使用 Deco 装饰工具，可以将简单的图形转换成复杂的几何图案。也可以与多个元件一起使用。如图 2-132 所示。

图 2-130　Deco（装饰性绘画）工具

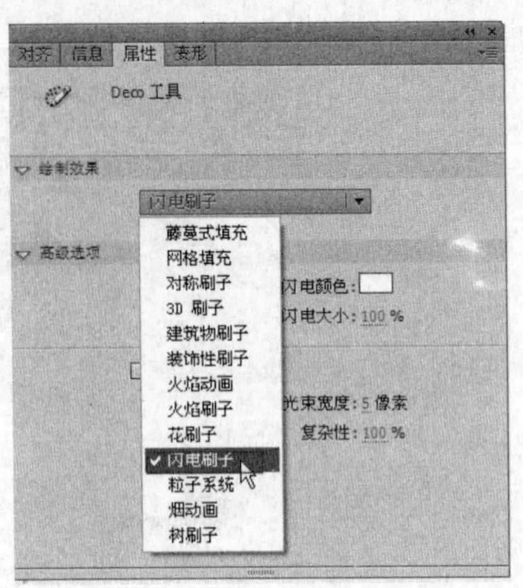

图 2-131　选择效果

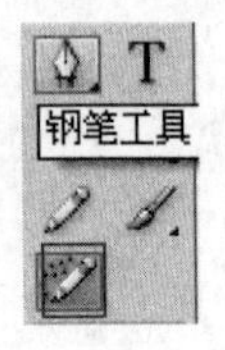

图 2-132　Deco 工具

（2）在选择 Deco 绘画工具后，可以通过属性面板，如图 2-133 所示选择画笔效果下拉列表中的“闪电刷子”模式。

（3）打开“属性”面板，在高级选项中设定闪电图形的色彩，如图 2-134 所示，设定为蓝色。

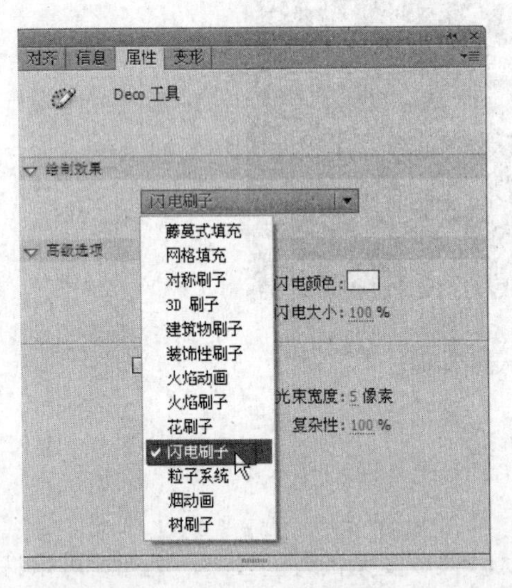

图 2-133　选择“闪电刷子”

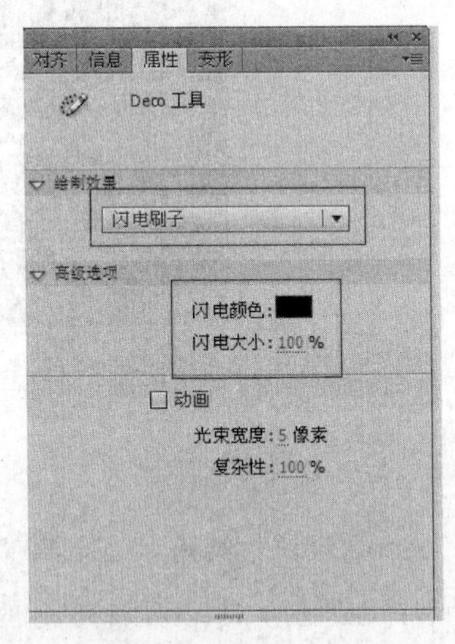

图 2-134　设置闪电颜色

（4）在场景中单击拖曳鼠标，进行绘画，得到如图 2-135 所示的效果。

跟我学

使用 Deco 工具制作烂漫的玫瑰图案。

（1）选择“文件”→“新建”菜单命令，如图 2-136 所示。

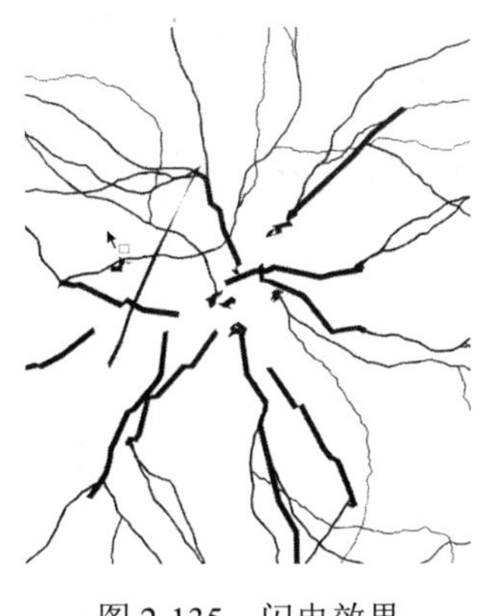

图 2-135　闪电效果

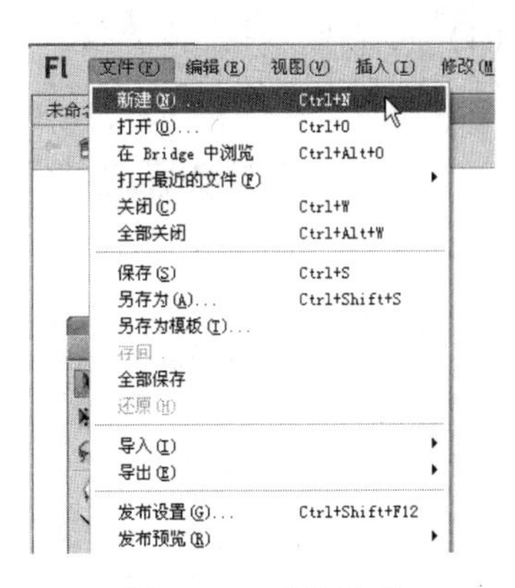

图 2-136　新建文件

（2）弹出“新建文档”对话框，从中选择“常规”选项卡中的“ActionScript 3.0”选项。如图 2-137 所示。

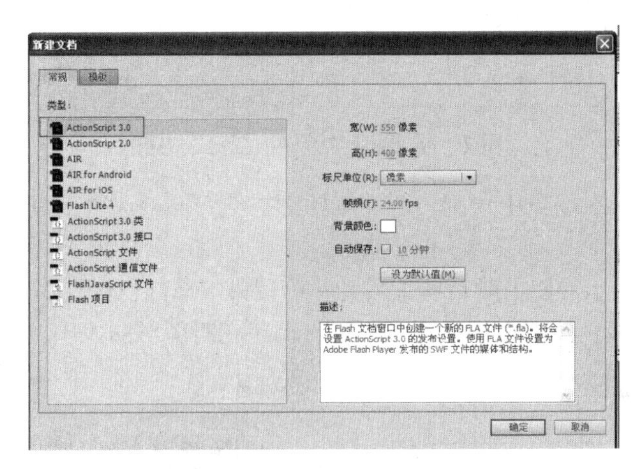

图 2-137　ActionScript 3.0 脚本语言

（3）创建一个新文档，如图 2-138 所示，选择“修改”→“文档”菜单命令，弹出“文档设置”对话框，设置“背景颜色”为“紫色”，然后单击“确定”按钮。

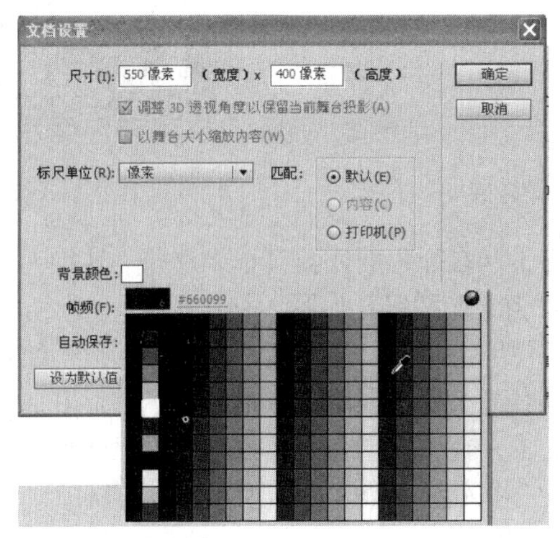

图 2-138　文档设置

（4）选择“文件”→“保存”菜单命令，弹出“另存为”对话框，如图 2-139 所示设置保存路径，输入“文件名”为“浪漫的图案”，单击“保存”按钮。

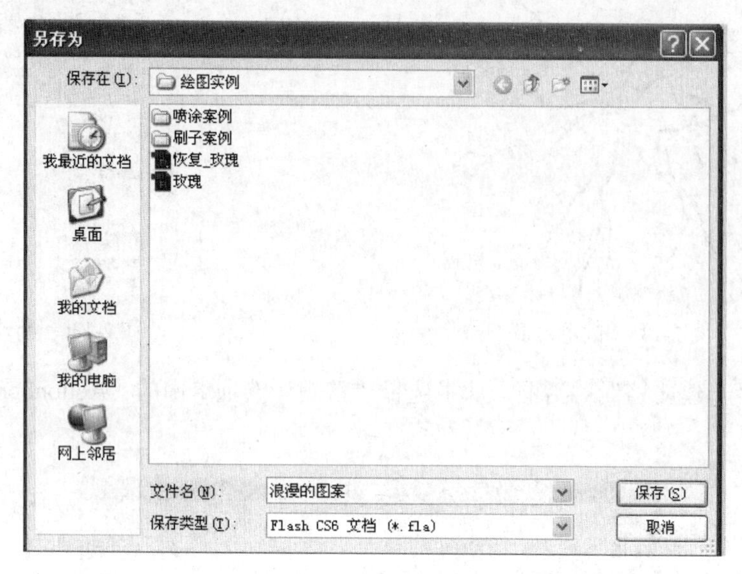

图 2-139　创建“浪漫的图案”文档

（5）使用钢笔工具在场景中绘制一个花瓣轮廓，结合部分选取工具，如图 2-140 所示调整图形形态。

（6）如图 2-141 所示，使用颜料桶工具为花瓣图形填充红色，使用选择工具将其选中，按【Delete】键删除边缘线，然后使用任意变形工具调整花瓣图形的大小。

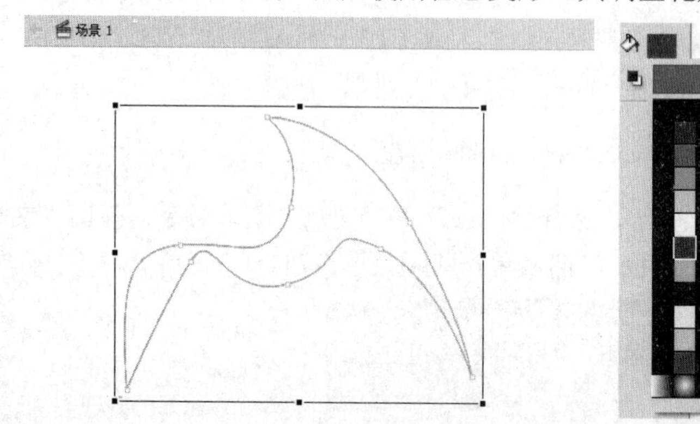

图 2-140　花瓣轮廓

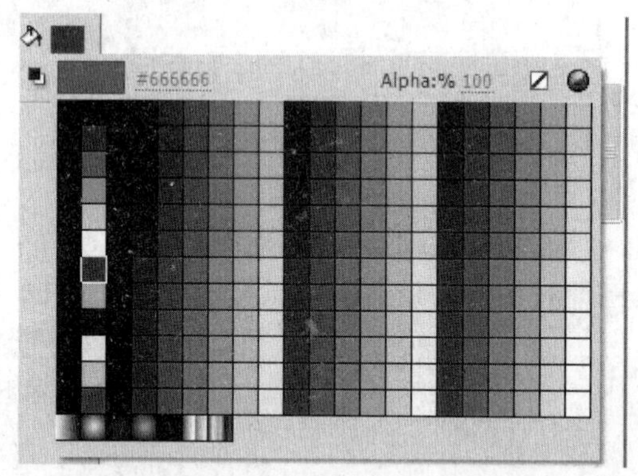

图 2-141　填充红色

（7）选中“花瓣”并右击，在弹出的快捷菜单中选择“转换为元件”菜单命令，弹出“转换为元件”对话框，单击“确定”按钮，如图 2-142 所示。

（8）如图 2-143 所示，使用钢笔工具绘制两片“叶子”形，结合部分选择工具进行调整，填充颜色为绿色，然后使用任意变形工具调整“叶子”的形状和大小。

（9）选中“叶子”并右击，在弹出的快捷菜单中选择“转换为元件”命令，弹出“转换为元件”对话框，单击“确定”按钮，如图 2-144 所示。

图 2-142　“转换为元件”对话框

场景 1

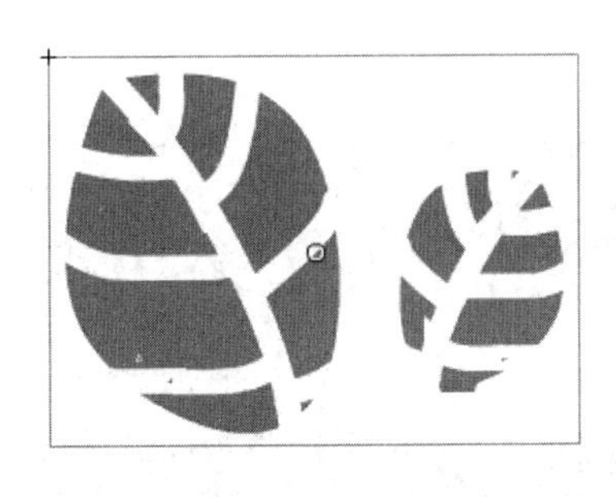

图 2-143　叶子

图 2-144　转换为“叶子”元件

（10）在“工具箱”面板中选择“Deco 工具”，如图 2-145 所示。

（11）在“属性”面板中打开“绘制效果”选项组，如图 2-146 所示，从中选择“3D 刷子”选项。单击对象 1 右侧的“编辑”按钮，弹出“选择元件”对话框，选择“玫瑰”，把对象 1 的形状设为玫瑰形。单击对象 2 右侧的“编辑”按钮，弹出“选择元件”对话框，选择“叶子”，把对象 2 的形状设置为叶子形。设置对象 3 的颜色为紫色，设置对象 4 的颜色为白色。

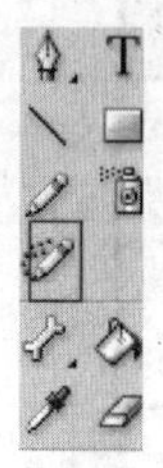

图 2-145 Deco 工具

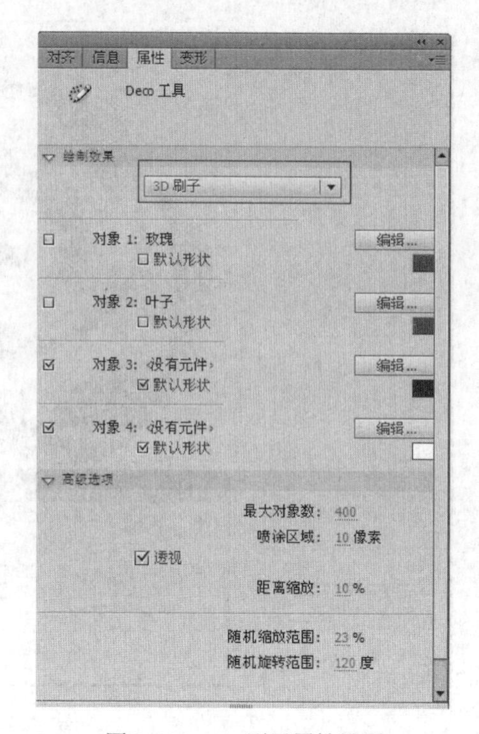

图 2-146 3D 刷子属性设置

（12）打开“属性”面板中的“高级选项”选项组，设置“最大对象数”为“400”，“喷涂区域”为“10 像素”，“距离缩放”为“10%”，“随即缩放范围”为“230%，“随即旋转范围”为“120 度”。设置完成，在场景中单击，拖曳绘制出浪漫的玫瑰花图案，如图 2-147 所示。

（13）按【Ctrl+Enter】组合键进行测试。

图 2-147 浪漫图案

跟我学

绘制“飘落雪花”的效果。

具体操作步骤如下：

（1）新建文档，设置属性面板中的场景颜色为淡粉色，并创建“雪花”元件，如图 2-148 所示。

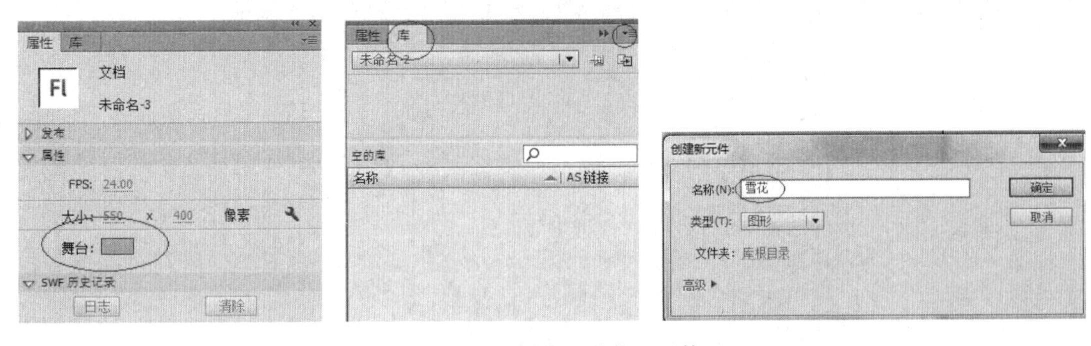

图 2-148　创建“雪花”元件

（2）在库元件编辑区面板中绘制圆形白色点，作为飘落的雪花，如图 2-149 所示。

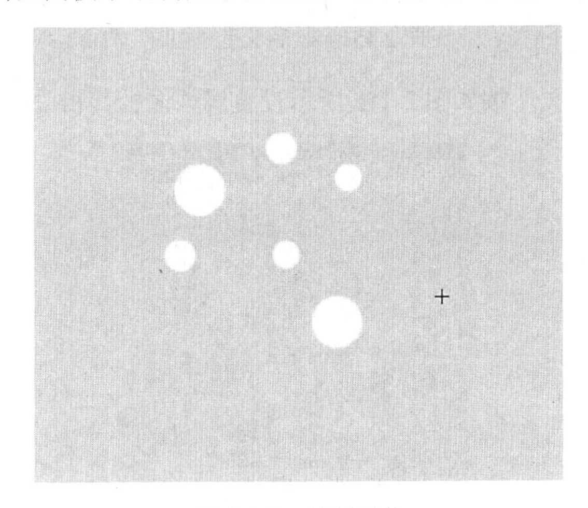

图 2-149　绘制雪花

（3）回到场景编辑区，单击喷涂刷，在属性面板中设置其属性。在场景编辑区。单击空白处，绘制出飘落的大大小小的雪花，如图 2-150 所示。

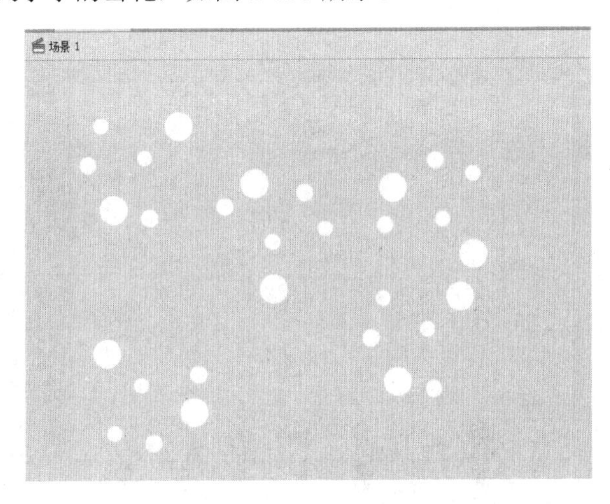

图 2-150　雪花背景

（4）使用矩形工具绘制地面，并调节节点曲线角度，填充白色，如图 2-151 所示。

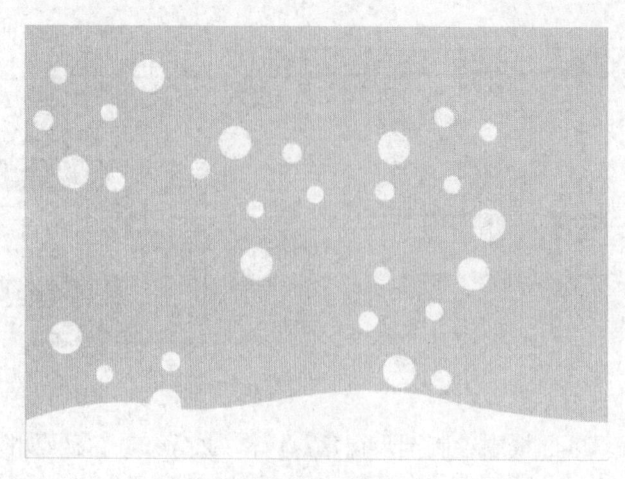

图 2-151　绘制曲度地面

（5）单击装饰工具，按如图 2-152 所示设置属性面板其相关参数。

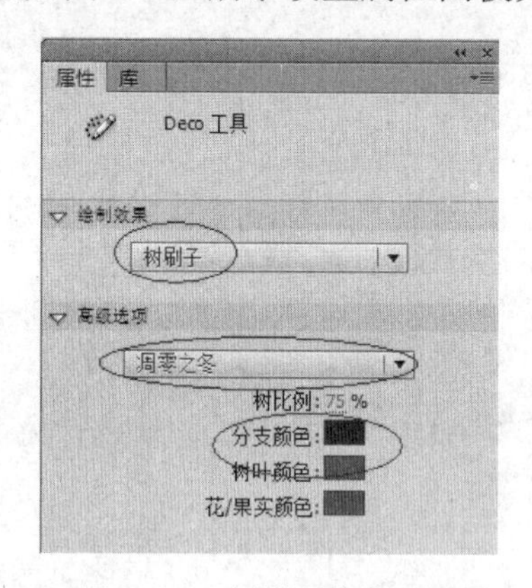

图 2-152　树刷子参数设置

（6）单击场景编辑区地面处，绘制树枝，使用自由变换工具调整其大小、角度，如图 2-153 所示达到最终效果。

图 2-153　飘落雪花

动手做

使用装饰工具绘制一个稻草人风景，效果如图 2-154 所示。

图 2-154　稻草人

对象的编辑与修饰

在 Flash 中，可以对图形进行各种编辑处理，包括图形的变换、调整、组合、叠放、对齐等。与图形绘制一样，图形编辑也是制作 Flash 动画的基本功。

本章知识要点

1. 选择图形
2. 图形的基本编辑
3. 图形的变换
4. 图形的调整
5. 图形的组合
6. 图形的叠放
7. 图形的对齐
8. 辅助工具的使用

本章知识难点

图形的调整与对齐

任务单（五） 编辑“向日葵”图形素材——对象编辑

任务描述

此次任务主要是对“向日葵”矢量图形进行编辑，如选择、对齐、组合等。

月光宝盒

3.1.1　选取对象

在使用 Flash 绘图编辑的过程中，首要的工作就是要将所需编辑的对象选中，然后再进行移动和改变形状等操作。

1．选择工具

（1）选择单一对象。

① 单击选择工具，如图 3-1 所示，然后在对象上单击，选择对象，如图 3-2 所示。

② 同时选择对象的笔触和填充，双击对象填充，如图 3-3 所示。

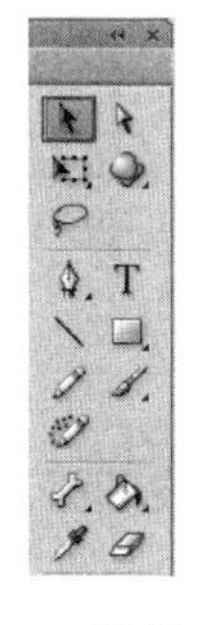

图 3-1　选择工具

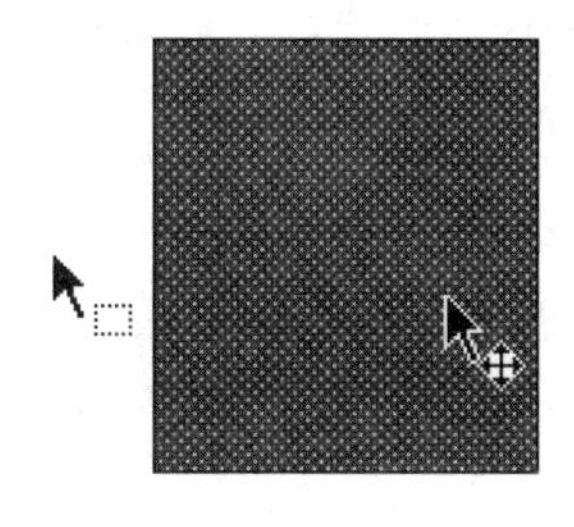

图 3-2　单击选择对象

图 3-3　双击填充

（2）选择任意对象。

使用选取框选择一个区域的具体步骤如下。

① 如图 3-4 所示，在场景中分别创建一个矩形图形、椭圆形图形和多边形图形元素。

② 如图 3-5 所示，单击工具面板中的“选择工具”（或按【V】键）。

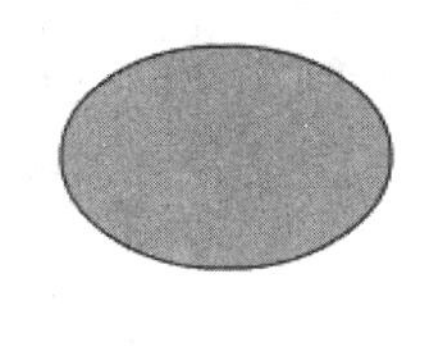

图 3-4　创建图形元素

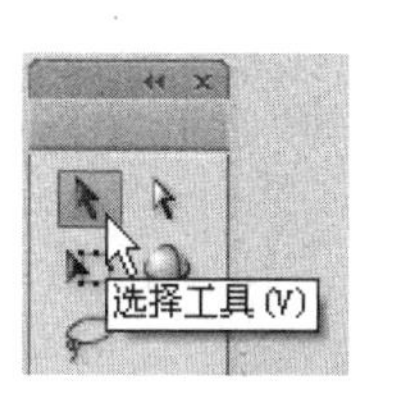

图 3-5　选择工具

③ 在场景中单击并沿着任意方向拖曳鼠标，如图 3-6 所示，可以看到选取框的轮廓。

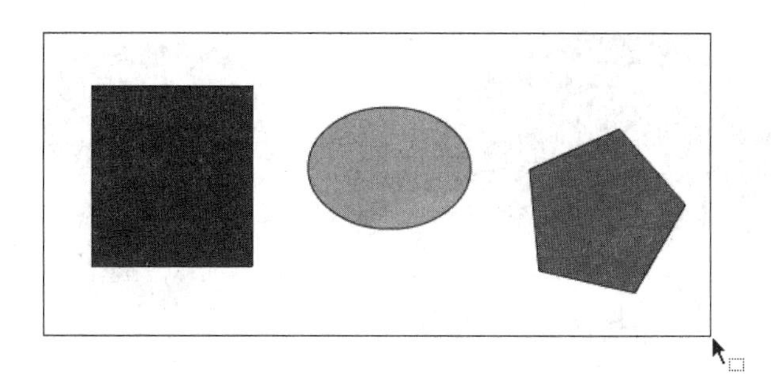

图 3-6　选取框

④选择对象后释放鼠标，如图 3-7 所示。

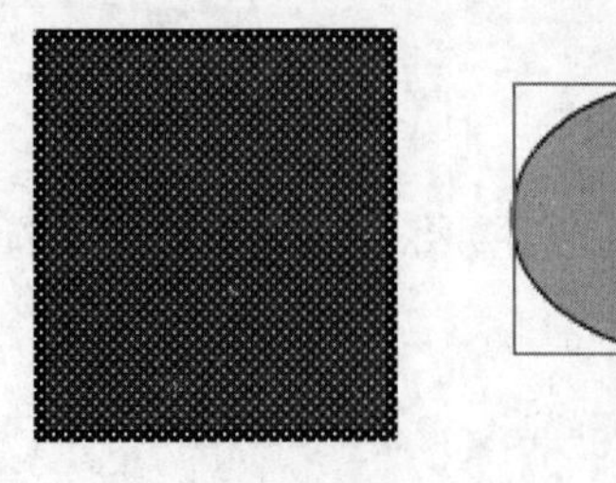
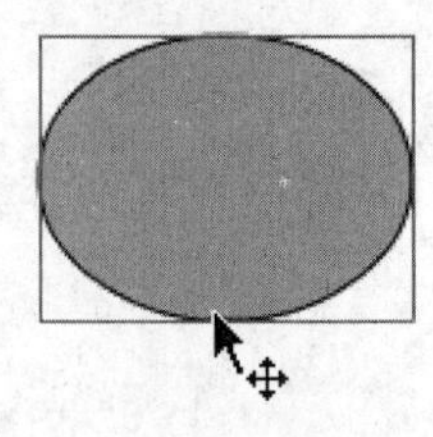

图 3-7　选择任意对象

高手提示

使用选取框框选一个区域之后，可以按【Shift】键使用选取框再选择另一个区域。

⑤ 要想选择场景中的所有对象，可以执行“编辑”→“全选”菜单命令，如图 3-8 所示。

（2）使用选择工具改变形状的具体步骤如下。

① 单击“工具”面板中的“选择工具”。

② 如图 3-9 所示，将鼠标放置在对象的边缘上，这时鼠标变成一个下方有一段圆弧形状的黑色箭头。

编辑(E)　视图(V)　插入(I)　修改(M)
撤消(U) 选择框　Ctrl+Z
重复(R) 不选　Ctrl+Y
剪切(T)　Ctrl+X
复制(C)　Ctrl+C
粘贴到中心位置(J)　Ctrl+V
粘贴到当前位置(P)　Ctrl+Shift+V
选择性粘贴(O)...
清除(Q)　Backspace
直接复制(D)　Ctrl+D
全选(L)　Ctrl+A
取消全选(V)　Ctrl+Shift+A
查找和替换(F)　Ctrl+F
查找下一个(N)　F3

图 3-8　“全选”选项

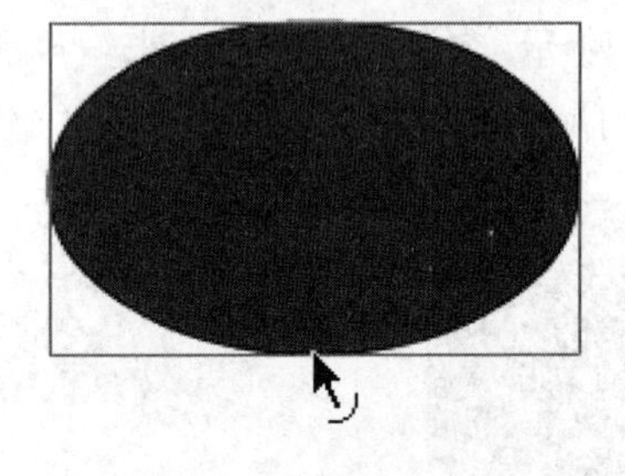

图 3-9　单击对象边缘

③ 如图 3-10 所示，单击拖曳鼠标。

④ 松开鼠标，即可改变图形的形状，如图 3-11 所示。

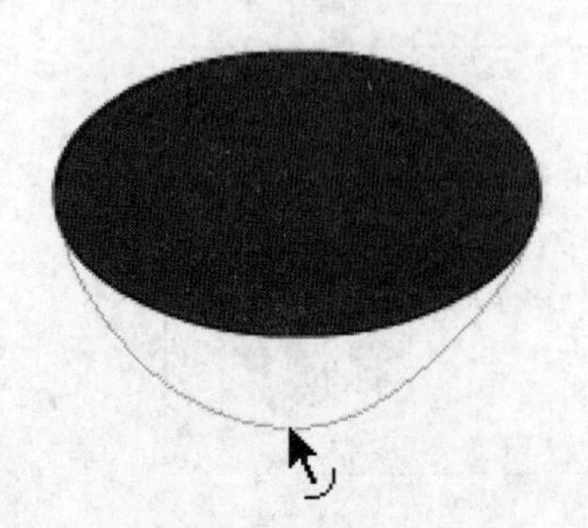

图 3-10 拖曳鼠标

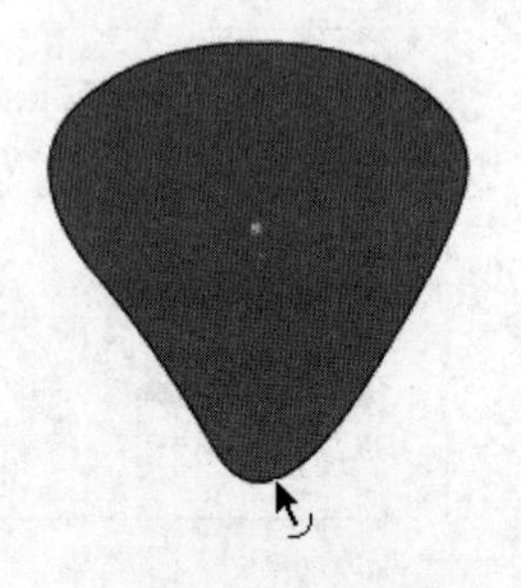

图 3-11 松开鼠标

高手提示

若要在其他工具处于活动状态时临时切换到选择工具，在按住【Ctrl】键的同时选择即可。

（3）附属工具。

在“工具箱”面板中选中“选择工具”后，会出现以下 3 个附属工具，如图 3-12 所示。

● “贴紧至对象”按钮：选择此工具，绘图、移动、旋转及调整的对象将自动对齐。

使用“贴紧至对象”按钮，进行对齐操作的具体步骤如下。

① 在“工具”面板中单击选择工具，再单击“贴紧至对象”按钮。

② 如图 3-13 所示，将要移动的对象拖向另一个对象。

③拖曳元素时，指针的下面会出现一个黑色的小环，当对象处于另一个对象的对齐距离内时，该小环会变大，如图 3-14 所示。

④当两者相汇合时松开鼠标，被移动的对象就会对齐到目标对象上，如图 3-15 所示。

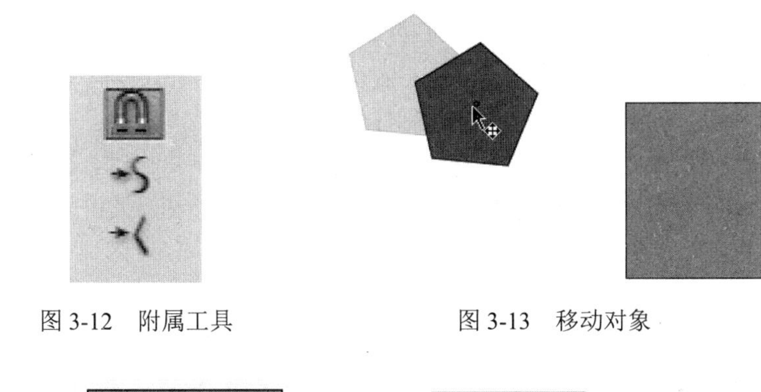

图 3-12 附属工具　　图 3-13 移动对象

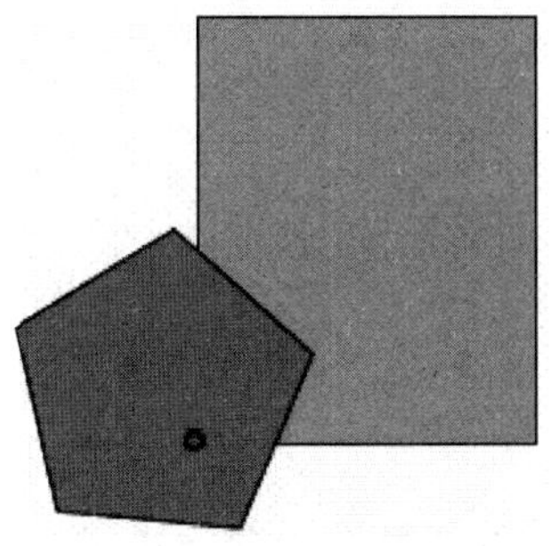

图 3-14 紧贴对象

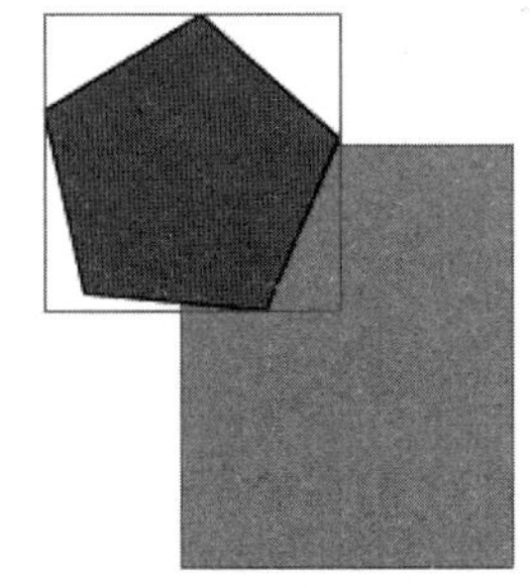

图 3-15 目标对象

高手提示

自动对齐对象功能不只限于拖移对象。在使用圆形、矩形及线条工具时也可以启用这个功能，以使绘出的形状能够相互对齐。

● “平滑”按钮：选择此工具，可对直线和开头进行平滑处理。平滑处理前与平滑处理后的效果分别如图 3-16 和图 3-17 所示。

● “伸直”按钮：选择此工具，可对直线和开头进行伸直处理。伸直处理前与伸直处理后的效果分别如图 3-18 和图 3-19 所示。

图 3-16　平滑处理前

图 3-17　平滑处理后

图 3-18　伸直处理前

图 3-19　伸直处理后

高手提示

若单击一次“平滑”或“伸直”按钮的效果不明显，可以连续单击几次，直到满意为止。单击“平滑”按钮，可以使曲线更加平滑；而单击“伸直”按钮，可以使曲线更趋向直线或圆弧。

使用“平滑（伸直）”按钮，进行平滑（伸直）操作的具体步骤如下。

① 新建文件，用“铅笔工具”绘制一个眼镜。

② 单击“工具”面板中的“选择工具”按钮。

③ 选择要修改的眼镜边框形状或笔触，如图 3-20 所示。

④ 选择对象之后，单击“平滑”按钮（或“伸直”按钮）一次或多次，得到需要的效果，如图 3-21 所示。

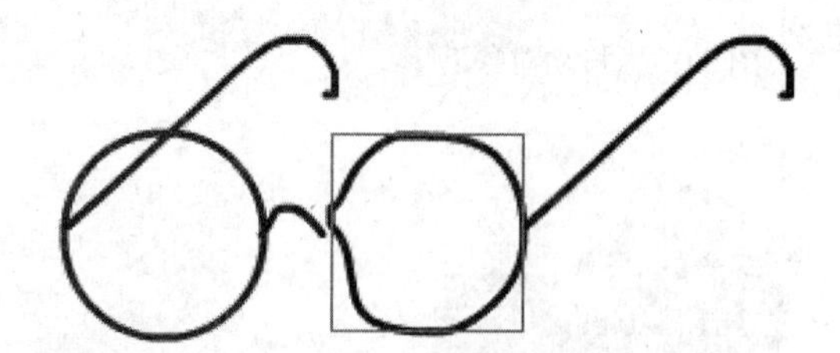

图 3-20　眼镜平滑前

图 3-21　眼镜平滑后

高手提示

平滑和伸直工具只适用于形状对象（直接用工具在场景上绘制填充和笔触），而对组合、文本、实例和位图等不起作用（此类对象被称为组合类对象）。

2. 部分选取工具

曲线的本质是由节点与线段构成的路径。使用“部分选取工具”，不仅可以抓取、选择、移动形状路径，而且还可以改变形状路径，如图 3-22 所示。

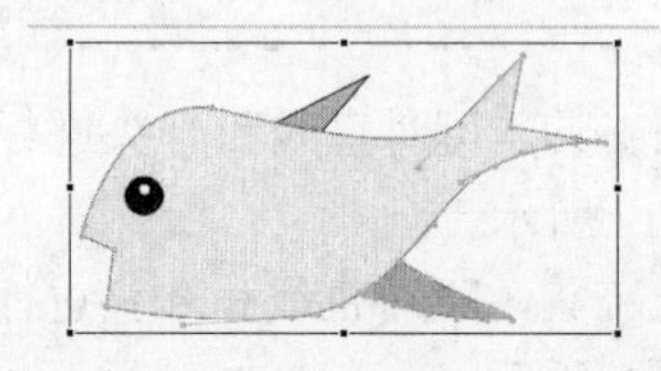

图 3-22　使用部分选取工具改变路径

高手提示

要移动路径，可以使用部分选取工具单击曲线，然后拖曳，未选中的节点显示为空心的小方点。

（1）使用部分选取工具编辑形状的具体步骤如下。

① 新建文件，从素材库中导入一只巨嘴鸟图形文件，如图 3-23 所示。

② 单击“工具”面板中的“部分选取工具”（或按【A】键），然后在场景上单击形状对象的边缘，即可显示出形状的路径，如图 3-24 所示。

③ 选中其中的一个节点，如图 3-25 所示，此点变成实心小圆点，然后按【Delete】键删除此节点。

图 3-23 巨嘴鸟

图 3-24 选取巨嘴鸟对象

④ 如图 3-26 所示，用鼠标拖曳某个节点，可以将节点移动到新的位置。

⑤ 选中一个节点，然后用鼠标拖曳手柄，可以调整其控制线段的弯曲度，如图 3-27 所示。

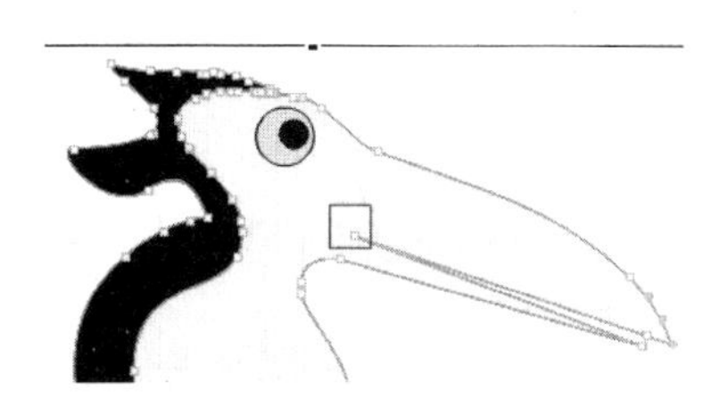

图 3-25 选中节点

图 3-26 拖曳节点

图 3-27 拖曳手柄

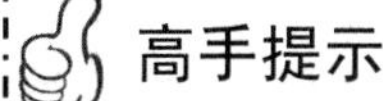

高手提示

使用方向键可以精确地移动节点，每按一次移动一个像素点。如果按【Shift】+方向键，则每次可移动 10 个像素点。在拖曳手柄时按【Shift】键，可以使手柄沿水平、垂直或者 45° 等方向移动。

3. 套索工具

Flash 提供的选取方法有多种，选取对象除了可以使用部分选取工具处还可以使用套索工具。选取线填充区显示是高亮的点阵，被选线条则显示是一个蓝色的封闭边框。

使用“套索工具”选取对象。使用套索工具及其附属的多边形模式，通过绘制任意形状的选取区域来选取对象，如图 3-28 所示。

图 3-28　使用“套索工具”选取对象

高手提示

套索工具主要适用于选取对象，当有不易用选取工具选择的较复杂的图形时，可以使用该工具。

3.1.2　锁定对象

防止组或实例被选中并被意外修改，若不想选取该组或实例，如图 3-29 所示，选择“修改”→“排列”→“锁定”菜单命令即可。

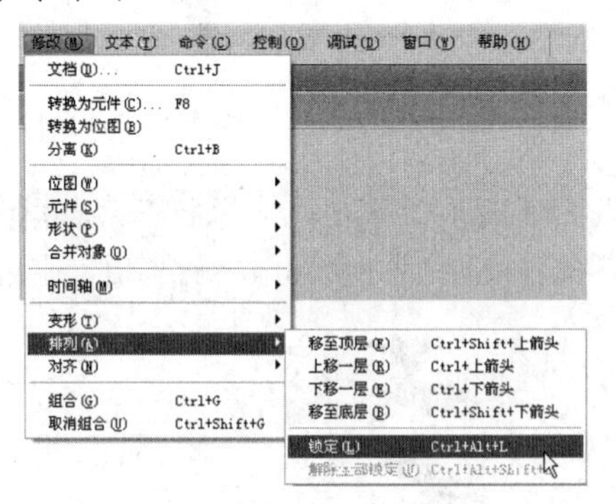

图 3-29　锁定对象

高手提示

要想解除所有组（或实例）的锁定，选择“修改”“排列”“解除全部锁定”菜单命令即可。

3.1.3　移动对象

在如图 3-30 所示的场景中，可以使用选择工具拖曳来移动对象。通过使用方向键、“属性”面板或者“信息”面板，可以指定精确的位置。

图 3-30　移动对象

3.1.4　复制对象

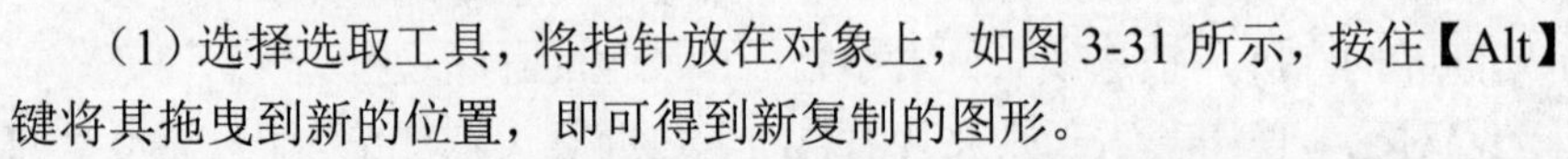

（1）选择选取工具，将指针放在对象上，如图 3-31 所示，按住【Alt】键将其拖曳到新的位置，即可得到新复制的图形。

（2）也可以通过粘贴复制对象，创建对象的变形副本，如图 3-32 所示。具体步骤如下。

图 3-31　复制对象　　　　图 3-32　粘贴复制对象

① 选取一个或多个对象。

② 右击，在弹出的下拉菜单中选择“复制”命令或者执行“编辑”→“复制”菜单命令，或者按【Ctrl+C】组合键复制对象。

③ 选取另一个图层或场景，然后执行“编辑”→“粘贴”菜单命令（或者按【Ctrl+V】组合键），即可将选项粘贴到场景中（或者执行“编辑”→“粘贴到当前位置”菜单命令，将选项粘贴到同一场景中的某位置）。

3.1.5 任意变形工具

使用“任意变形工具”可以对选择的一个或多个对象进行各种变形操作，如旋转、缩放、倾斜、扭曲和封套等。单击工具箱中的“任意变形工具”或按【Q】键，即可调用该工具。

1. 附属工具

附属工具如图 3-33 所示。

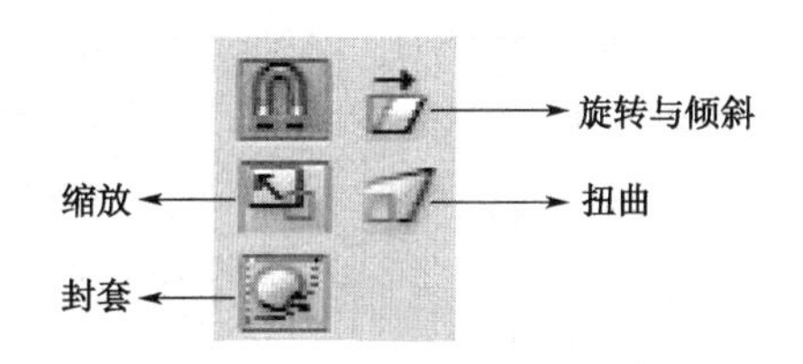

图 3-33　附属工具

- “旋转与倾斜”按钮：单击此按钮可以对图形对象进行旋转和倾斜操作，在进行倾斜操作时，要注意鼠标指针在控制点上进行调节。
- “缩放”按钮：单击该按钮后，只能对图形进行缩放操作。将鼠标移至四角的控制点上，当指针变为双向箭头时，按住鼠标左键不放并拖动鼠标，可以等比例缩放图形，当鼠标在边线中间控制点上，可以从单边缩放图形。
- “扭曲”按钮：单击该按钮后，只能对图形进行扭曲操作，可以用来增加图形的透视效果。
- “封套”按钮：单击该按钮后，图形四周轮廓出现许多控制点，用于对图形进行复杂的变形操作。

2.“任意变形工具”的操作

在使用任意变形工具时，有两种模式：一种是先选择图形对象，然后再单击选择工具按钮，或者是先选择任意变形工具，然后再选择图形对象。

（1）选择“旋转与倾斜” 按钮可以对图形对象进行编辑操作，变形效果如图 3-34 所示。
（2）选择“缩放”按钮，可以对图形对象进行等比例缩放，缩放效果如图 3-35 所示。

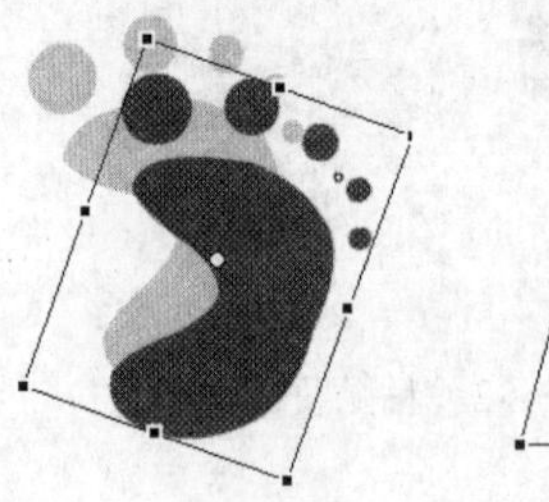
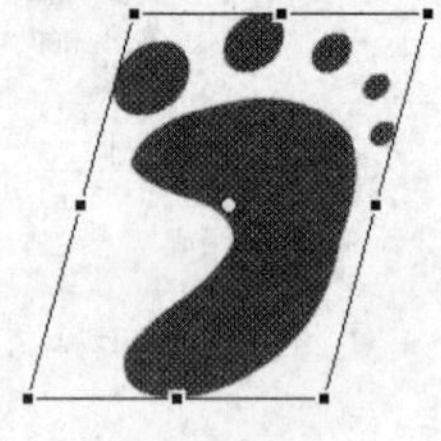

图 3-34　旋转与倾斜效果

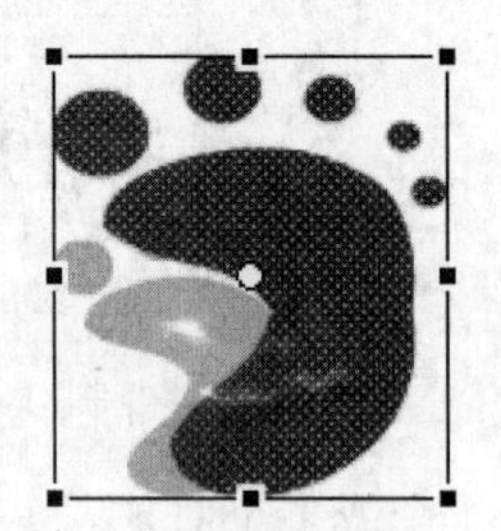

图 3-35　缩放效果

（3）选择“扭曲”及“封套”按钮的变形效果如图 3-36 所示。

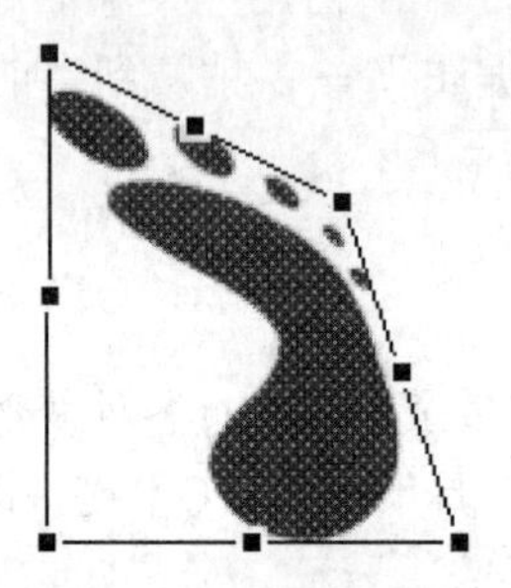
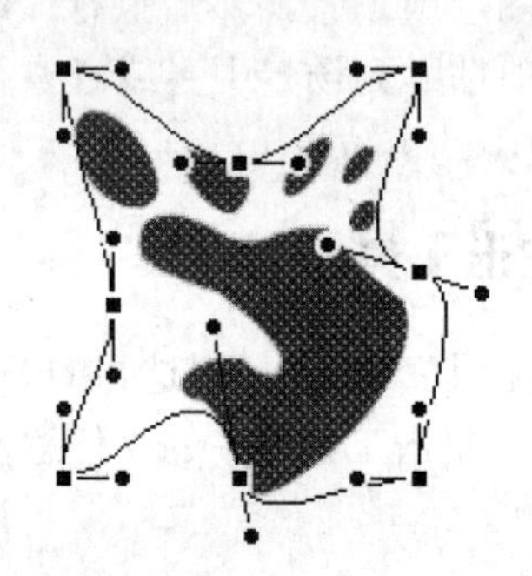

图 3-36　扭曲与封套变形效果

3.1.6　对象的删除

可以将对象从文件中删除，删除场景中的实例不会从库中删除元件。

选择一个或多个对象，进行以下操作之一，均可删除对象。

- 按【Delete】或【Backspace】键。
- 如图 3-37 所示选择“编辑”→“清除”菜单命令。
- 选择“编辑”→“剪切”菜单命令。
- 右击对象，从弹出的快捷菜单中选择“剪切”菜单命令，如图 3-38 所示。

编辑(E)　视图(V)　插入(I)　修改(M)　文本(T)

撤消(U) 更改选择	Ctrl+Z
重复(R) 设置变形点	Ctrl+Y
剪切(T)	Ctrl+X
复制(C)	Ctrl+C
粘贴到中心位置(J)	Ctrl+V
粘贴到当前位置(P)	Ctrl+Shift+V
选择性粘贴(O)...	
清除(Q)	Backspace
直接复制(D)	Ctrl+D
全选(L)	Ctrl+A
取消全选(V)	Ctrl+Shift+A

图 3-37　“清除”命令

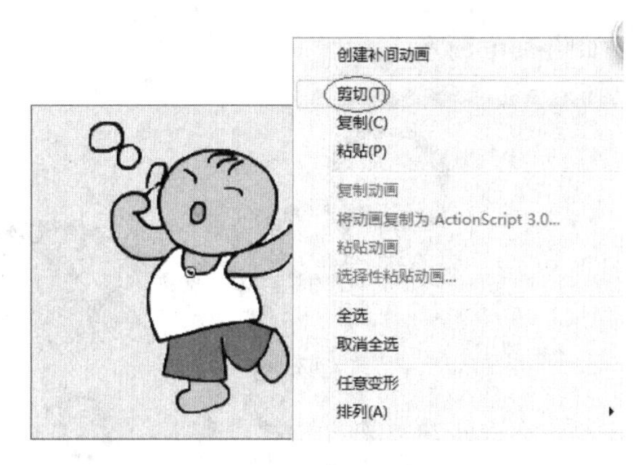

图 3-38　剪切对象

3.1.7　对象定位点的移动

所用的组、实例、文本和位图都有一个定位点，其主要的作用是定位和变形。在默认的情况下，每个对象的定位点就是对象实际的位置，可以将此定位点移动到场景中的任何位置。

在场景中选择图形对象的具体操作如下。

（1）选择“修改”→“变形”→“任意变形”菜单命令（或者选择“工具”面板中的“任意变形工具”）。

（2）对象的中心会变成一个小圆圈，它即是对象的定位点，然后可以根据需要将定位点拖至场景上的任何位置，如图 3-39 所示。

图 3-39　对象定位点

3.1.8　对象的查看

在使用 Flash 绘图时，除了一些主要的图形编辑工具之外，还常常要用到视图查看工具，即手形工具和缩放工具。使用手形工具可以调整工作区的位置，有时在设计中，需要放大场景，但放大场景以后，可能无法看到整个场景，而使用手形工具便可以移动场景，而不必更改缩放比率即可查到场景内容。

移动场景视图的具体方法如下。

（1）单击“工具”面板中“手形工具”（或者按【H】键）。

（2）拖曳场景查看，如图 3-40 所示。

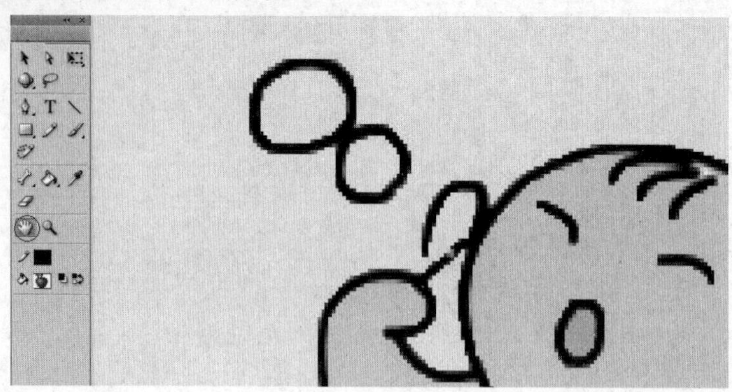

图 3-40　查看对象

高手提示

要临时在其他工具或手形工具之间切换时，可以按空格键，然后单击场景视图移动即可。

3.1.9　对象的缩放

在工具箱中最后一组中的放大镜工具为对象的缩放工具，使用缩放工具可以调整工作区的大小。

要放大或缩小场景的视图，可以进行以下操作之一。

（1）要放大某个元素，可以选择“工具”面板中的缩放工具。

（2）直接拖拉场景上的内容，放大后松开鼠标，既可看到放大的内容元素，如图 3-41 所示。

图 3-41　放大对象

高手提示

场景上的最大缩小比率为 8%，最大放大比率为 2000%。

3.1.10　对象的对齐与排列

利用“对齐”面板，可以将对象精确地对齐，其中包含对象对齐、分布、匹配大小、间隔等功能。选择“窗口”→“对齐”菜单命令，即可打开“对齐”面板，如图 3-42 所示。

在“对齐”面板中有 4 类按钮，每个按钮上的方框都表示对象，而直线则表示对象对齐或隔开的基准线。如果勾选与舞台对齐，则以舞台为中心对齐。

下面分类说明各种对齐方式，如图 3-43 所示。

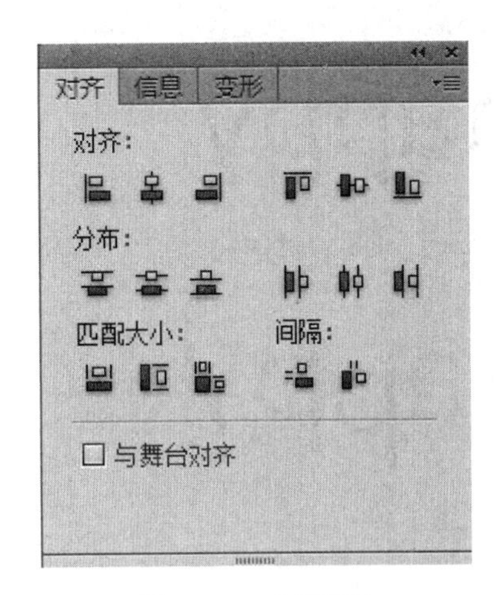

图 3-42 对齐面板

图 3-43 原图

1）对齐

● 垂直对齐按钮：可分别将对象向左、居中及向右对齐。例如使对象垂直居中对齐，如图 3-44 所示。

● 水平对齐按钮：可分别将对象向上、居中及向下对齐。例如使对象水平居中对齐，如图 3-45 所示。

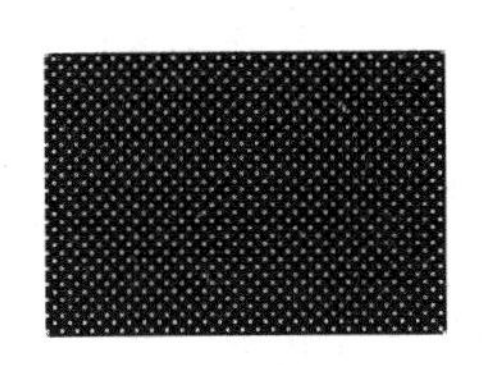

图 3-44 垂直居中对齐

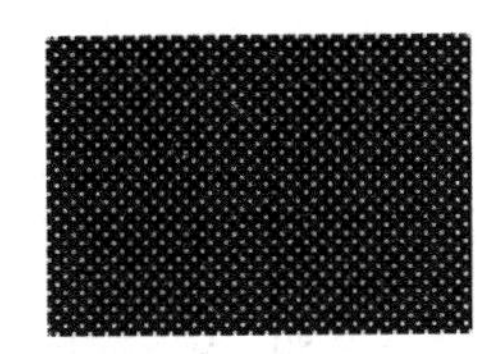

图 3-45 水平居中对齐

2）分布

● 垂直等距按钮：可分别将对象按顶部、中点及底部在垂直方向等距离排列。例如使对象垂直顶部分布，如图 3-46 所示。

● 水平等距按钮：可分别将对象按左侧、中点及右侧在水平方向等距离排列。例如使对象水平右侧分布，如图 3-47 所示。

3）匹配大小

可分别将对象进行水平缩放、垂直缩放及等比例缩放，其中最左边的对象是其他所有对象匹配的基准。例如使对象匹配宽与高，如图 3-48 所示。

4）间隔

可以使对象在垂直方向或水平方向的间隔距离相等。例如使对象平均间隔，如图 3-49 所示。

图 3-46　垂直顶部分布 　　　　图 3-47　水平右侧分布

图 3-48　匹配大小 　　　　图 3-49　间隔

跟我学

具体操作步骤如下。

（1）新建文档，输入名称为“向日葵”，将“文件”→“导入”→“导入库”中的“向日葵”图形素材导入至场景中，如图 3-50 所示。

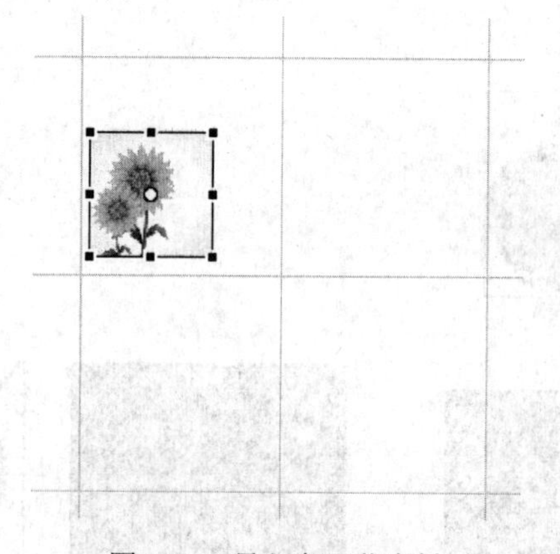

图 3-50　导入向日葵素材

（2）使用工具栏中的任意变形工具，配合使用【Shift+Alt】组合键，缩放图片至合适大小，如图 3-51 所示。

图 3-51　任意变形对象

（3）选择工具箱中的任意变形工具，拖曳鼠标，配合【Alt】键，复制 3 个葵花图形，如图 3-52 所示。

（4）选择左下方的葵花图形，做 180° 旋转，然后做水平翻转，结果如图 3-53 所示。

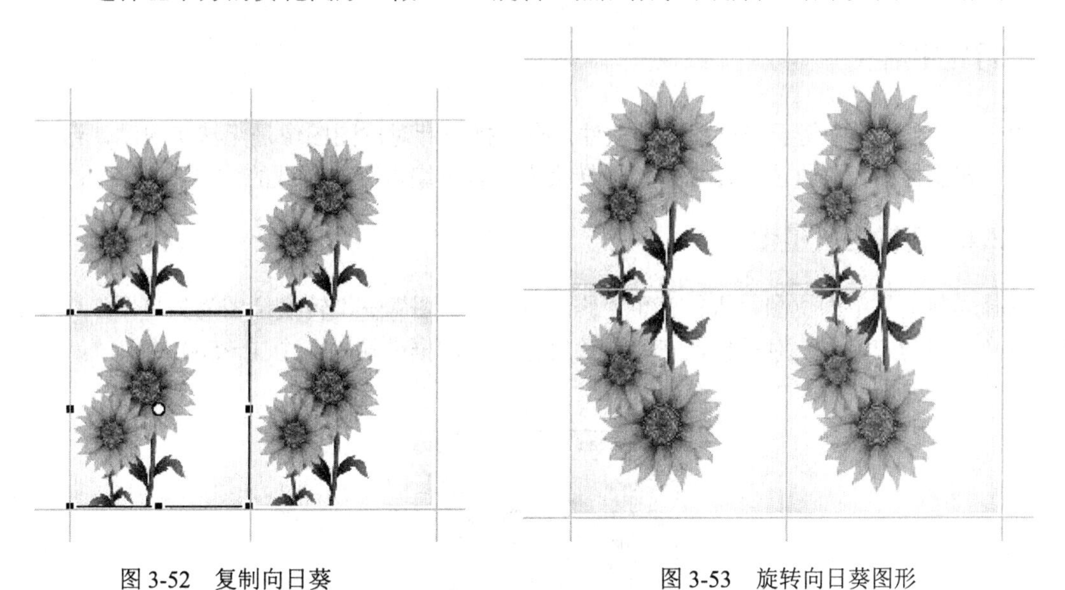

图 3-52　复制向日葵　　　　图 3-53　旋转向日葵图形

动手做“小花朵”图形——对象编辑

针对素材进行编辑，制作如图 3-54 所示效果。

图 3-54　小花朵

任务单（六）　“老骥伏枥”图形——图形与图像处理技术

任务描述

此次任务主要针对“老骥伏枥”儿童插图，进行矢量图的转换。

任务分析

通过使用图像转换为图形的工具，达到位图与矢量图转换的目的。

月光宝盒

由于 Flash 是一个基于矢量图形的软件，有些操作针对位图图像是无法实现的，这时，可以通过“转换位图为矢量图”命令将位图转换为具有可编辑离散区域的矢量图。

3.2.1 转换为矢量图

选择当前场景中的位图，执行菜单“修改”→“位图”→“转换位图为矢量图”命令，弹出“转换位图为矢量图”对话框，在“颜色阈值”文本框中输入一个 1～500 的值，如图 3-55 所示。

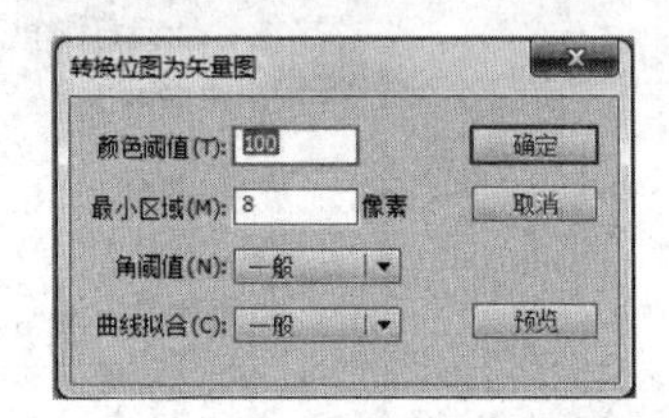

图 3-55 “转换位图为矢量图”对话框

高手提示

位图：亦称为点阵图像或绘制图像，是由称作像素（图片元素）的单个点组成的。这些点可以进行不同的排列和染色以构成图样。当放大位图时，可以看见赖以构成整个图像的无数单个方块。扩大位图尺寸的效果是增大单个像素，从而会使线条和形状参差不齐。但是如果从稍远的位置观看它，位图图像的颜色和形状又是连续的，如图 3-56 所示。

矢量图：是根据几何特性来绘制图形，矢量可以是一个点或一条线，矢量图只能靠软件生成，文件占用内在空间较小，因为这种类型的图像文件包含独立的分离图像，可以自由无限制地重新组合。它的特点是放大后图像不会失真，和分辨率无关，适用于图形设计、文字设计和一些标志设计、版式设计等，如图 3-57 所示。

图 3-56 小男孩位图

图 3-57 小男孩矢量图

3.2.2　分离与融合命令

1. 对象的编组

组是指将多个对象作为一个整体进行处理。在编辑组时，其中的每个对象都保持它自己的属性以及与其他对象的关系。一个组包含另一个组就称为“嵌套”。

2. 创建对象组

选中一个或几个对象（可以是形状、分离的位图或组等），然后选择“修改”→“组合”菜单命令，即可将所有的选中对象组合在一起，或者按【Ctrl+G】组合键也可将所有的选中对象组合在一起，如图 3-58 所示。

高手提示

如果想将组重新转换为单个的对象，选中组对象后，执行“修改”→“取消组合”菜单命令即可。

3.2.3　编辑对象组

编辑组合中的对象的具体方法如下。

（1）双击组或者选中该组，然后选择“编辑”→“编辑所选项目”菜单命令。

（2）此时场景上的非组元素（如矩形）会变暗，因此无法编辑，而圆则处于可编辑状态，因此可以使用绘图工具修改，如图 3-59 所示。

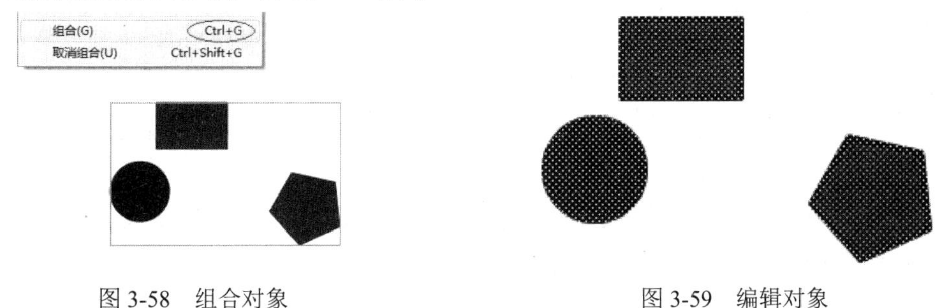

图 3-58　组合对象　　图 3-59　编辑对象

（3）编辑完成后，单击“场景”按钮，或者双击场景的空白区域即可返回主场景。

3.2.4　分离对象组

要将组分离成单独的可编辑元素，选择“修改”→“分离”菜单命令或者按【Ctrl+B】组合键即可，如图 3-60 所示。

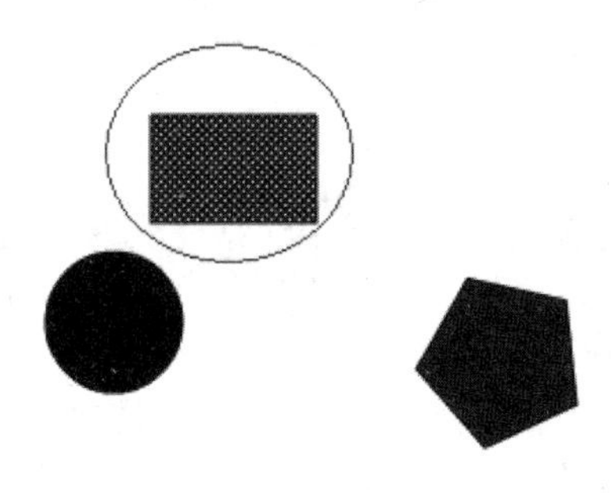

图 3-60　分离对象

高手提示

分离工具，不仅是针对组合对象进行分离，同时也可以对位图素材进行分离处理，使之变成可以编辑的对象，如图 3-61 所示。

分离前状态

分离后状态

编辑后

图 3-61　分离前后的状态

3.2.5　形状的重叠

当场景上的形状发生重叠时，就会产生切割或融合。组成实例重叠则不会发生切割或融合，它们仍然可以相互分离开来。

在圆形上切出一个方洞的具体操作步骤如下。

（1）单击“工具”面板中的“椭圆工具”，在场景上绘制一个没有边框的圆，然后用颜料桶工具改变其填充颜色，如图 3-62 所示。

（2）用矩形工具绘制一个较小的没有轮廓的正方形，如图 3-63 所示。

（3）将正方形拖至圆形的中心，此时正方形处于选中状态，然后使用选择工具，并在空白处单击取消选定，如图 3-64 所示。

（4）选择圆中心的小方块，然后将它拖曳至场景上其他的位置，这样圆的中心就会出现一个方洞，如图 3-65 所示。

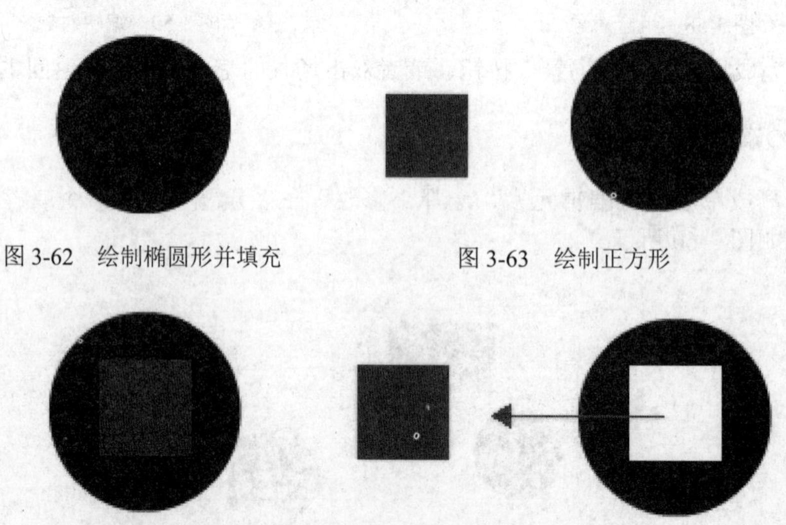

图 3-62　绘制椭圆形并填充

图 3-63　绘制正方形

图 3-64　移动正方形

图 3-65　拖曳正方形

高手提示

切割只能用于两个位于同一层的形状，同时还必须取消对它们的选择。

3.2.6　形状的融合

融合就是将两个形状“焊接”在一起，使用此功能可以创建用 Flash 绘画工具无法创建的形状。

融合形状的具体操作步骤如下。

① 绘制两个同样颜色并且均没有边框的形状，一个为椭圆，一个为矩形。

② 将椭圆拖至矩形的上面，然后用鼠标单击空白处取消对椭圆的选定。

③ 用鼠标拖曳它们，会发现此时椭圆和矩形已经融合为一个形状了，如图 3-66 所示。

图 3-66　融合图形

高手提示

融合只能连接两个位于同一层且颜色相同的形状，而且它们不能有轮廓，最后要取消选择。

跟我学

具体操作步骤如下。

（1）新建文档，输入名称为“老骥伏枥”。

（2）将素材中的“老骥伏枥”图片导入库中，再从库面板中，将其推拉至场景编辑区中。使用自由变换工具，配合【Shift】键调整图片大小至适合，并调整图片位置，如图 3-67 所示。

图 3-67　老骥伏枥

（3）执行“修改”→“位图”→“转换位图为矢量图”菜单命令，如图 3-68 所示。打开如图 3-69 所示的“转换位图为矢量图”对话框。

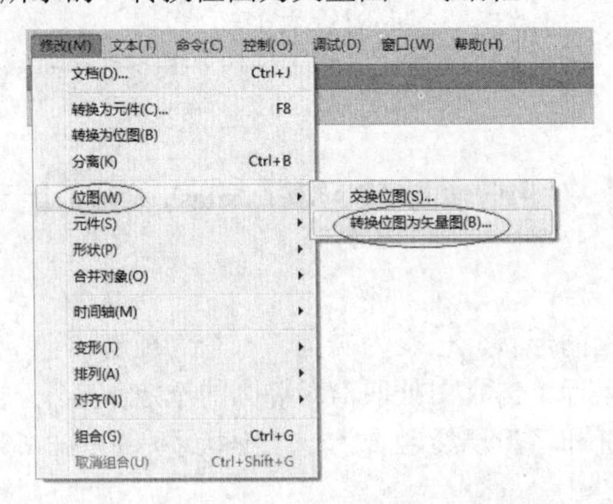

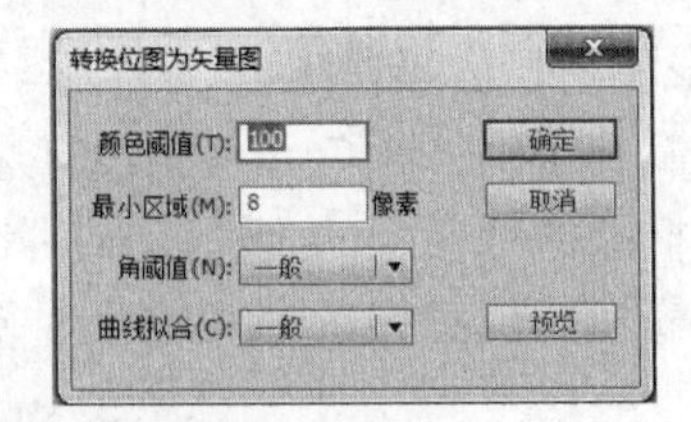

图 3-68 转换位图为矢量图　　图 3-69 “转换位图为矢量图”对话框

（4）将位图转换成矢量图后可以编辑任意颜色与图形，如图 3-70 所示。

图 3-70 转为矢量图

动手做——卡通人物“东北人”图形——位图转换

将位图转换为矢量图，并编辑颜色，如图 3-71 所示。

图 3-71 东北人

文本工具

一部好的 Flash 动画作品离不开文字的配合，文本是 Flash 中最常用的元素之一，在 Flash 作品中输入文字，应使用“文本工具”。单击工具箱中的“文本工具”按钮 T，即可调用该工具。

本章知识要点

1．工具箱中文本工具的介绍及基本使用方法
2．TLF 文本的编辑

本章知识难点

TLF 文本的编辑

任务单（七）　创建生日贺卡——文本工具的使用

任务描述

该任务是为朋友的生日宴会制作一张生日贺卡，内容由背景图片和文本两部分组成。使用文本工具来完成此项任务，效果如图 4-1 所示。

图 4-1　生日贺卡效果

月光宝盒

在 Flash CS6 中可以使用 TLF 文本或者传统

文本，为文档中的标题、标签或者其他的文本内容添加文本。一般情况下，先在属性面板中设置好文本的属性后，再输入文本。

4.1.1 文本工具概述

在 Flash CS6 中，支持更丰富的文本布局功能和对文本属性的精细控制。用户可以选择使用 TLF 文本或者传统文本，为文档中的标题、标签或者其他的文本内容添加文本。

1. 文本字段的类型

（1）在 Flash CS6 中除了传统文本之外，还添加了一个新的文本引擎——TLF 文本，如图 4-2 所示。

（2）Flash 传统文本可以创建 3 种类型的文本字段，分别为静态文本、动态文本和输入文本，如图 4-3 所示。

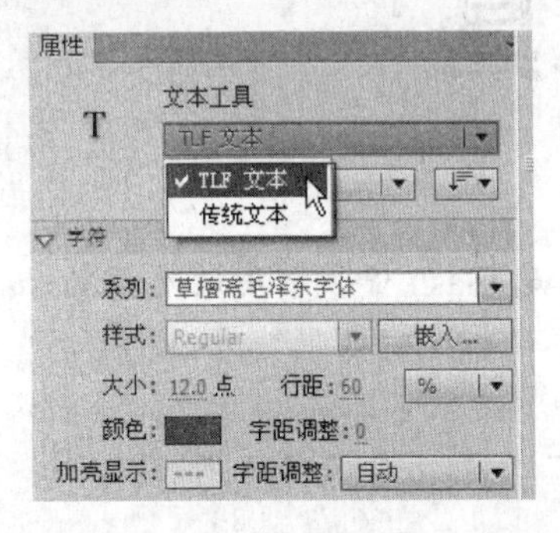

图 4-2 文本属性面板

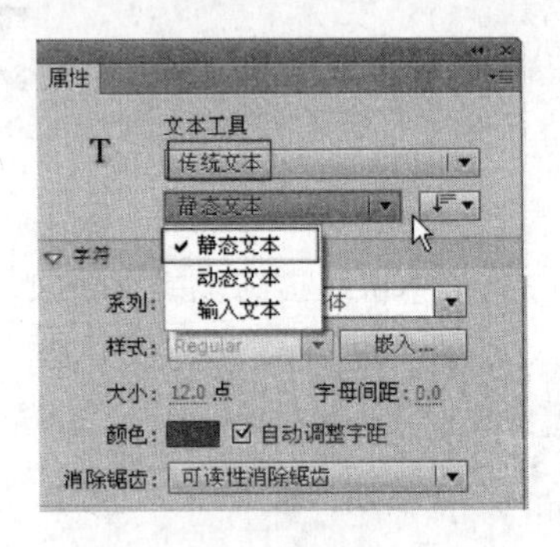

图 4-3 静态文本属性面板

（3） Flash TLF 文本可以创建 3 种类型的文本字段，分别为只读、可选和可编辑，如图 4-4 所示。

图 4-4 只读属性面板

4.1.2 创建文本

要创建文本，可以单击工具面板中的“文本工具”，在场景中创建文本，利用文本工具输入文字，如图 4-5 所示。

使用 TLF 文本或传统文本工具输入文字的具体步骤如下。

（1）新建一个 Flash 空白文档，如图 4-6 所示。

（2）选择“窗口”→“属性”菜单命令，如图 4-7 所示，打开属性面板。

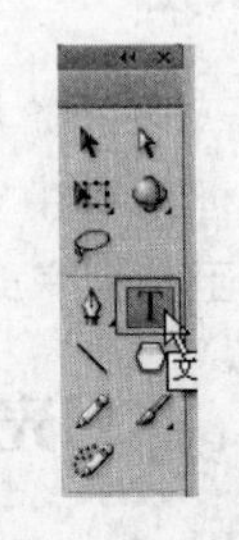

图 4-5 文本工具

图 4-6　新建空白文档

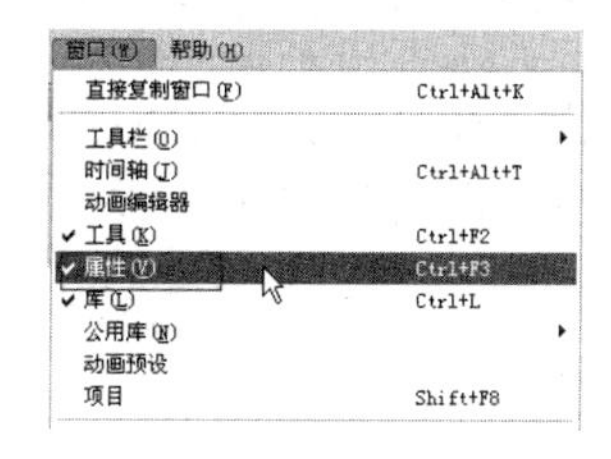

图 4-7　“属性”菜单命令

（3）单击工具面板中的“文本工具”，此时在属性面板中会显示“文本工具”属性，如图 4-8 所示。

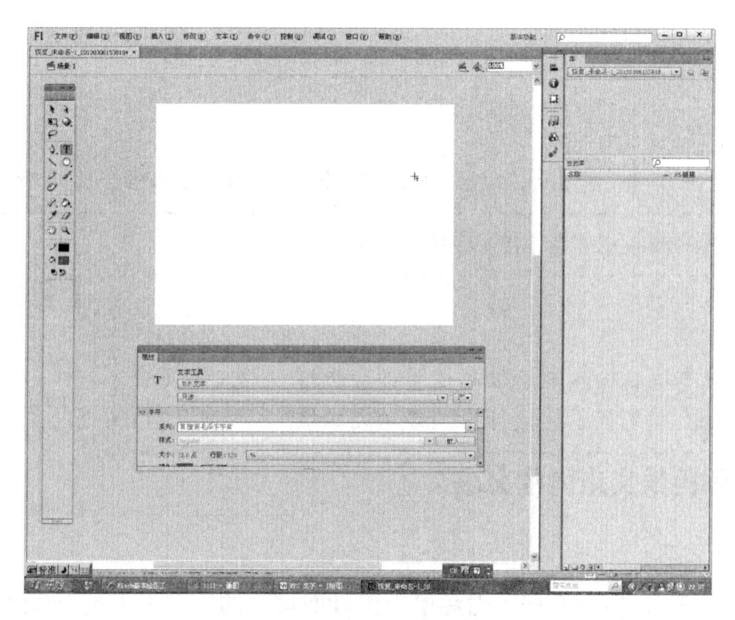

图 4-8　文本工具属性面板

（4）在属性面板中，从打开的“文本工具”下拉列表中选择“TLF 文本”选项，如图 4-9 所示。

（5）单击“文本方向”按钮，选择“水平”选项，如图 4-10 所示。

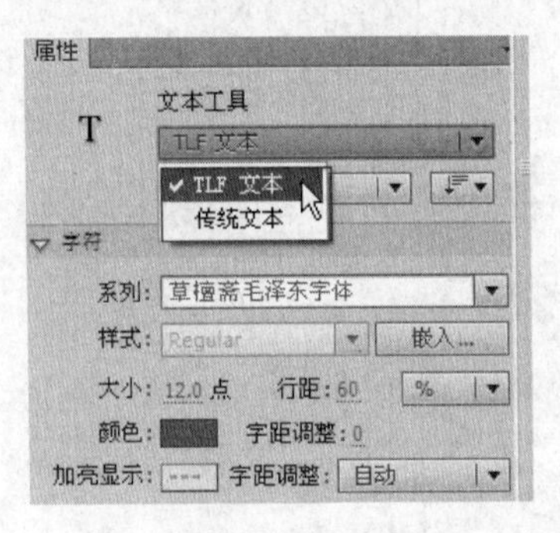

图 4-9　选择“TLF 文本”

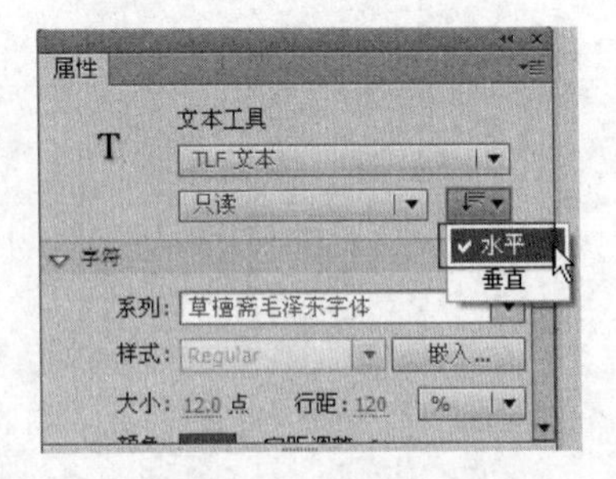

图 4-10　“水平”选项

高手提示

选择“水平”选项，文本将从左向右排列，选择“垂直”选项，文本将从上到下排列。

（6）选择文本创建的类型文本块，在其下拉列表中选择“只读”选项，如图 4-11 所示。

（7）在场景中按住鼠标左键拖曳，即可拖曳出文本框，如图 4-12 所示。

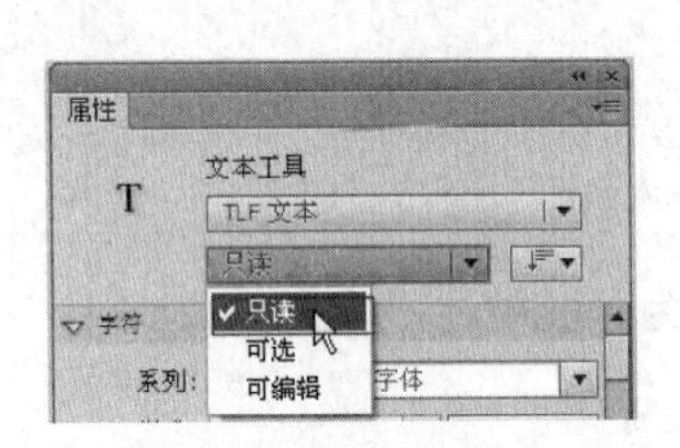

图 4-11　只读属性

图 4-12　文本框

高手提示

也可以在场景中单击，将出现输入文本光标，输入文本，文本框会随着输入的文本而扩展。

（8）在文本框中输入水平方向的文字，如图 4-13 所示。

高手提示

如果创建的文本块在输入文本时越过了舞台边缘，该文本不会丢失。要使文本再次可见可添加换行符，移动文本块。

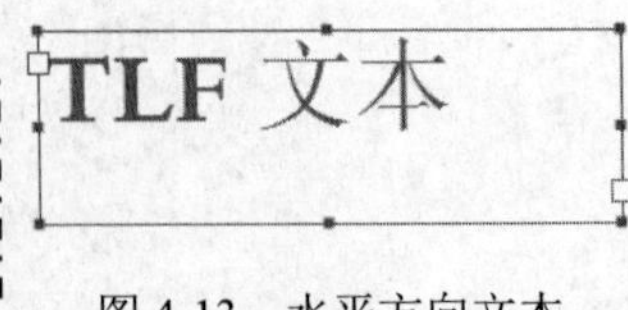

图 4-13　水平方向文本

4.1.3　使用传统文本创建文本

1. 创建传统文本

（1）新建一个 Flash 空白文档，然后单击工具面板中的“文本工具”，如图 4-14 所示。

（2）选择“窗口”→“属性”菜单命令，从打开的“文本工具”下拉列表中选择“传统文本”选项，如图 4-15 所示。

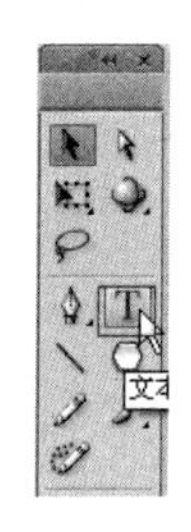

图 4-14 文本工具

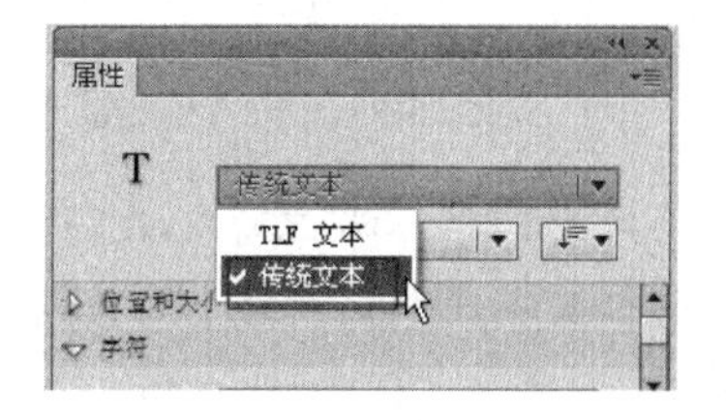

图 4-15 传统文本

（3）选择文本创建的类型文本字段，在其下拉列表中选择“静态文本”选项，如图 4-16 所示。

（4）在“属性”面板中单击“文本方向”按钮，选择“垂直”选项，如图 4-17 所示。

（5）在舞台窗口中按住鼠标左键拖曳，即可拖曳出文本框，然后在文本框中即可输入垂直方向的文字，如图 4-18 所示。

图 4-16 静态文本

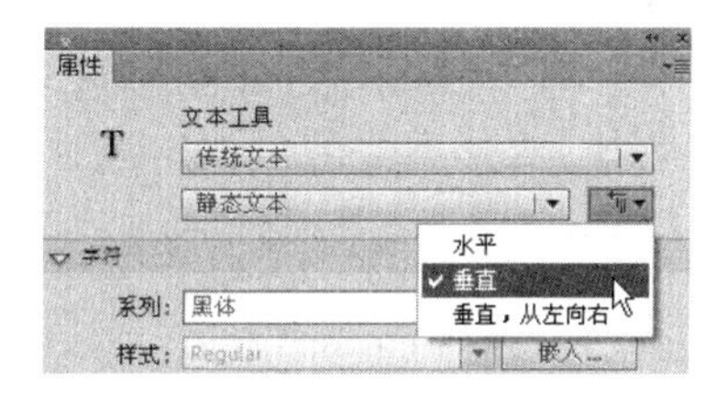

图 4-17 垂直选项

图 4-18 垂直文本

2. 传统文本类型

文字输入状态是指输入文字时文本输入框的状态。通常单击产生的文本输入框，会随着文字的增加而延长，如果需要换行可以按【Enter】键，如图 4-19 所示。

单击鼠标拖曳产生的文本输入框则是宽度固定，文字会自动换行，如图 4-20 所示。如果要取消宽度设置，双击文本框右上角的小方块则会回到默认状态，如图 4-21 所示。而要从默认状态转换成固定宽度输入形式，只需用鼠标拖曳住右上角的小圆圈，然后移到适当的位置即可，如图 4-22 所示。

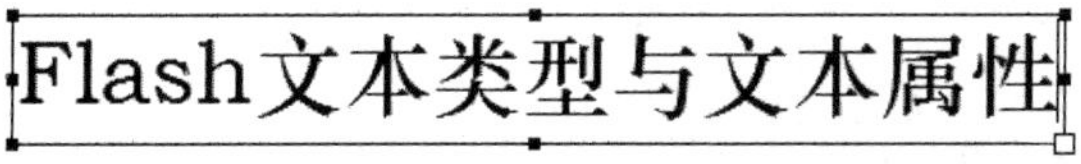

Flash文本类型与文本属性

图 4-19 文字输入

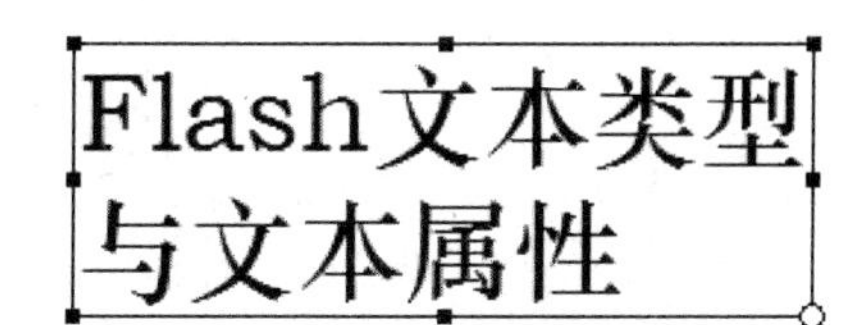

图 4-20 自动换行

Flash CS6 文本属性设置分为两个

图 4-21　取消宽度设置

Flash CS6文本属性设置
分为两个

图 4-22　转换成固定形式

在自动换行和单行两种输入状态之间切换的具体步骤如下。

（1）选择文本工具，在场景中创建一个有固定宽度的文本框（如选择静态文本类型），如图 4-23 所示。

（2）输入文字后会看到，当输入的文字长度超过文本框所设定的宽度时，文字会自动换行，如图 4-24 所示。

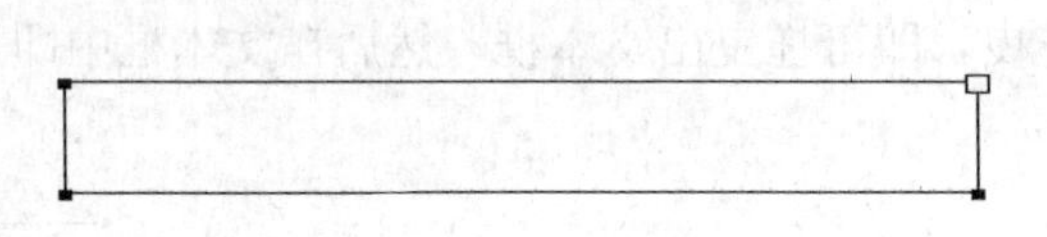

图 4-23　固定文本框

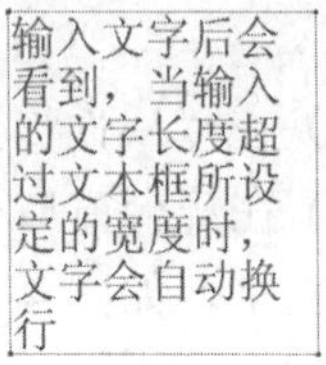

输入文字后会
看到，当输入
的文字长度超
过文本框所设
定的宽度时，
文字会自动换
行

图 4-24　文字自动换行

（3）双击文本框右上角的小方块，可以切换输入状态，如图 4-25 所示。

（4）当文本类型为“动态文本”和“输入文本”的时候，在场景中输入的文字，可以通过拖曳文本框上的 8 个小方块，更改文本框的大小，如图 4-26 所示。

输入文字后会看到，当输入的文字长度超过文本框所设定的宽度时，文字会自动换行

图 4-25　切换输入状态

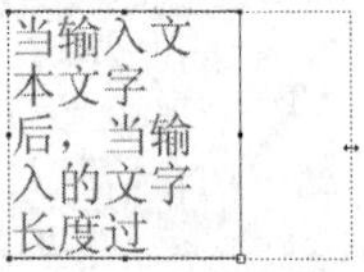

当输入文
本文字
后，当输
入的文字
长度过

图 4-26　更改文本框的大小

3．传统文本属性设置

在 Flash CS6 中，可以通过文本菜单命令或属性面板调节文字的外观，包括大小、字体、字距、上下标、段落的设置、文字类型的选择等，如图 4-27 所示。

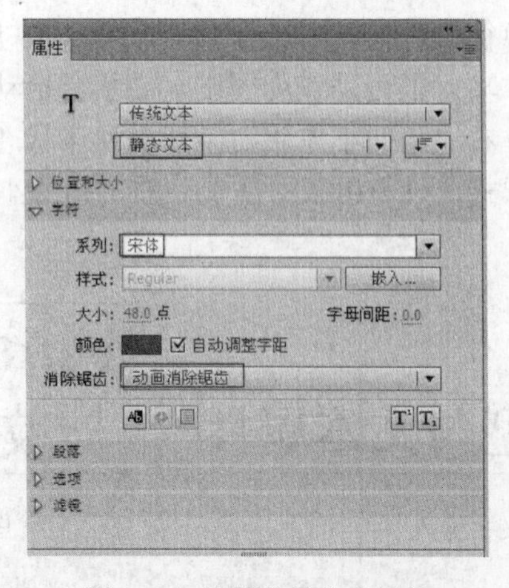

图 4-27　设置传统文本属性

4．传统文本字符属性设置

当选取了场景中的文字对象后，在“属性”面板中设置文本引擎为“传统文本”，将表现出文字对象的属性。当文本类型为“动态文本”和“输入文本”时，可以输入实例名称，但此时没有“改变文本方向”按钮，不能改变文本方向，如图 4-28 所示。

具体的操作步骤如下。

（1）选择工具面板中的文本工具，在“属性”面板中设置文本引擎为“传统文本”，文本类型为“静态文本”，如图 4-29 所示。

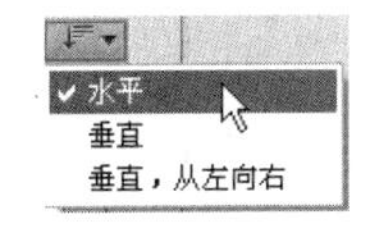

图 4-28　改变文本方向

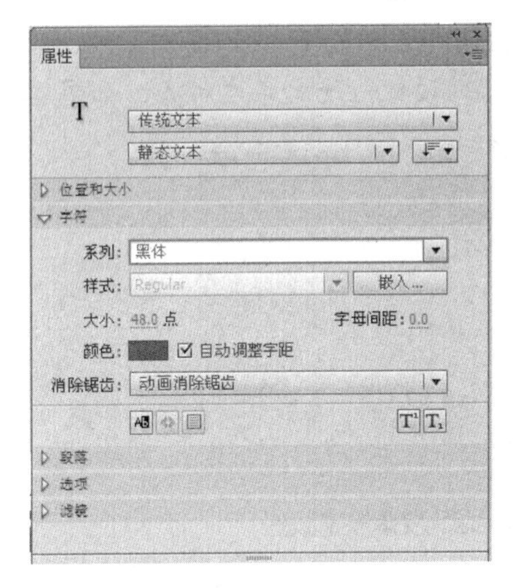

图 4-29　文本属性

（2）在场景中单击，输入文字，如图 4-30 所示。

（3）选中文本，在“属性”面板中，设置字体的“大小”为“37 点”，字体为“华文行楷”，可以看到场景中的文本变小了，如图 4-31 所示。

（4）如图 4-32 所示，在属性面板的“字符”选项组中设置“字母间距”为“10”，然后单击“颜色”按钮，在弹出的色块中选择蓝色，此时就更改了文本的颜色和字母的间距。

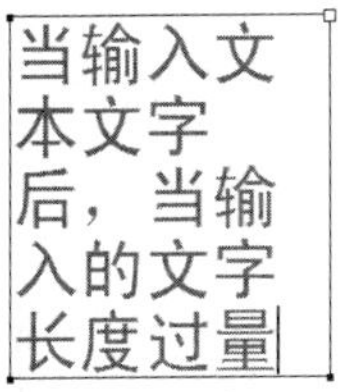

当输入文本文字后，当输入的文字长度过量

图 4-30　输入文字

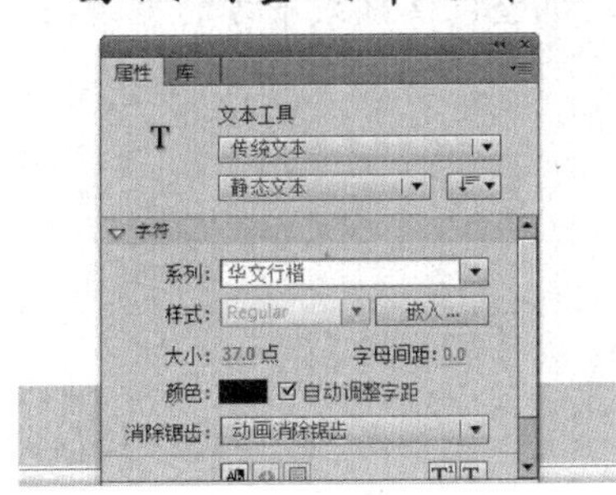

图 4-31　调整文体

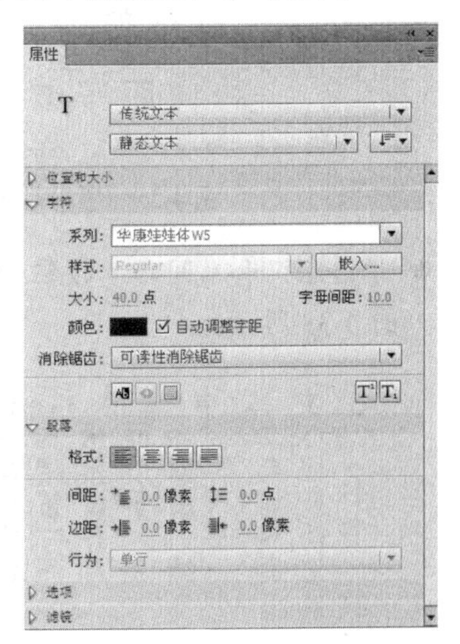

图 4-32　“字符”选项组

高手提示

在传统文本的“属性”面板中打开“字符”选项组，单击文本工具按钮可以切换上标，单击 T T 按钮可以切换下标。

5. 传统文本段落属性设置

在“属性”面板中有一组与段落设置相关的按钮，用于设置段落的格式、对齐方式、边距、缩进间距等效果，如图 4-33 所示。

各段落格式按钮的效果如下。

- “左对齐” 按钮：使文字左对齐，如图 4-34 所示。

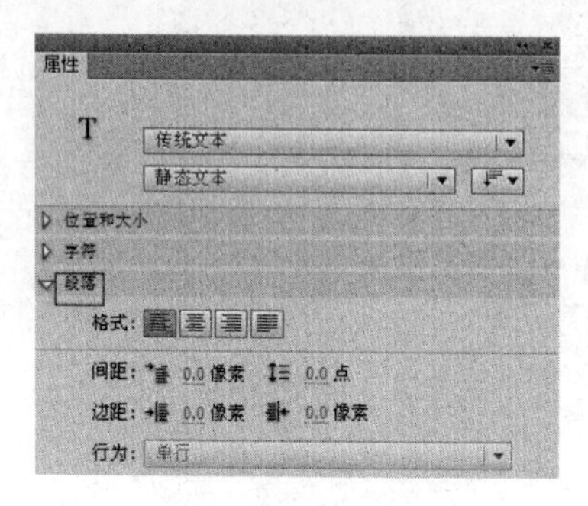

图 4-33 段落设置按钮

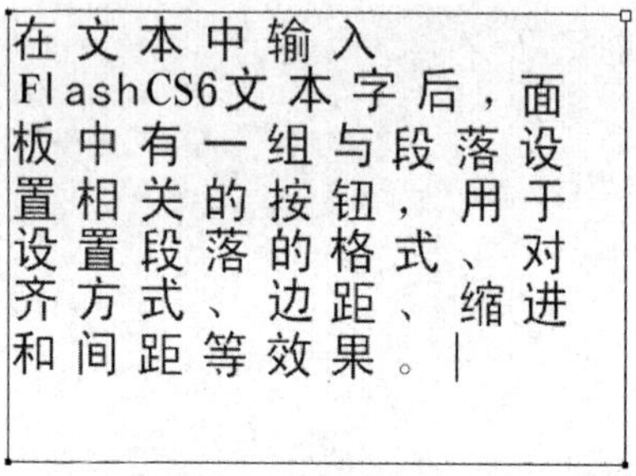

在文本中输入 FlashCS6文本字后，面板中有一组与段落设置相关的按钮，用于设置段落的格式、对齐方式、边距、缩进和间距等效果。

图 4-34 左对齐

- “居中对齐” 按钮：使文字中间对齐，如图 4-35 所示。
- “右对齐” 按钮：使文字右对齐，如图 4-36 所示。
- “两端对齐” 按钮：使文字两端对齐，如图 4-37 所示。

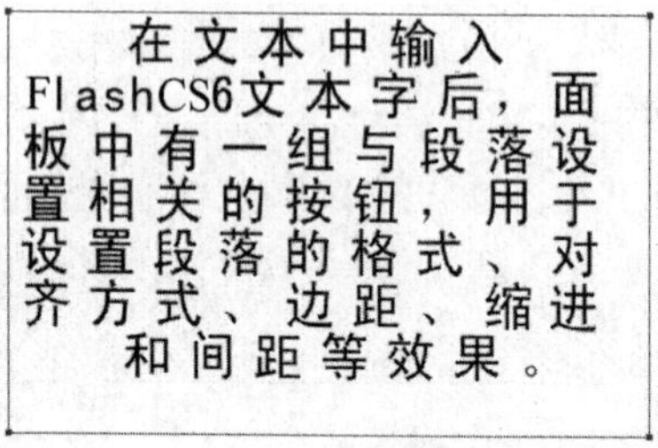

在文本中输入 FlashCS6文本字后，面板中有一组与段落设置相关的按钮，用于设置段落的格式、对齐方式、边距、缩进和间距等效果。

图 4-35 居中对齐

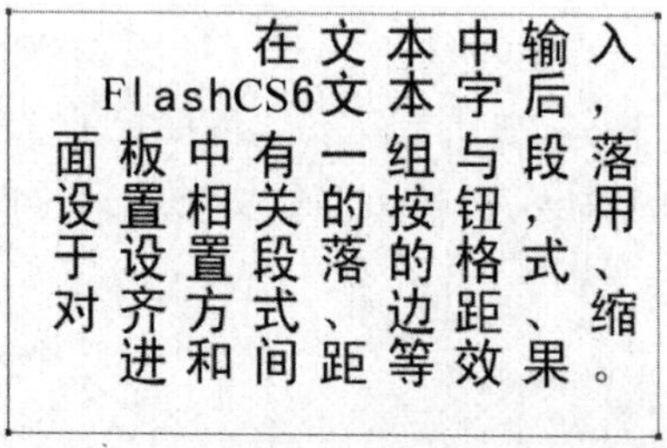

在文本中输入 FlashCS6文本字后，面板中有一组与段落设置相关的按钮，用于设置段落的格式、对齐方式、边距、缩进和间距等效果。

图 4-36 右对齐

- “边距”和“间距”按钮：通过调整段落格式下方的“边距”和“间距”，可以编辑格式，如图 4-38 所示。

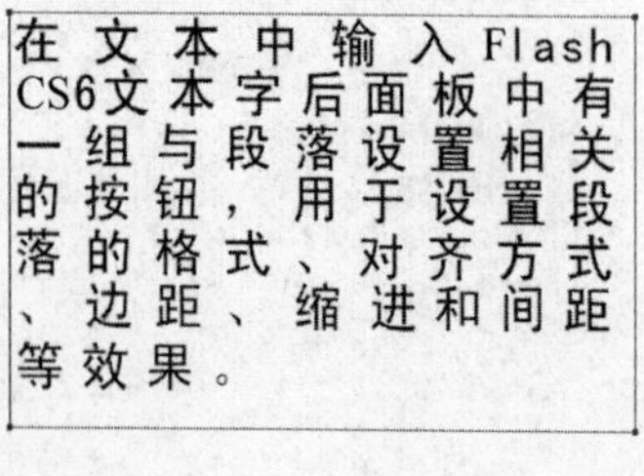

在文本中输入 Flash CS6文本字后面板中有一组与段落设置相关的按钮，用于设置段落的格式、对齐方式、边距、缩进和间距等效果。

图 4-37 两端对齐

间距： 0.0 像素 0.0 点
边距： 0.0 像素 0.0 像素

图 4-38 边距和间距

6．传统文本的不同类型

当选择“传统文本”时，在文本类型下拉列表中可以设置 3 种文本的类型：静态文本、动态文本和输入文本，如图 4-39 所示。

（1）静态文本。

静态文本字段显示不会动态更新字符的文本，如图 4-40 所示。

✔ 静态文本
动态文本
输入文本

图 4-39 文本类型

使用TLF文本也可以创建3种类型的文本，分别为只读、可选和可编辑。

图 4-40 静态文本

（2）动态文本。

动态文本字段显示动态更新的文本，可以被选中，如股票报价或天气预报，如图 4-41 所示。

（3）输入文本。

输入文本字段使用户可以在表单或调查表中输入文本，如图 4-42 所示。

使用TLF文本也可以创建3种类型的文本，分别为只读、可选和可编辑。

图 4-41 动态文本

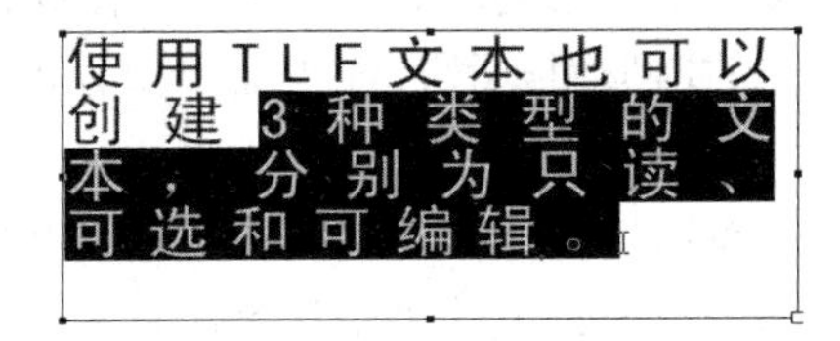

图 4-42 输入文本

4.1.4 TLF 文本

在 Flash CS6 中，用户可以使用新文本引擎——文本布局框架（TLF）向 Flash 文件添加文本，TLF 支持更丰富的文本布局功能和对文本属性的精细控制，如图 4-43 所示。

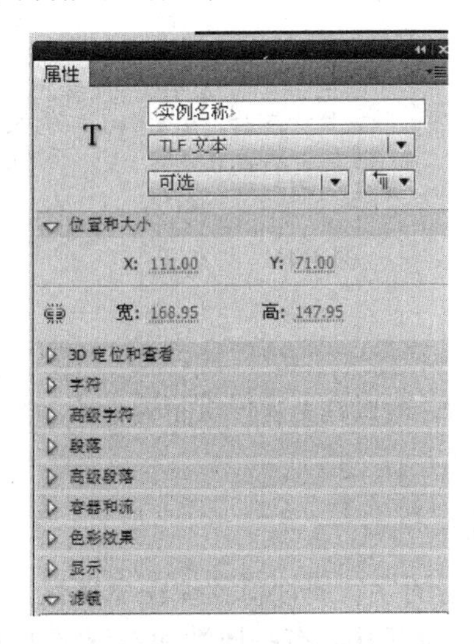

图 4-43 TLF 文本属性

1. TLF 文本相关知识

使用 TLF 文本也可以创建 3 种类型的文本，分别为只读、可选和可编辑，如图 4-44 所示。

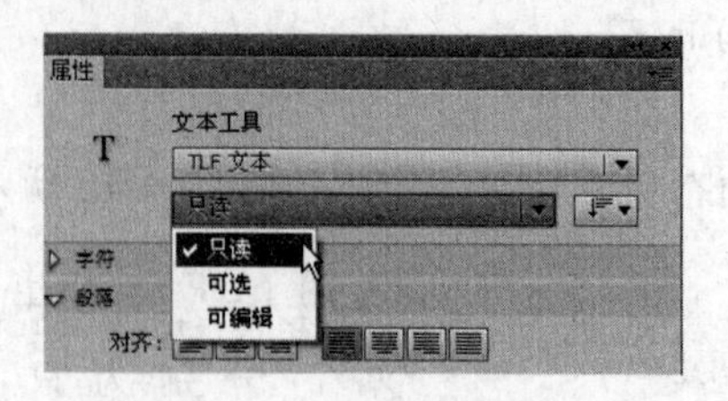

图 4-44　TLF 文本类型

（1）创建只读文本时，当作为 SWF 文件发布时，文本无法选中或编辑。

（2）创建可选文本时，当作为 SWF 文件发布时，文本可以选中并可复制到剪贴板，但不能编辑，对于 TLF 文本，此设置是默认设置。

（3）创建可编辑文本时，当作为 SWF 文件发布时，文本可以选中和编辑。

2. 文字输入状态

（1）输入状态是指输入文字时文本输入框的状态。

（2）设置文本引擎为“TLF 文本”，在场景中单击输入文字，和传统文本一样，文本输入框会随着文字的增加而延长，如果需要换行可以按【Enter】键，如图 4-45 所示。

（3）调整文字框。

在场景中单击拖曳出一个文本框，输入文字时，文本框不会随着文字的多少而改变，但可以看到文本框上有个红色的“田”字，这说明文本没有全部显示出来，如图 4-46 所示。通过拖曳文本框上的 8 个小方块，可以调整文本框的大小，当红色的“田”字消失的时候，文字就会全部显现出来，如图 4-47 所示。

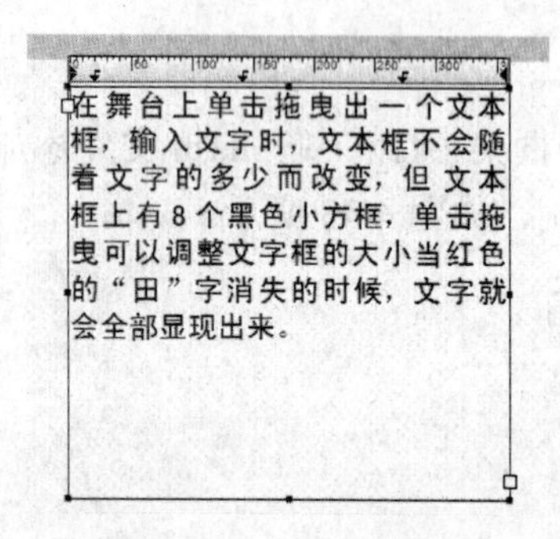

图 4-45　TLF 文本输入文字

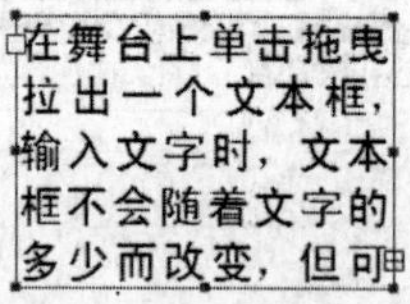

在舞台上单击拖曳拉出一个文本框，输入文字时，文本框不会随着文字的多少而改变，但可

图 4-46　文本框

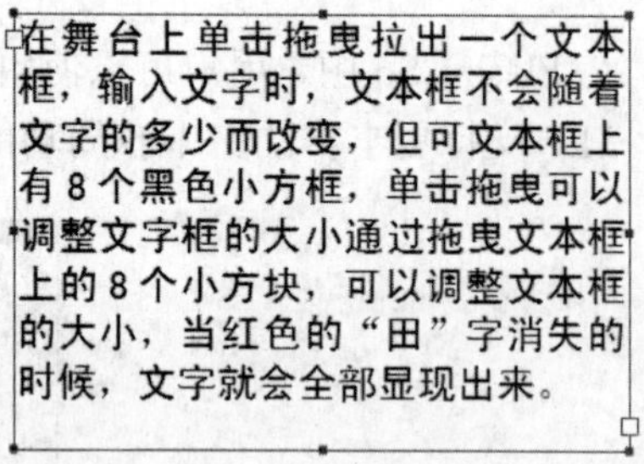

在舞台上单击拖曳拉出一个文本框，输入文字时，文本框不会随着文字的多少而改变，但可文本框上有 8 个黑色小方框，单击拖曳可以调整文字框的大小通过拖曳文本框上的 8 个小方块，可以调整文本框的大小，当红色的“田”字消失的时候，文字就会全部显现出来。

图 4-47　调整文本框

3. 设置 TLF 文本属性

当选择了场景中的文本之后，可以在“属性”面板中修改它的字符属性，例如文本的颜色、大小以及字体等。

4. 设置 TLF 文本字符属性

选中场景中的 TLF 文本，它的字符属性将反映在“属性”面板中。

在 TLF 文本工具的“属性”面板中，有些属性和传统文本工具的属性设置相同，对相同的部分不再赘述，下面讲述不同的部分。

- “加亮显示”色块：为文本添加底纹颜色，如图 4-48 所示。
- “文字调整”：调整字距，如图 4-49 所示。

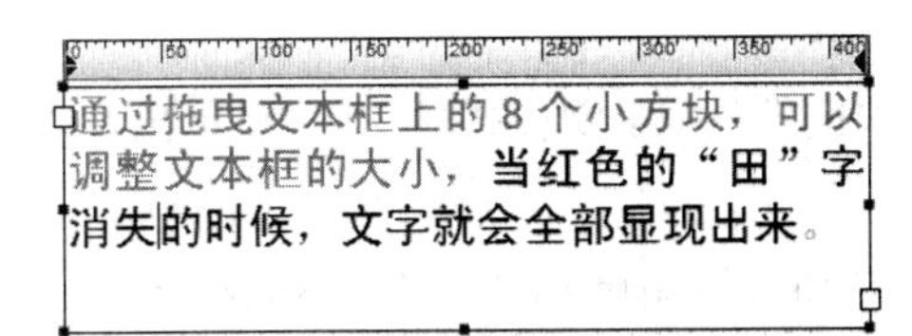

图 4-48　加亮显示

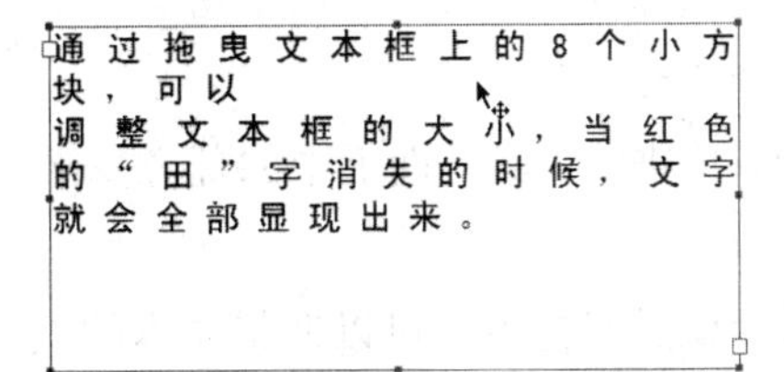

图 4-49　文字调整

- “旋转”下拉列表：在此可以旋转各个字符。为不包含垂直布局信息的字体指定旋转，可能会出现非预期的效果，如图 4-50 所示。
- “下画线”按钮T，在字符下方会出现一条水平线，如图 4-51 所示。

图 4-50　旋转效果

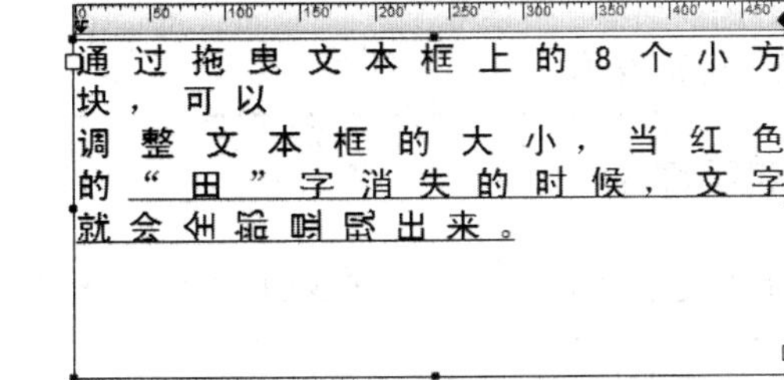

图 4-51　下画线效果

- “删除线”按钮T：将水平线置于从字符中央穿过的位置，如图 4-52 所示。

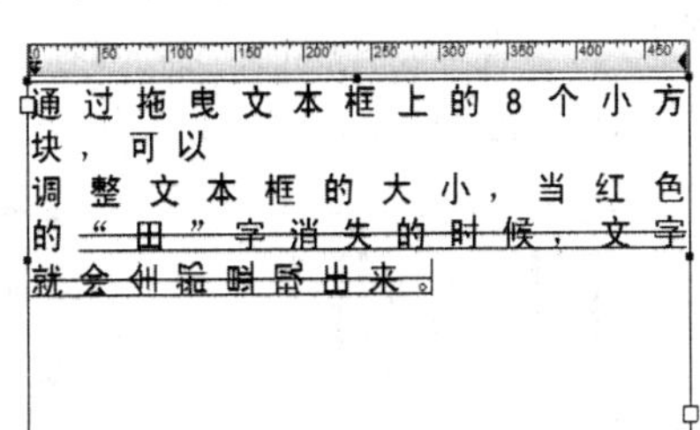

图 4-52　删除线效果

高手提示

在 TLF 文本工具的属性面板中不仅可以设置字符属性，还可以设置高级字符属性。

4.1.5　对文本进行整体变形

用户可以使用对其他对象进行变形的方式来改变文本块，可以缩放、旋转、倾斜和翻转文本块，以产生一些有趣的效果。

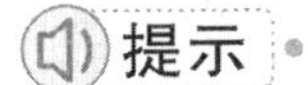

如果将文本块当作对象进行缩放，磅值的增减不会反映在“属性”面板中。

1．整体变形文本

具体步骤如下。

（1）选择选择工具，然后单击文本块，文本块的周围会出现蓝色边框，表示文本块已被选中，如图 4-53 所示。

（2）单击“工具”面板中的任意变形工具，文本的四周会出现调整手柄，显示出文本的中心点。

对手柄进行拖曳，可以调整文本的大小、倾斜度和旋转角度等，如图 4-54 所示。

通过努力实现梦想

图 4-53　选中文本块

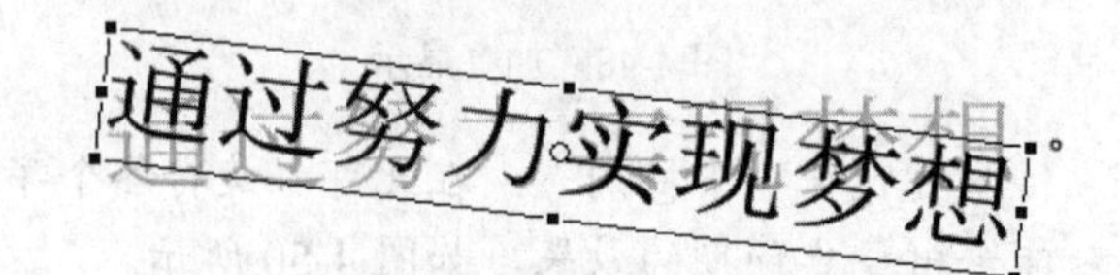

图 4-54　调整文本块

2．分离文本

高手提示

分离文本之后，就可以迅速地将文本分到各个图层，然后分别制作每个文本块的动画。

具体步骤如下。

（1）单击工具面板中的选择工具，选择文本块，如图 4-55 所示。

（2）选择“修改”→“分离”菜单命令，这样选定文本中的每个字符会被放置在一个单独的文本块中，文本依然在舞台的同一位置上，如图 4-56 所示。

（3）再次选择“修改”→“分离”菜单命令，将场景中的字符转换为形状，如图 4-57 所示。

图 4-55　选择文本块

图 4-56　分离文本块

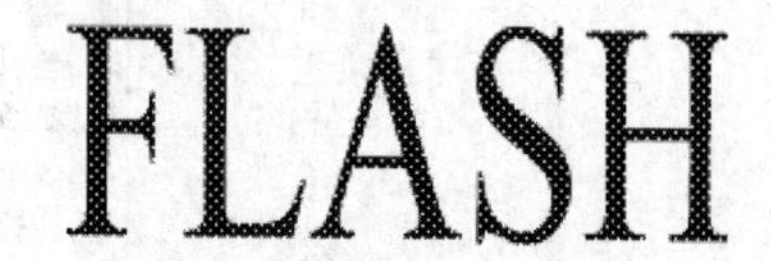

图 4-57　字符转换为形状

高手提示

一旦把文字分离成位图，就不能再作为文本进行编辑了，因为此时的文字已是普通形状，不再具有文本的属性。

3．局部变形的具体应用

（1）新建一个文档，选择“文件”→“保存”菜单命令，打开“另存为”对话框，设置保存路径，输入“文件名”为“文字排版”，单击“保存”按钮保存文件，如图 4-58 所示。

图 4-58　另存为“文字排版”

（2）选择“修改”→“文档”菜单命令，打开“文档设置”对话框，从中设置文档“尺寸”为“300 像素”（宽度）×“400 像素”（高度），“背景颜色”为灰色，如图 4-59 所示。

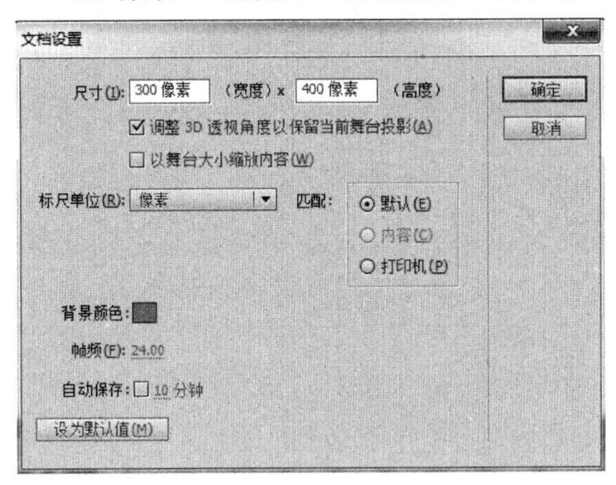

图 4-59　设置文档属性

（3）选择“工具”面板中的文本工具，打开“属性”面板，然后按如图 4-60 所示进行设置。

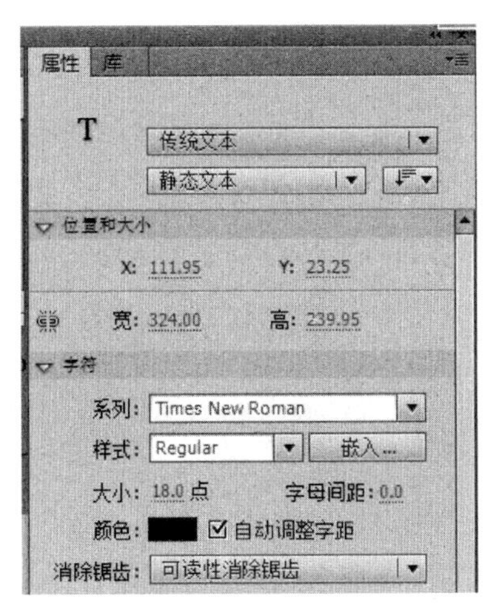

图 4-60　“属性”面板

（4）在场景中单击会产生一个文本输入框，可以直接输入文字，如图 4-61 所示。

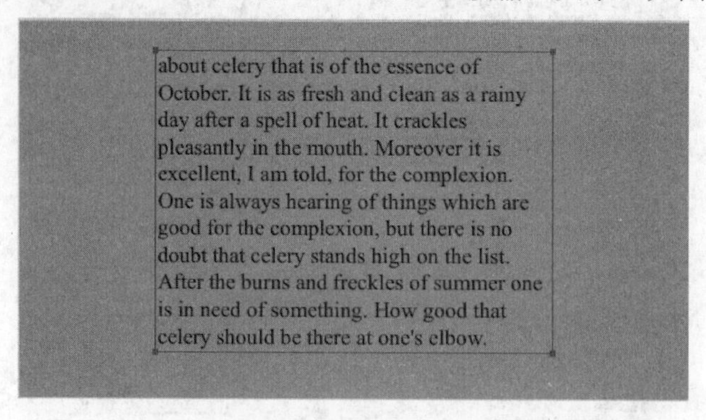

图 4-61　输入文字

（5）完成文本的输入后，可以选择“工具”面板中的任意变形工具，选择文本，连续按【Ctrl+B】组合键两次。对输入的文本进行旋转和变形，如图 4-62 所示。

图 4-62　文本旋转和变形

高手提示

在制作动画时，经常会碰到电脑里没有安装新字体的情况，这时可以在网上字体库直接下载新的字体，下载后将其复制到 Window\Fonts 文件中即可，如图 4-63 所示。

图 4-63　Fonts 字体

跟我学

具体操作步骤如下。

（1）新建文档，输入文件名“生日贺卡”，设置舞台大小为 550×307 像素，颜色设置为红色。

（2）把“生日贺卡背景”素材导入库中，并导入舞台。使用“自由变形”工具调整素材大小，如图 4-64 所示。

图 4-64　生日贺卡

（3）使用工具箱中的文本工具，将其设置为传统文本，大小为 18 点，颜色设置为红色，如图 4-65 所示。

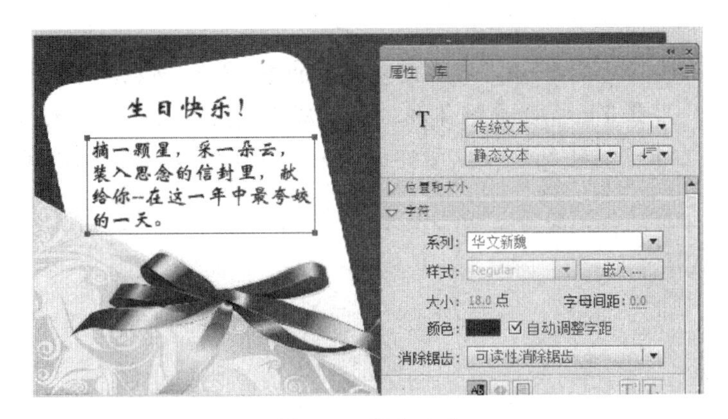

图 4-65　输入文本

动手做——请柬卡片

运用上述方法与技巧，制作如图 4-66 所示的请柬卡片。

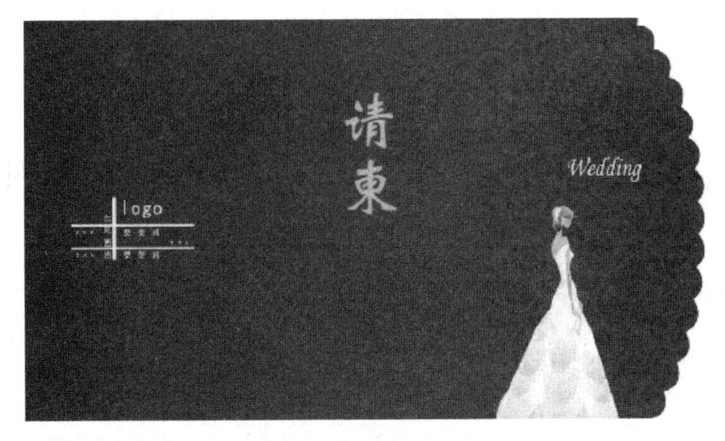

图 4-66　请柬卡片效果

创建元件与实例

元件是 Flash 的核心功能之一，采用矢量技术的 Flash 动画在减小文件空间大小上具有优势。而使用元件，可使 Flash 动画的体积进一步减少。另一方面，通过使用包含动画的元件，可以在很小的文件中创建包含大量动作的 Flash 动画作品。使用元件还可以加快动画回放速度。

本章知识要点

1．元件的概念
2．元件的分类
3．元件的创建
4．库的使用

本章知识难点

元件的创建与库的使用

任务单（八） 制作“荷兰风车”——图形元件

任务描述

使用图形元件、按钮、影片剪辑设定动画，如图 5-1 所示。

图 5-1 荷兰风车

月光宝盒

5.1.1 元件的概念

元件是指在 Flash 中创建并保存在库中的图形、按钮或影片剪辑，是制作 Flash 动画的最基本元素。元件只需创建一次，就可以在当前影片或其他影片中重复使用。创建的任何元件，都会自动成为当前“库”的一部分。

在文档中使用元件可以显著地减少文件的大小，保存一个元件的几个实例比保存该元件的多个副本占用的存储空间小得多。使用元件还可以加快 SWF 文件的回放速度，因为无论一个元件在动画中被使用了多少次，播放时只需把它下载到 Flash Player 中一次即可。

按【Ctrl+L】组合键可以打开“库”面板，在库面板中可以查看元件，如图 5-2 所示。

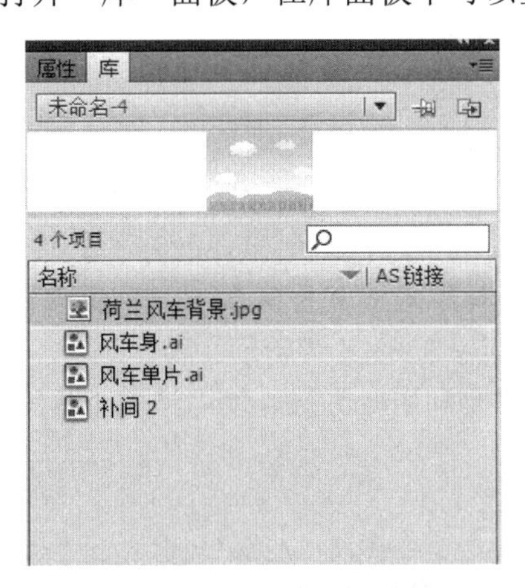

图 5-2 “库”面板

5.1.2 元件的分类

打开一个包含各类元件的影片文件，然后选择“窗口”→“库”菜单命令，就能在“库”面板中找到 3 种类型的元件。

1）“影片编辑”

一个独立的小影片，它可以包含交互控制和音效，甚至能包含其他的影片剪辑。

2）“按钮”

用于在影片中创建对鼠标事件（如单击和滑过）响应的互动按钮。制作按钮首先要制作与不同的按钮状态相关联的图形。为了使按钮有更好的效果，还可以在其中加入影片剪辑或音效文件。

3）“图形”

通常用于存放静态的图像，还能用来创建动画，在动画中也可以包含其他的元件，但是不能加交互控制和声音效果。

5.1.3　创建图形元件

（1）新建元件。

执行下列任意一项均可新建元件。

①选择“插入”→“新建元件”菜单命令，如图 5-3 所示。

②单击“库”面板底部的“新建元件”按钮，如图 5-4 所示。

③从“库”面板的选项菜单中选择“新建元件”选项，如图 5-5 所示。

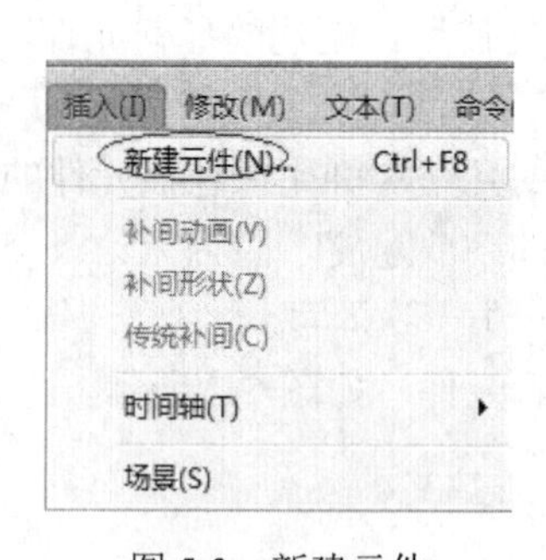

图 5-3　新建元件

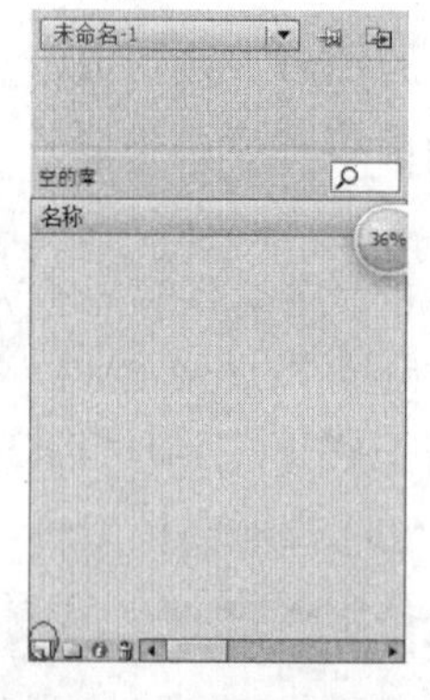

图 5-4　新建元件按钮

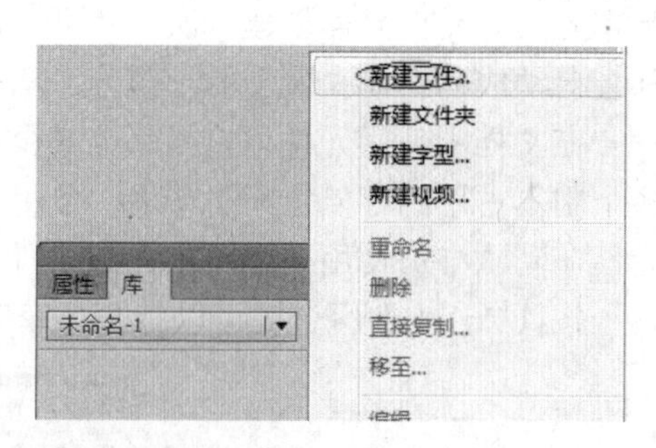

图 5-5　“新建元件”选项

（2）弹出“创建新元件”对话框，在“名称”文本框中输入元件的名称，并在“类型”下拉列表中选择“图形”选项，单击“确定”按钮，如图 5-6 所示。

（3）Flash 会切换到图形元件编辑模式，元件的名称出现在舞台的上部，窗口中含有一个“十”字光标，它是元件的定位点，如图 5-7 所示。

（4）要创建元件的内容，就要利用时间轴，使用绘图工具绘图或导入素材，如图 5-8 所示。

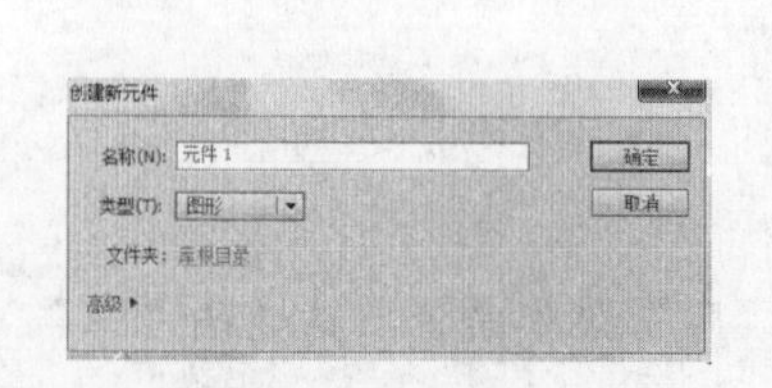

图 5-6　创建新元件

图 5-7　“十”字光标

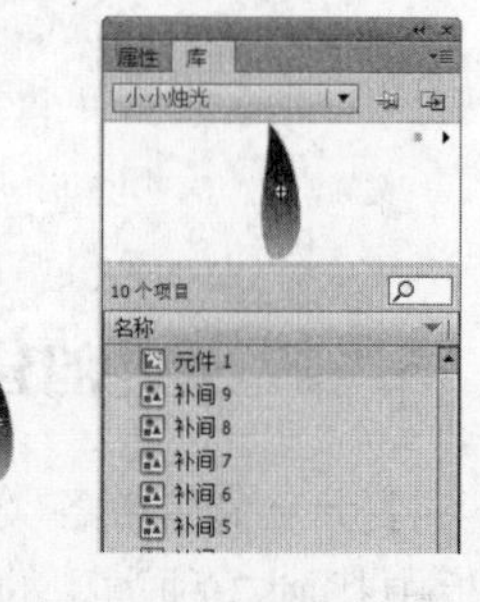

图 5-8　导入素材

（5）完成元件内容的制作后，选择“编辑”→“编辑文档”菜单命令，退出图形元件编辑模式并返回到场景中，如图 5-9 所示。

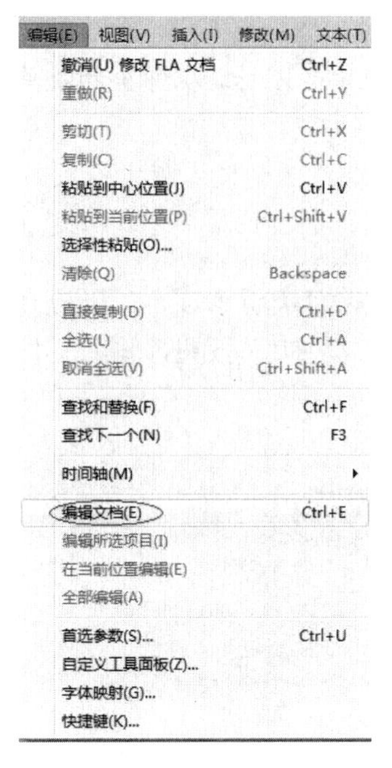

图 5-9 编辑文档

5.1.4 使用库面板

1. “库”面板概述

在 Flash 中，“库”面板用来显示、存放和组织“库”中所有的项目，包括创建的元件及从外部导入的位图、声音和视频等。执行“窗口”→“库”菜单命令，或者按【Ctrl+L】组合键，打开如图 5-10 所示的“库”面板。“库”中项目名称左边的图标表明了它的文件类型。当选择“库”中的项目时，面板的顶部会出现该项目的缩略图预览。如果选定项目是动画或者声音文件，则可以使用库预览窗口或“控制器”中的“播放”按钮预览该项目。

图 5-10 库

2．重命名库项目

执行以下任一种操作均能重命名库项目。

- 双击项目名称。
- 选择项目，单击“库”面板中的图标，从弹出的菜单中选择“重命名”选项，如图 5-11 所示。
- 直接单击图标，在如图 5-12 所示的文本框中输入新名称，然后在框外单击鼠标。

3．创建新文件夹

可以在“面板”中使用文件夹来分类组织项目，以提高工作效率。

单击“库”面板底部的“新建文件夹”按钮，输入文件夹名称。

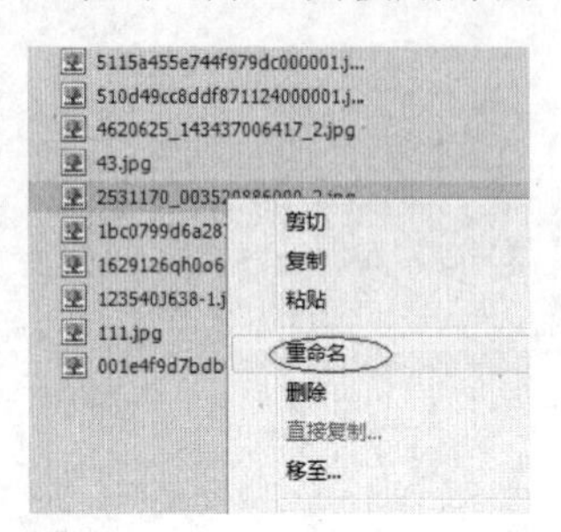

图 5-11　重命名

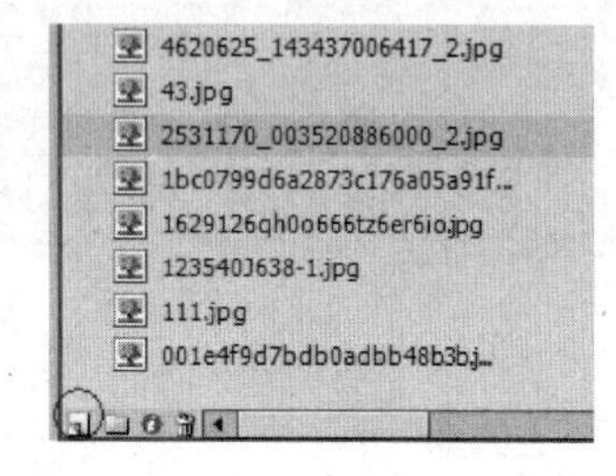

图 5-12　在文本框中输入新名称

高手提示

如果在外部编辑器中修改了已导入 Flash 的文件（如位图或声音文件），可以在 Flash 中更新这些文件，而无须重新导入，也同样可以更新从外部 Flash 文档导入的元件。更新完成后，当前库文件的内容会被新导入的外部文件替换。

4．删除库项目

从库中删除一个项目时，文档中该项目的所有实例也都会被删除，所以要慎重操作。

操作方法：选择要删除的项目，然后单击“库”面板底部的“删除”图标，也可以把要删除的项目直接拖到“删除”图标上，如图 5-13 所示。

图 5-13　删除库项目

5．使用外部库项目

可以在不打开其他 Flash 文档的情况下，使用它的库项目，操作步骤如下。

（1）执行“文件”→“导入”→“打开外部库”菜单命令。

（2）打开“外部库”面板，选择包含目标库的 FLA 文件，然后单击“打开”按钮，如图 5-14 所示。

6. 使用公用库

Flash 提供了一个供用户使用的提前制作好的按钮元件，创作时可以直接调用。“公用库”中的元件只有被添加到当前库里面，才能进行编辑，所有改动不会影响到公用库里的原文件，如图 5-15 所示。

图 5-14　打开外部库项目

图 5-15　公用库

跟我学

绘制荷兰风车的具体操作步骤：

（1）新建文档，按【Ctrl+S】组合键，打开“另存为”对话框，选择保存路径，输入文件名“荷兰风车”，然后单击“确定”按钮，回到工作区。在属性面板中设置场景大小为 550×400 像素，如图 5-16 所示。

（2）执行“插入”→“新建元件”菜单命令，或按组合键【Ctrl+F8】，弹出“新建元件”对话框，输入文件名称“扇叶”，类型勾选图形。在扇叶图像元件编辑区，选择矩形工具绘制扇叶外框，取消填充色，将轮廓设置为#990000，然后使用直线工具绘制格线以及扇叶杆件，配合【Shift】键可以画出水平、垂直的线条，如图 5-17 所示。

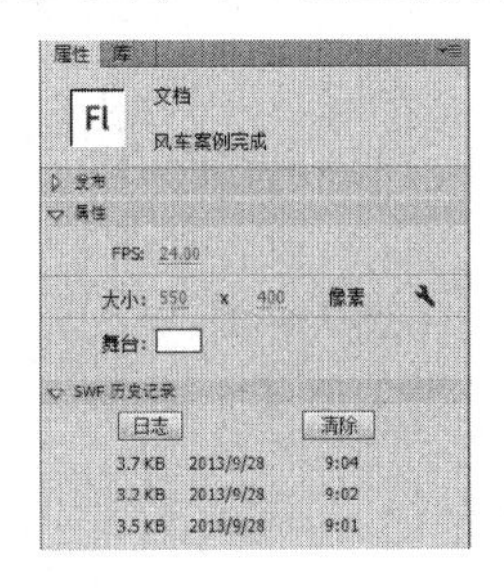

图 5-16　新建文档

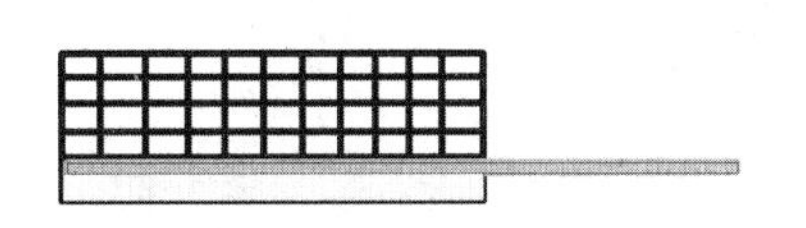

图 5-17　新建元件

（3）将图形旋转 45° 并复制 4 次，调至如图 5-18 所示的位置。

（4）使用椭圆形工具绘制扇叶中间固定件的圆形图形，填色效果如图 5-19 所示。

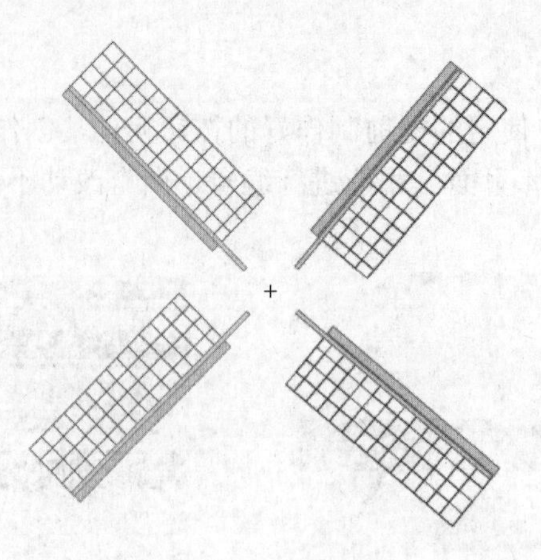

图 5-18　设置旋转

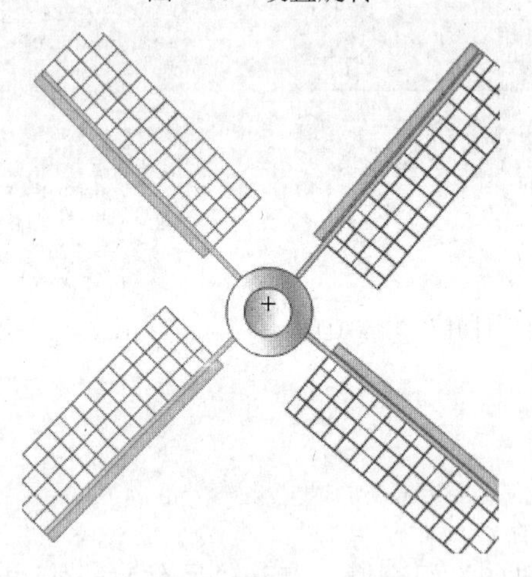

图 5-19　绘制图形并填充

（5）通过时间轴设定动画，在时间轴中设定第 1 帧，在 20 帧按【F6】快捷键插入关键帧，此时 20 帧处变为实心点。在第 1 帧右击，创建补间动画，此时出现黑箭头，如图 5-20 所示。

（6）单击工作区上方的“场景 1”按钮，回到文档编辑模式。执行“文件”→“导入→“库”命令，将之前准备好的图片素材“荷兰风车背景”“风车身”导入到库中，如图 5-21 所示。

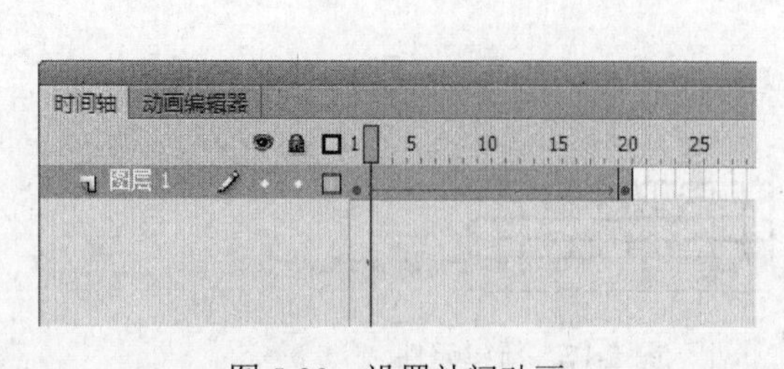

图 5-20　设置补间动画

图 5-21　导入库

（7）将库面板中的“荷兰风车背景”图片拖动到舞台中，并打开属性面板，设置其属性为 550×400 像素，然后分别将风车身及扇叶拖动到场景中，放置在如图 5-22 所示的位置。

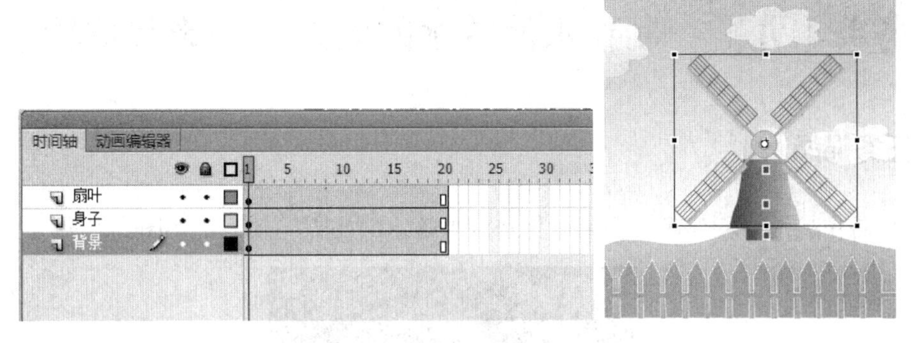

图 5-22　拖入场景中

（8）在舞台中复制风车身及扇叶，放置在另一处山坡上，并使用自由变换工具配合【Shift】键，同比例缩放将其缩小，达到如图 5-23 所示的效果。按【Enter+Ctrl】组合键进行影片测试，查看旋转风车的动态效果。

图 5-23　荷兰风车

动手做——制作古建筑上的摇摆铃铛效果

运用上述知识，制作如图 5-24 所示的摇摆铃铛效果。

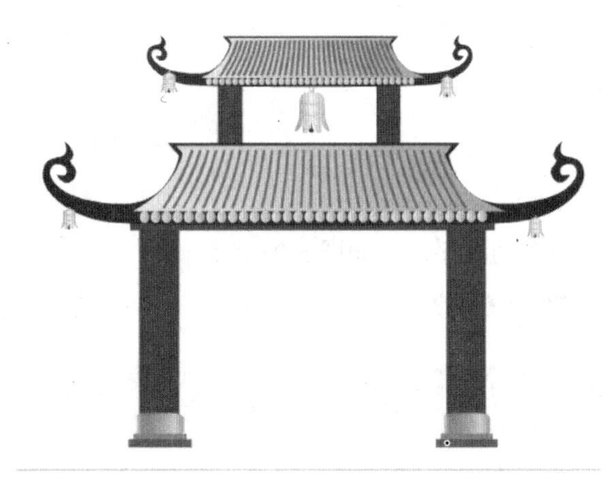

图 5-24　古建筑上的摇摆铃铛

任务单（九） 制作水滴落水的效果——影片剪辑

任务描述

此次任务主要通过创建影片剪辑制作水滴掉落水面的瞬间效果，如图 5-25 所示。

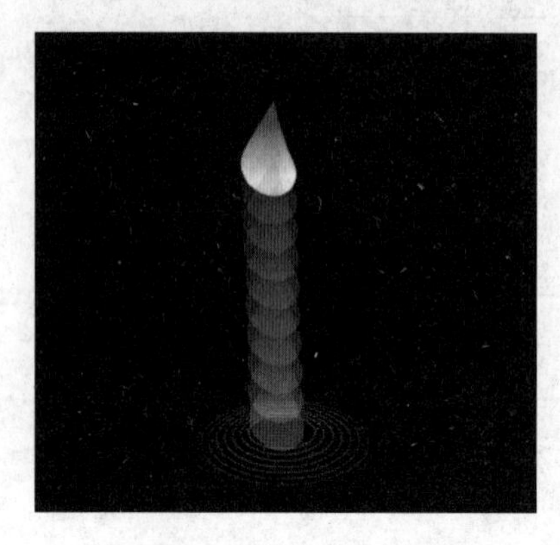

图 5-25 水滴掉落水面效果

月光宝盒

5.2.1 创建影片剪辑

具体操作如下。

（1）选择“插入”→“新建元件”菜单命令，如图 5-26 所示，或按【Ctrl+F8】组合键，新建元件。

（2）在弹出的“创建新元件”对话框中将类型设置为“影片剪辑”，如图 5-27 所示。

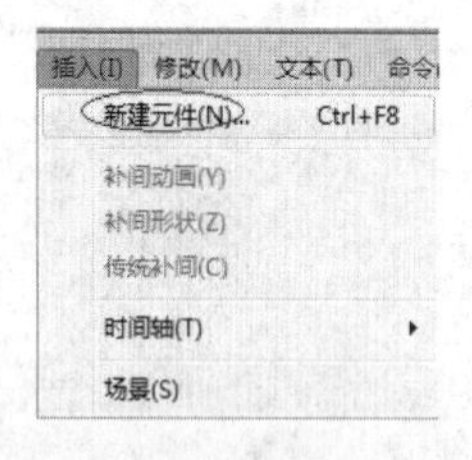

图 5-26 新建元件

图 5-27 影片剪辑元件

（3）用时间轴及舞台制作动画序列，如图 5-28 所示。

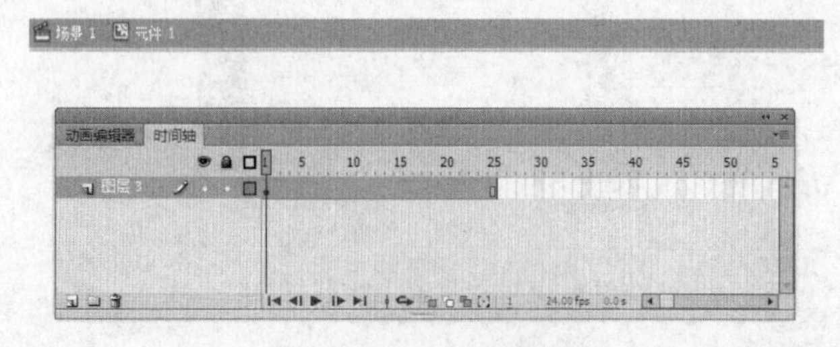

图 5-28 制作动画序列

（4）完成元件内容的制作后，选择“编辑”→“编辑文档”菜单命令，如图 5-29 所示退出影片剪辑编辑模式。

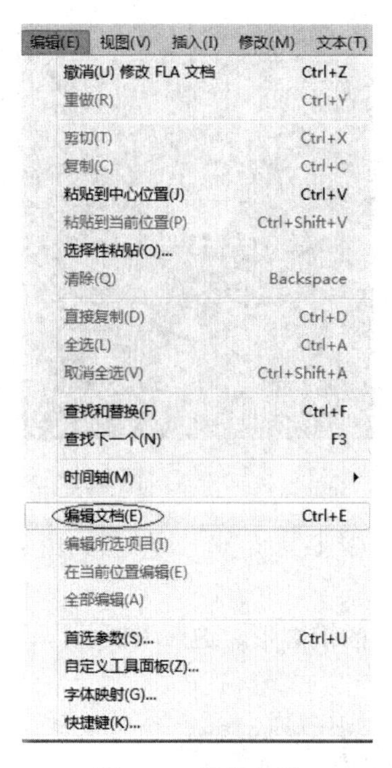

图 5-29　编辑文档

跟我学

制作水滴落入水中的动态效果的具体操作步骤如下。

（1）新建文档，按【Ctrl+S】组合键，弹出“另存为”对话框，选择保存路径，输入文件名“水滴案例”，然后单击“确定”按钮，返回工作区。在属性面板中，设置舞台大小为 550×400 像素，如图 5-30 所示。

（2）执行“插入”→“新建元件”菜单命令，或按组合键【Ctrl+F8】，打开“创建新元件”对话框，输入文件名称“水滴”，类型选择“影片剪辑”，如图 5-31 所示。

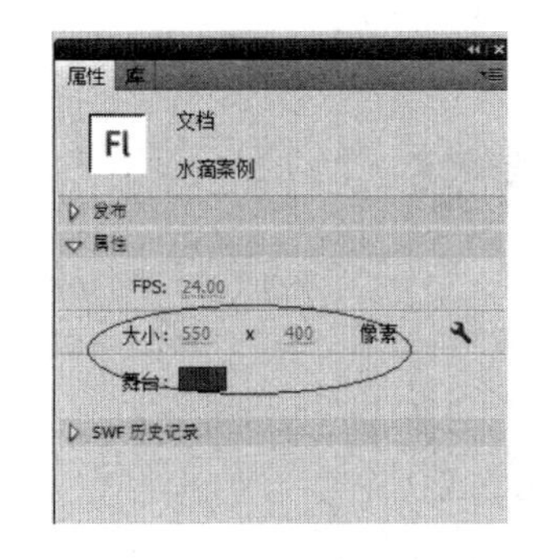

图 5-30　新建文档

图 5-31　“创建新元件”对话框

（3）使用钢笔工具绘制水滴，选择“直接选择工具”调整锚点位置，填充蓝色渐变色。

（4）返回场景 1 中，设置属性面板中的场景颜色为蓝色#0000cc，如图 5-32 所示。

在时间抽上第一个图层中，双击并输入名称“水滴”，在第 1 帧插入关键帧，将库中水滴元件素材拖进舞台上方，在第 10 帧处插入库中水滴元件在场景下方，如图 5-33 所示。

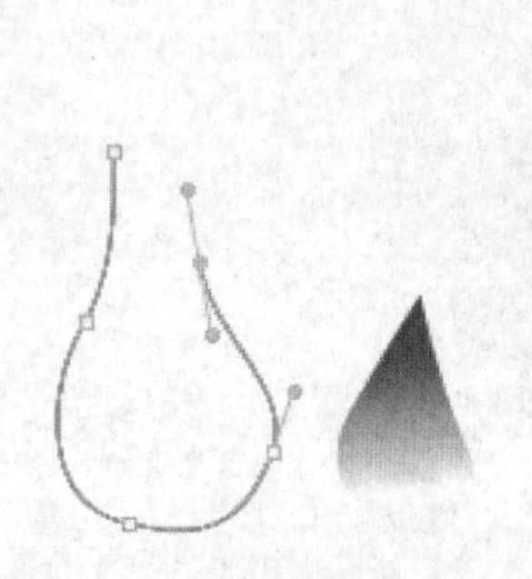

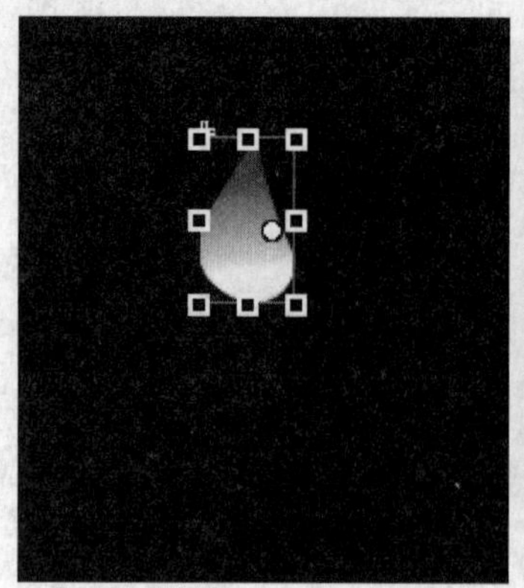

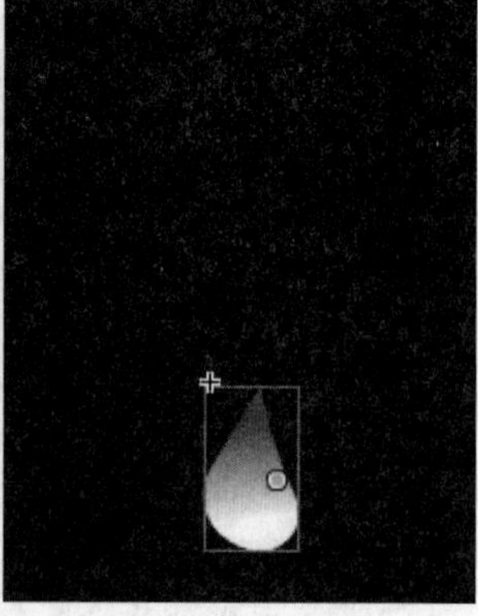

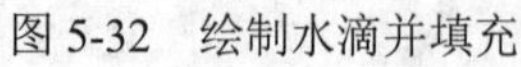

图 5-32　绘制水滴并填充

图 5-33　水滴的设置

（5）在第 11 帧处，使用椭圆形工具绘制一个椭圆，轮廓线为白色，填色为无，如图 5-34 所示。

（6）在第 20 帧处绘制一个大的椭圆形，边缘为黑色，设置其属性色彩效果样式为 Alpha，其值为 0，如图 5-35 所示。

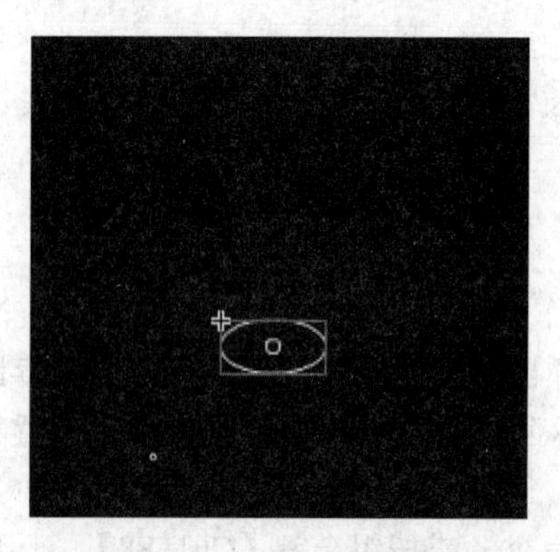

图 5-34　绘制椭圆形

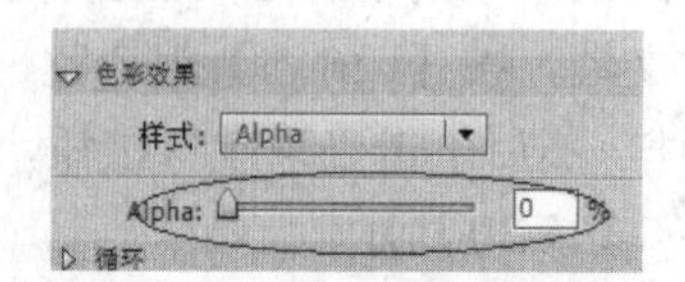

图 5-35　大椭圆形属性设置

（7）在场景 1 的时间轴上设定传统补间动画，按【Enter+Ctrl】组合键进行影片测试，查看水滴落入水中的动态效果，如图 5-36 所示。

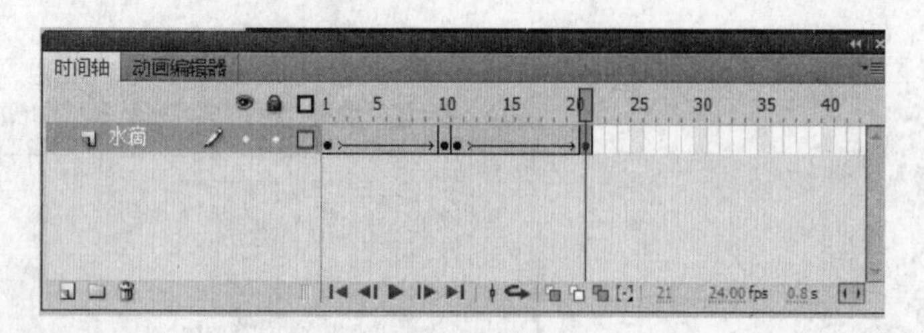

图 5-36　水滴落入水中的动态效果

动手做——绘制飞舞的蝴蝶

通过上述方法与技巧绘制飞舞的蝴蝶，如图 5-37 所示。

图 5-37　飞舞的蝴蝶

任务单（十）　制作闪动按钮——按钮元件

任务描述

本任务是运用按钮元件，制作如图 5-38 所示的闪动按钮。

图 5-38　闪动按钮

月光宝盒

5.3.1　按钮结构

按钮元件的时间轴包含 4 个帧，如图 5-39 所示，每个帧都有一个特定的功能。

- 第 1 帧是弹起状态，是指针没有经过按钮时该按钮的外观。
- 第 2 帧是指针经过状态，是指针滑过按钮时该按钮的外观。
- 第 3 帧是按下状态，是单击按钮时该按钮的外观。

● 第 4 帧是单击状态，用来定义该按钮响应鼠标动作的区域，“单击”帧在场景中是不可见的。

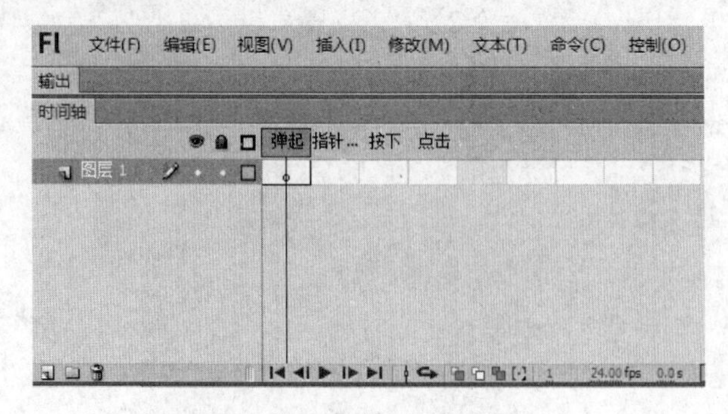

图 5-39 按钮元件的时间轴

5.3.2 创建按钮

具体操作步骤如下。

（1）单击库面板底部的新建元件按钮，如图 5-40 所示。在弹出的“创建新元件”对话框中输入名称为“按钮”。在“类型”下拉列表中选中“按钮”选项，如图 5-41 所示。时间轴转变为 4 帧组成的按钮编辑模式，如图 5-42 所示。

图 5-40 新建元件

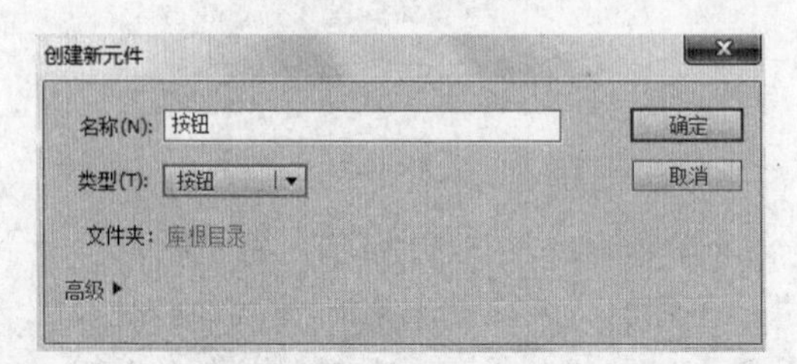

图 5-41 按钮元件命名

图 5-42 按钮结构

（2）要创建“弹起”状态按钮图像，可以使用图形绘制工具在舞台中绘制一个“五边形”，然后将其与定位点的中央对齐，如图 5-43 所示，通过属性面板设定颜色。

（3）单击“指针经过”帧，将弹出帧中的“五边形”复制到“指针经过”帧中，如图 5-44 所示。

（4）通过属性面板，将“五边形”边缘线加粗，参数设置如图 5-45 所示。

（5）单击“按下”帧，如图 5-46 所示，将其“五边形”缩小，此时边缘线也相应变细。

图 5-43 弹起状态

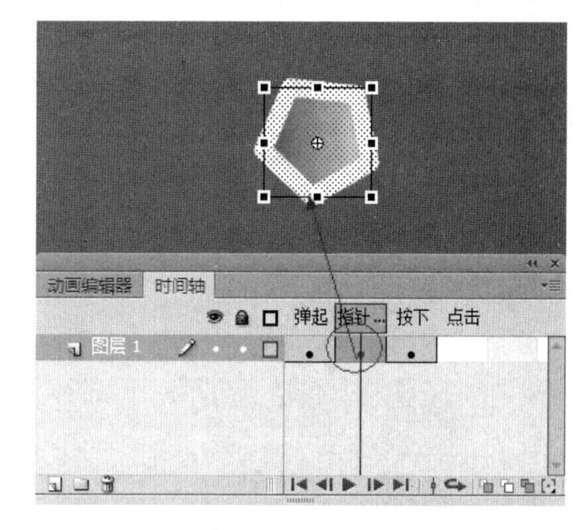

图 5-44 指针状态

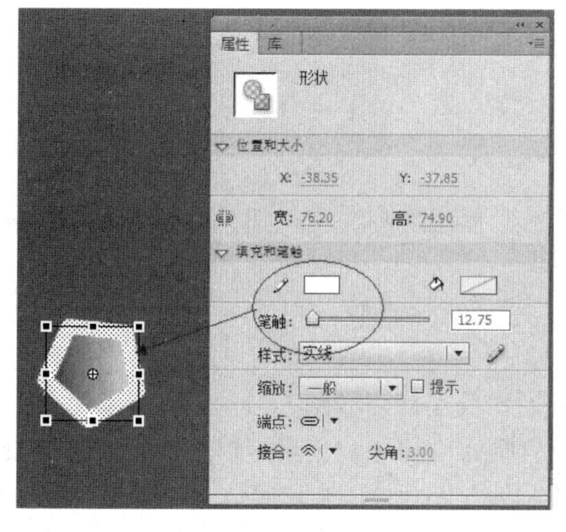

图 5-45 属性面板

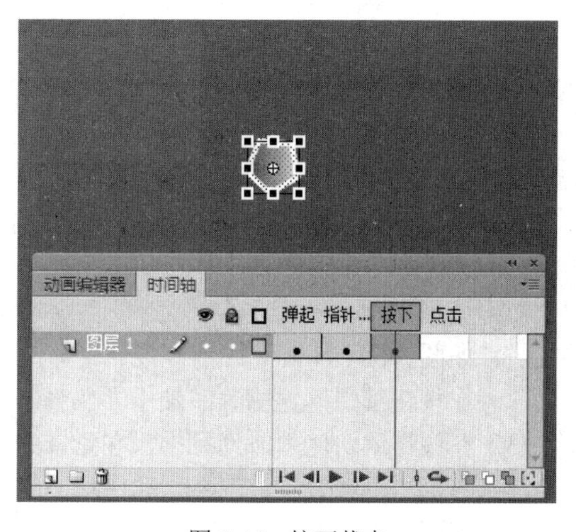

图 5-46 按下状态

（6）在“单击”帧中，可以为其设定区域大小范围，即当鼠标单击时做出反映的区域，该帧的内容是不可见的，如图 5-47 所示。

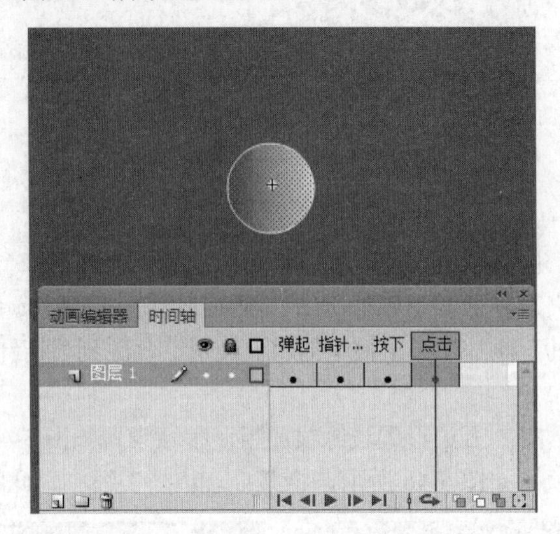

图 5-47　单击状态

跟我学

绘制“按钮”的具体操作步骤如下。

（1）新建文档，命名为“按钮案例”，设置舞台颜色为浅蓝色，大小为 550×400 像素。按【Ctrl+F8】组合键，弹出“创建新元件”对话框，如图 5-48 所示，在“名称”文本框中输入“按钮”，选择“类型”为“按钮”。

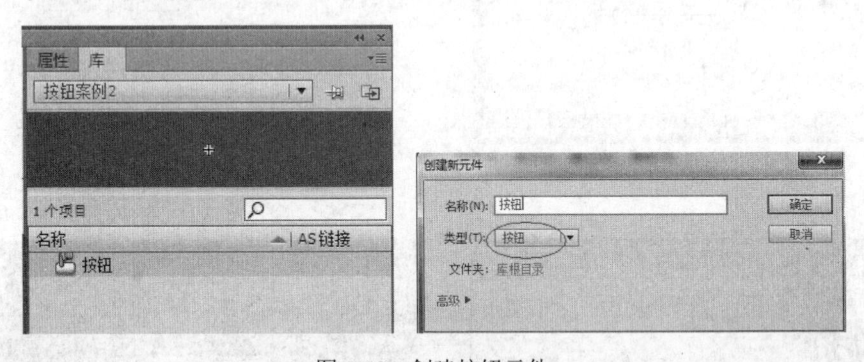

图 5-48　创建按钮元件

（2）在按钮元件编辑区，使用矩形工具和钢笔工具，绘制文档按钮外轮廓，如图 5-49 所示。

（3）使用文本工具，在空白处输入文本“W”，设置文字参数，大小为“60”点，颜色为“白色”，如图 5-50 所示。

（4）在按钮编辑区内的时间轴中，在弹起位置插入关键帧，如图 5-51 所示。

（5）在按钮编辑区内时间轴中，在指针经过位置插入关键帧，使用矩形工具配合【Shift】键绘制正方形，笔触设置为“3”，颜色填充为浅灰， Alpha 设置为“37”，并且将该正方形放置在图标下面，如图 5-52 所示。

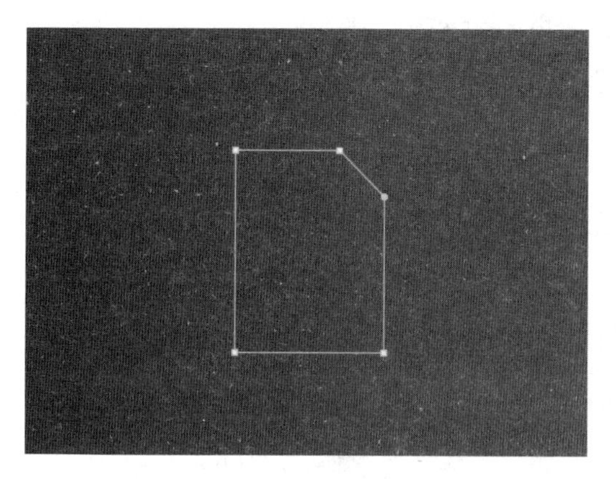

图 5-49　绘制文档按钮外轮廓

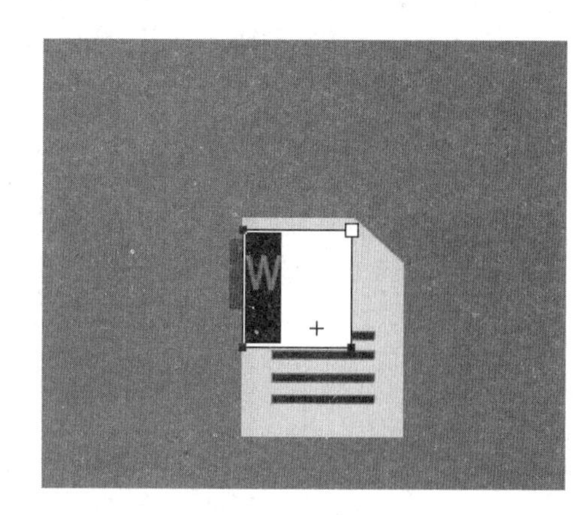

图 5-50　编辑文本

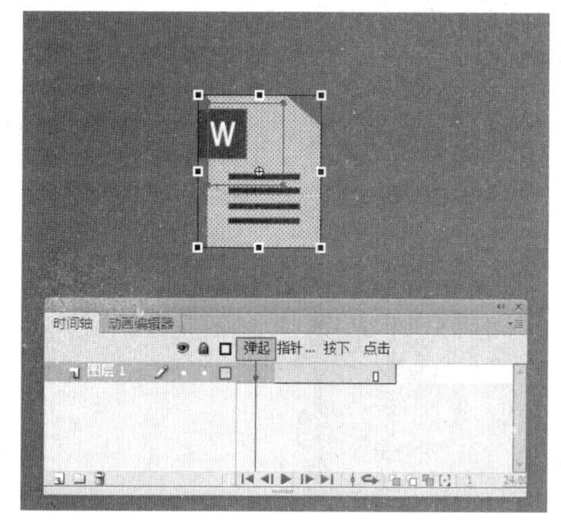

图 5-51　弹起状态

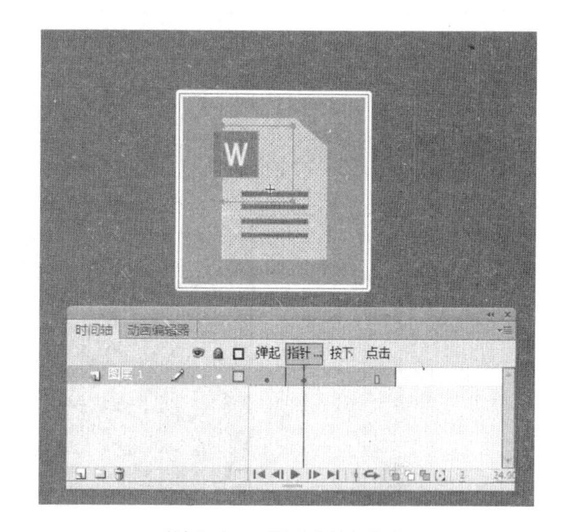

图 5-52　指针经过状态

（6）在按钮编辑区内时间轴中，在按下位置插入关键帧，选择“任意变形工具”配合【Shift+Alt】组合键以中心缩放正方形，如图 5-53 所示。

图 5-53　缩放正方形

（7）在按钮编辑区内的时间轴中，在点击位置插入关键帧，使用矩形工具配合【Shift】键绘制正方形，形状略大于按钮框，填充任意颜色，如图 5-54 所示。

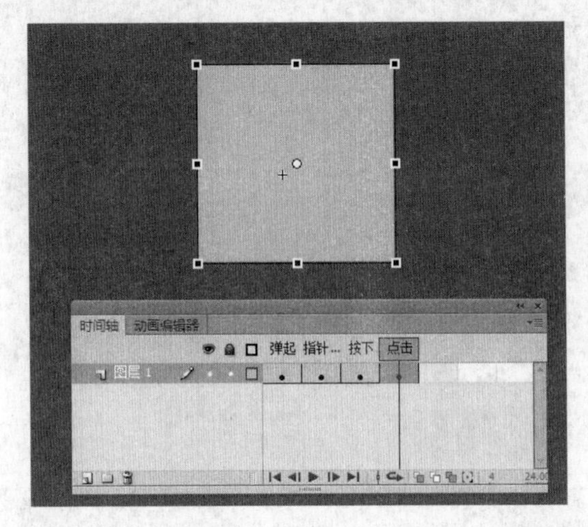

图 5-54　绘制正方形

（8）在场景编辑区内的时间轴中，在第 1 帧位置插入关键帧，从库面板中将按钮元件拖入舞台中，按【Enter+Ctrl】组合键测试按钮效果，如图 5-55 所示。

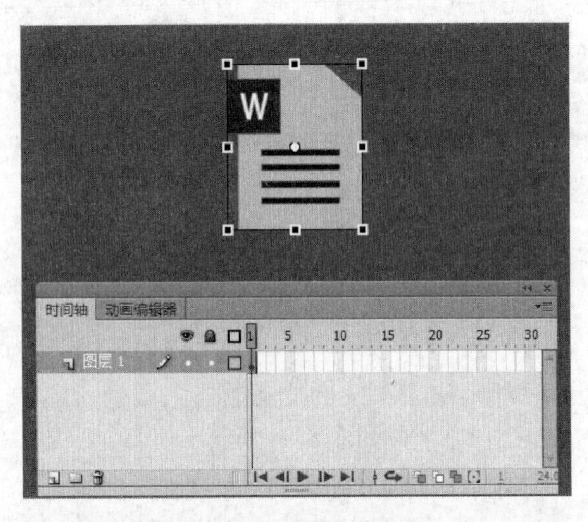

图 5-55　测试按钮效果

动手做——制作动态按钮

运用上述方法与技巧，制作动态按钮，如图 5-56 所示。

图 5-56　动态按钮

任务单（十一） 飞驰的汽车——元件综合运用

任务描述

本任务是综合应用影片剪辑元件，绘制一个小汽车行驶在公路上的动画效果，如图 5-57 所示。

图 5-57 飞驰的汽车动画效果

月光宝盒

5.4.1 影片剪辑与图形元件的关系

（1）在 Flash 中，图形元件和影片剪辑元件都可以包含动画片段，二者也可以相互嵌套、转换类型和相互交换实例，但它们之间存在很多的差别。

（2）图形元件不支持交互功能，也不支持添加声音、滤镜和混合模式效果，而影片剪辑元件可以使用。

（3）图形元件没有独立的时间轴，它与主文档共用时间轴，所以图形元件在 FLA 文件中的尺寸也小于影片剪辑。

（4）因为动画图形元件使用与主文档相同的时间轴，所以在文档编辑模式下可以预览动画，影片剪辑元件可以有独立的时间轴，在舞台上显示为静态对象，在文档编辑模式下，不能预览。

（5）图形元件的动画播放效果会受到舞台上主时间长度的限制，而影片剪辑元件动画则不会。

跟我学

具体操作步骤如下。

（1）新建文档，名称为“飞驰的汽车”，设置舞台大小为 550×400 像素，将素材图片导入“库”面板中，如图 5-58 所示。

（2）从菜单栏中选择“插入”→“新建元件”命令，弹出“创建新元件”对话框，输入名

称为“动态汽车”，类型选择“影片剪辑”，如图 5-59 所示。

（3）在库面板中，双击动态汽车元件，进入动态汽车元件编辑区，在图层 1 的第 1 帧导入库中的汽车轮廓元件素材，在第 20 帧处按【F5】快捷键插入关键帧，如图 5-60 所示。

图 5-58 导入素材图片

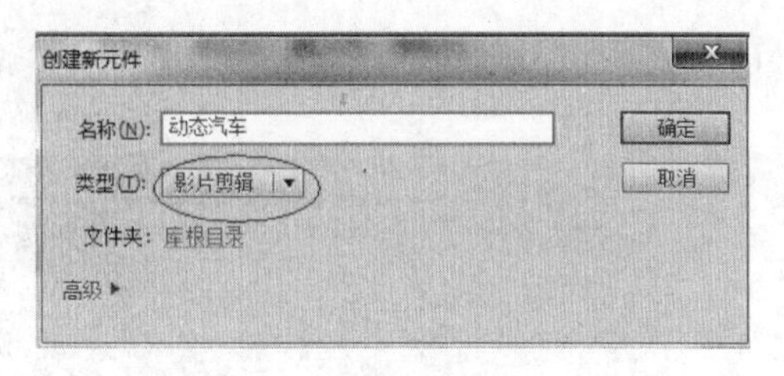

图 5-59 “创建新元件”对话框

图 5-60 导入素材

（4）在时间轴中新建图层 2，命名为“前轮”，新建图层 3，命名为“后轮”，在“前轮”图层的第 1 帧处，导入库中的汽车轮子元件，将车轮放置在正确位置，在第 20 帧处按【F5】快捷键插入关键帧。用同样的方法制作汽车后轮，如图 5-61 所示。

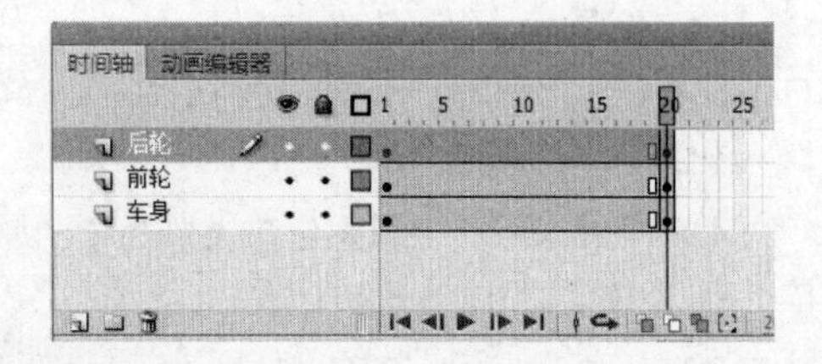

图 5-61 插入关键帧

（5）在时间轴中分别为前轮、后轮在第 1 帧处设置传统动画，在帧属性面板中，设置旋转顺时针属性，次数为“1”，如图 5-62 所示。

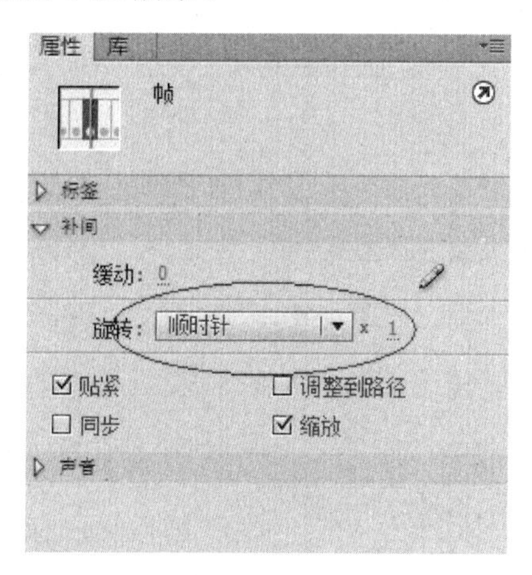

图 5-62　帧属性面板

（6）在图层中新建图层 4，命名为“烟雾”，如图 5-63 所示，并设置传统动画。

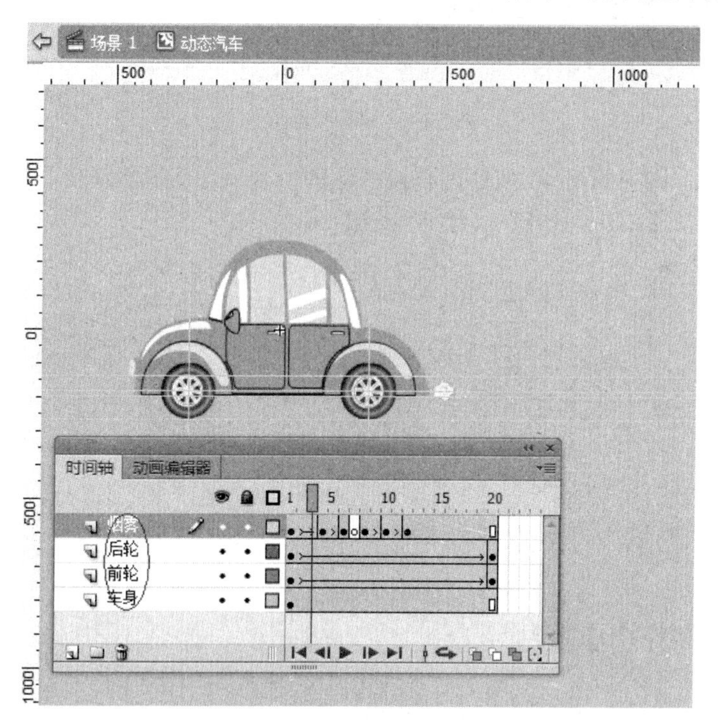

图 5-63　命名图层

（7）返回场景 1 编辑区，从库面板中，导入动态汽车元件，在舞台中，配合【Shift】键使用“任意变形工具”，将汽车调整到适当大小，并水平翻转。将图层 1 命名为“汽车”，在图层中新建图层 2，命名为“楼群”。单击图层“楼群”，从库中导入楼群背景，分别在“楼群”与“汽车”的时间轴第 40 帧处插入关键帧，如图 5-64 所示。

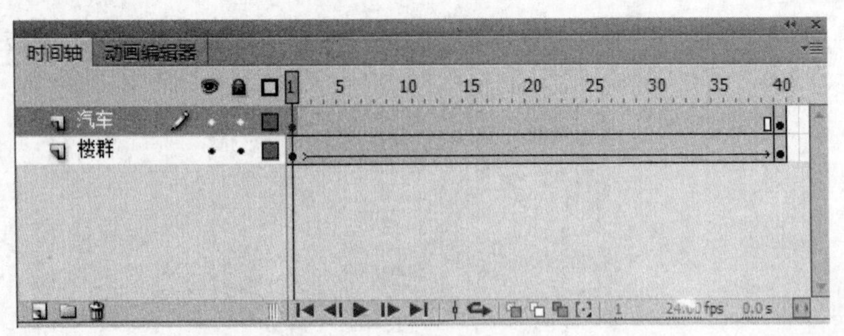

图 5-64　补间动画

（8）在“楼群”图层中设置传统动画，如图 5-65 所示，在第 1 帧处调整楼群图的位置。

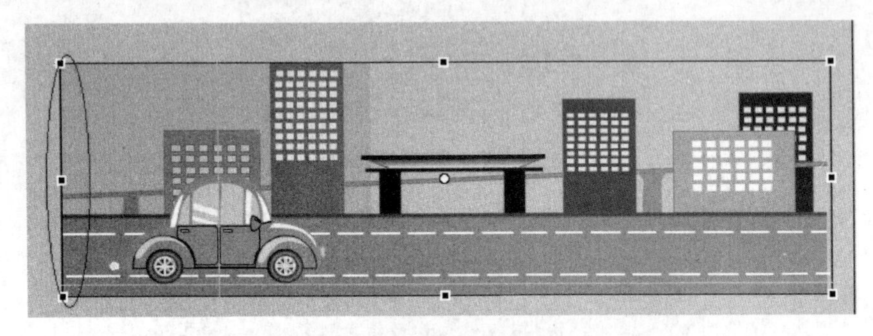

图 5-65　调整楼群位置

（9）在“楼群”图层的第 40 帧处调整楼群图的位置，如图 5-66 所示。至此，飞驰的小汽车效果制作完毕，按【Enter+Ctrl】组合键测试影片。

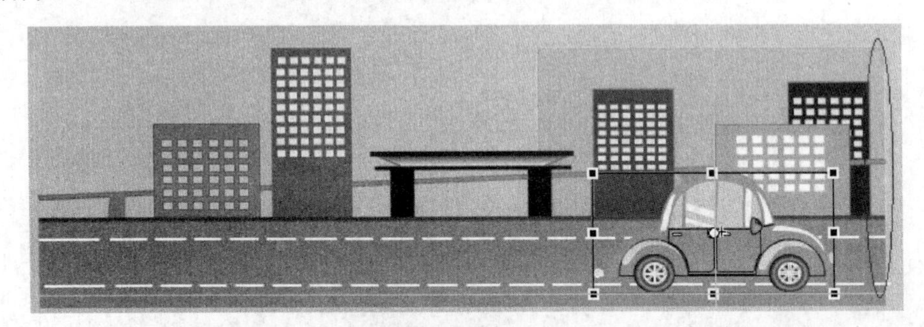

图 5-66　测试影片

动手做——制作小小烛台

运用上述方法与技巧，制作小小烛台效果，如图 5-67 所示。

图 5-67　小小烛台

制作基础动画

在 Flash CS6 中，主要包括逐帧动画、动作补间动画和形状补间动画 3 种基本动画类型。熟练掌握这 3 种基本动画的应用，是制作 Flash 动画的基本前提。本模块主要介绍 Flash 动画的制作方法和技巧，熟练掌握制作动画的基本方法和相关操作，并能够独立制作出简单的 Flash 动画作品。

本章知识要点

1. 了解 Flash 基本动画的类型与各种类型动画之间的区别。
2. 熟练掌握使用 Flash 制作逐帧动画的方法。

本章知识难点

1. 熟练掌握使用 Flash 制作逐帧动作补间动画的方法。
2. 熟练掌握使用 Flash 制作形状补间动画的方法。

任务单（十二） 奔跑的骏马——逐帧动画

任务描述

本任务的是运用逐帧动画的方法与技巧，将“马”矢量图形制作成逐帧动画，如图 6-1 所示。

图 6-1 奔跑的骏马

月光宝盒

6.1.1 时间轴和帧

时间轴用于组织和控制一定时间内的图层和帧中的文档内容。时间轴面板包括图层和时间帧两部分，如图 6-2 所示。

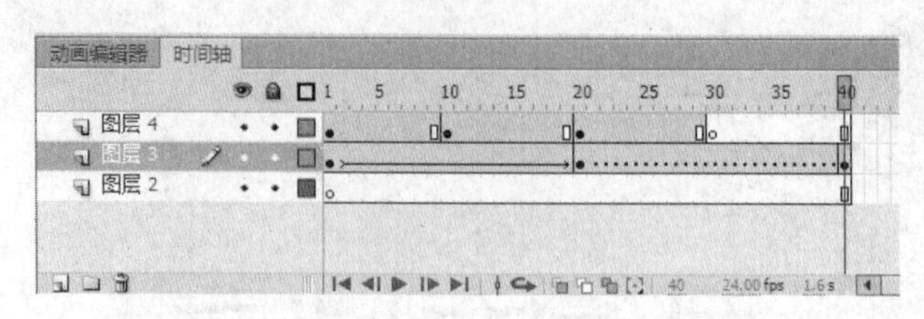

图 6-2 时间轴面板

1. 如何更改时间轴的外观

默认模式下，时间轴显示面板通常位于舞台下方，与动作编辑器在一起出现。若要更改其位置，可将时间轴与动作编辑器分离。可在单独的窗口中使时间轴浮动，也可将其停放在其他面板上或隐藏时间轴。

2. 具体操作方法

（1）拖动鼠标左键移动时间轴，可拖动该时间轴并将其移动到舞台周边灰色区域任意位置。

（2）拖动鼠标左键移动时间轴，可拖动时间轴到该应用程序窗口的顶部，如图 6-3 所示。

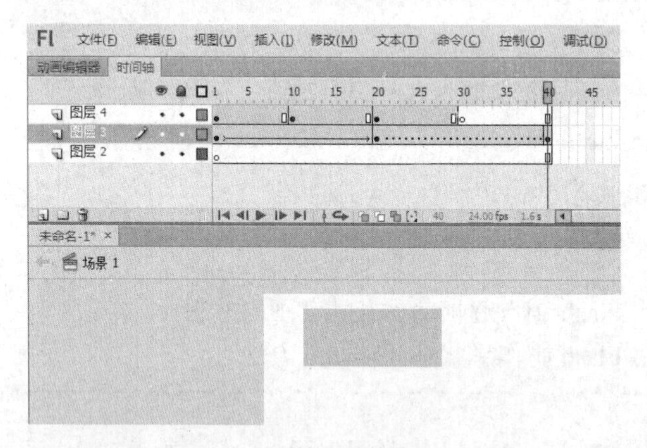

图 6-3 移动时间轴窗口 1

（3）将时间轴拖放在其他面板中的任意位置，如图 6-4 所示。

图 6-4 拖动时间轴窗口 2

（4）更改时间轴中的帧显示。

● 单击时间轴右上角的“帧视图”按钮，弹出“帧视图”菜单，如图 6-5 所示，选择“很小”“小”“标准”“中”或“大”，更改帧单元格的宽度。

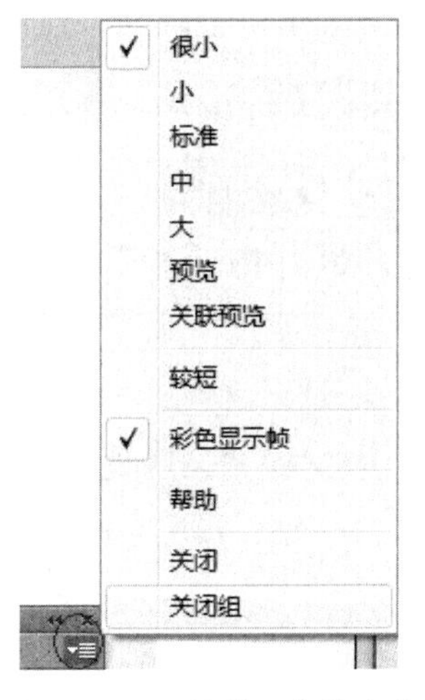

图 6-5　更改帧单元格的宽度

● 较短：改变帧单元格行的高度，如图 6-6 所示。

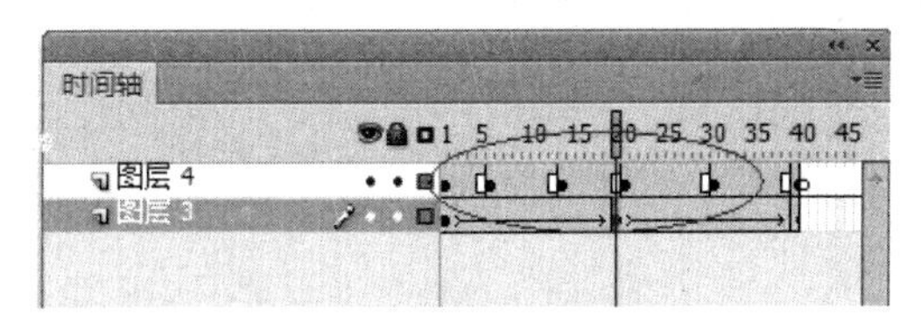

图 6-6　更改帧单元格的高度

● 彩色显示帧：开启或关闭用彩色显示帧顺序的功能。

● 预览：显示每个帧的内容缩略图，如图 6-7 所示。

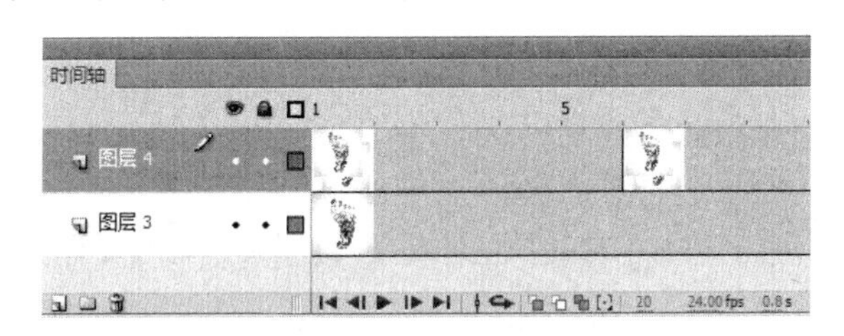

图 6-7　显示每个帧的内容缩略图

● 关联预览：显示每个完整帧（包括空白空间）的缩略图，如图 6-8 所示。

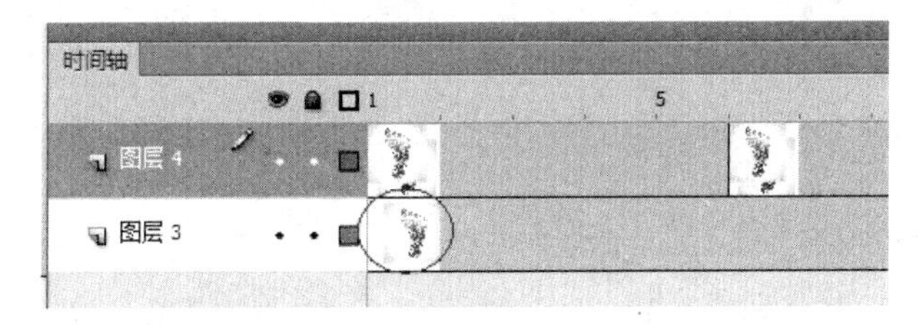

图 6-8　显示每个完整帧的缩略图

（5）移动播放头。

文档播放时，播放头（粉色）在时间轴上移动，指示当前显示在舞台中的帧。要转到某帧，可单击该帧在时间轴标题中的位置，或将播放头拖动到所需的位置。要使时间轴以当前帧为中心，单击时间轴底部的“帧居中”按钮即可，如图 6-9 所示。

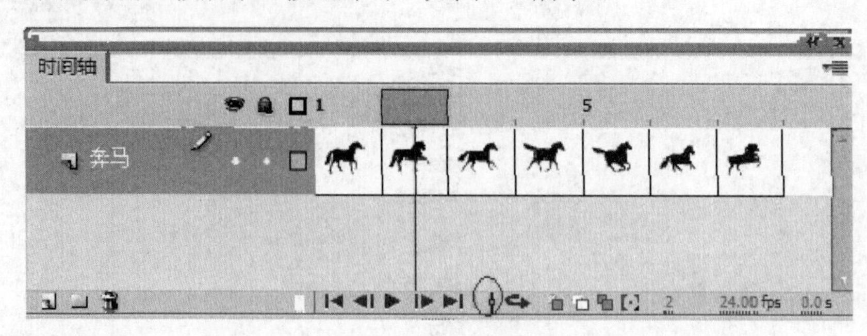

图 6-9　移动播放头

6.1.2　图层

图层可以帮助组织文档中的插图，在某一图层上绘制和编辑对象时，不会影响其他图层。在图层上没有内容的舞台区域中，可以透过该图层看到下面的图层。

要绘制、涂色或者对图层或文件夹进行修改，可在时间轴中选择该图层以激活它。时间轴中图层或文件夹名称旁边的铅笔图标表示该图层或文件夹处于活动状态，一次可以选择多个图层，但一次只能有一个图层处于活动状态。另外，还可以隐藏、锁定或重新排列图层。

1. 创建新图层

在起初创建新文档时，其中仅包含一个图层。若要在文档中组织插图、动画和其他元素，可添加更多的图层。创建图层或文件夹之后，它将出现在原有所选图层的上方，新添加的图层将成为活动图层。执行“插入→时间轴→图层”命令，或如图 6-10 所示，单击时间轴底部的“插入图层”按钮，创建新图层。

2. 编辑图层

默认情况下，新图层是按照创建顺序命名的：图层 1、图层 2……以此类推。为了更好地反映图层的内容，可以对图层进行重命名。

（1）选择图层。单击时间轴中图层的名称或在时间轴中单击要选择的图层的任意一帧。具体操作如图 6-11 所示。

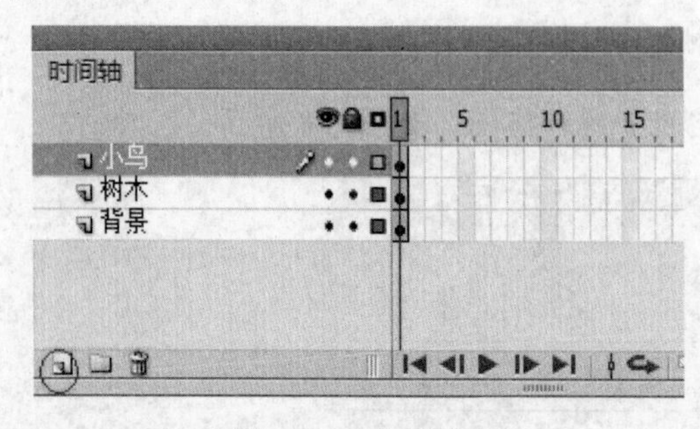

图 6-10　新建图层

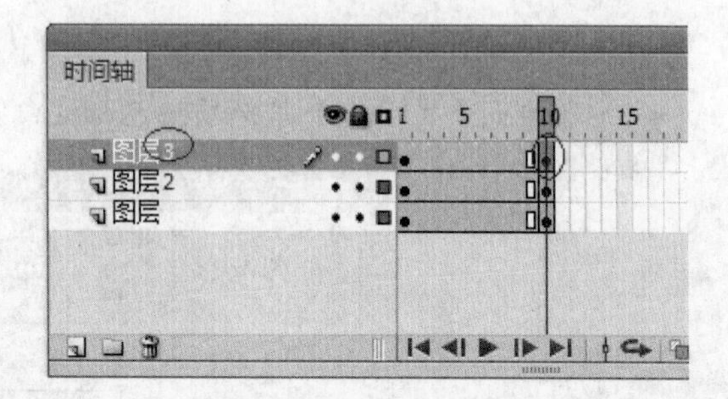

图 6-11　选择图层

（2）重命名新图层。如图 6-12 所示，用鼠标右键单击图层的名称，从菜单中选择“属性”

命令。在“名称”文本框中输入新名称“背景”，单击“确定”按钮。再从库面板中导入素材图片“小老鼠.jpg”。或者双击时间轴图层，直接输入名称“小鼠”。

（3）更改图层顺序。

单击“背景”图层名称，将其拖动到“小鼠”的图层下方，舞台效果如图6-13所示。

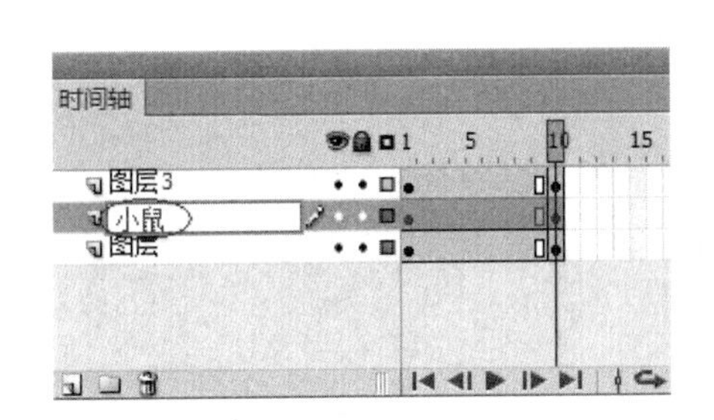

图6-12　重命名图层

图6-13　更改图层顺序

3. 锁定图层

单击“背景”图层右侧的锁定按钮，如图6-14所示。

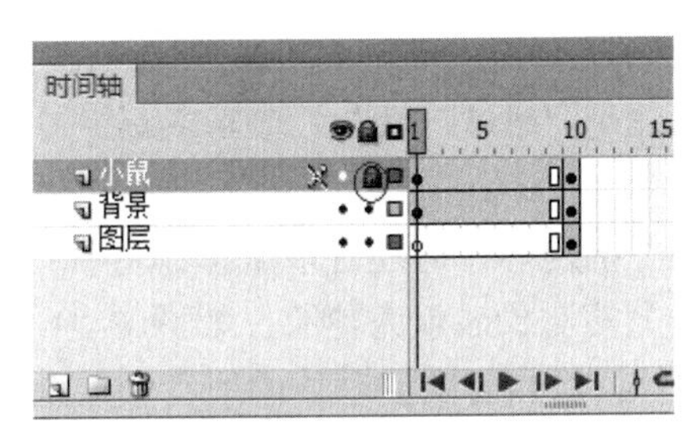

图6-14　锁定图层

4. 将图层中的不同组合对象分散到其他图层

选择“扇叶”图层，它由两部分组成，选中两个扇叶并单击鼠标右键，在弹出的快捷菜单中选择“分散到图层”命令，扇叶被分散到两个新的图层中，名称为“新扇叶”，如图6-15所示。

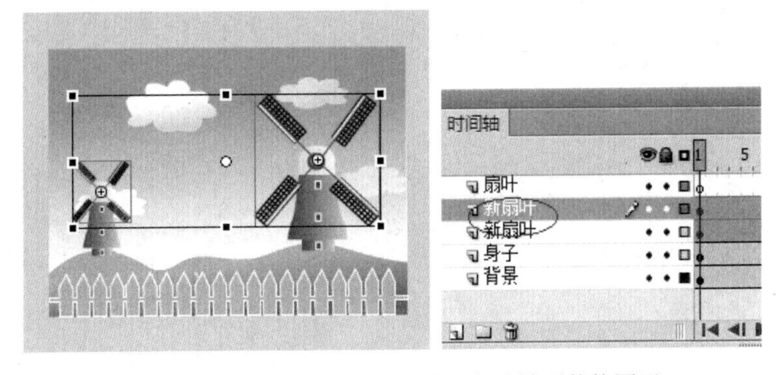

图6-15　将图层中的不同组合对象分散到其他图层

5. 删除图层

选择“图层 2”，单击时间轴中的“删除图层”按钮。或者将想要删除的图层拖动到“删除图层”按钮上时，释放鼠标。或者直接在该图层单击鼠标右键，在弹出的下拉菜单中单击“删除图层”命令，如图 6-16 所示。

6. 查看图层

时间轴中图层或文件夹名称旁边的红色图标 ✕ 表示图层或文件夹处于隐藏状态。在“发布设置”中，可以选择在发布 SWF 文件时是否包含隐藏图层。

（1）显示或隐藏图层，执行下列操作之一即可显示或隐藏图层。

- 单击时间轴中图层名称右侧的“眼睛”列，显示或隐藏该图层。
- 单击眼睛图标，显示或隐藏时间轴中的所有图层，如图 6-17 所示。

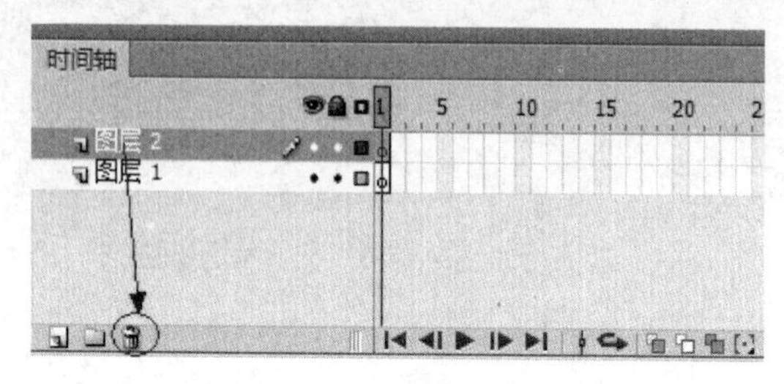

图 6-16　删除图层

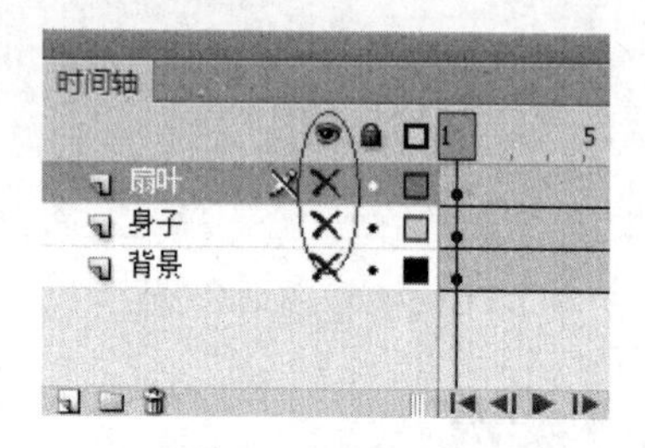

图 6-17　眼睛图标

- 在“眼睛”系列中拖动，显示或隐藏多个图层，这是比较快捷的方法。按住【Alt】键，单击图层或单击文件夹名称右侧的“眼睛”按钮，显示或隐藏除当前图层以外的所有图层，如图 6-18 所示。

（2）以轮廓形式查看图层上的内容，可通过以下操作进行：

单击轮廓图标，所有图层上的对象显示为轮廓，如图 6-19 所示，按住【Alt】键，单击图层名称右侧的“轮廓” □ 按钮，将除当前图层以外的所有图层上的对象显示为轮廓或关闭轮廓显示。

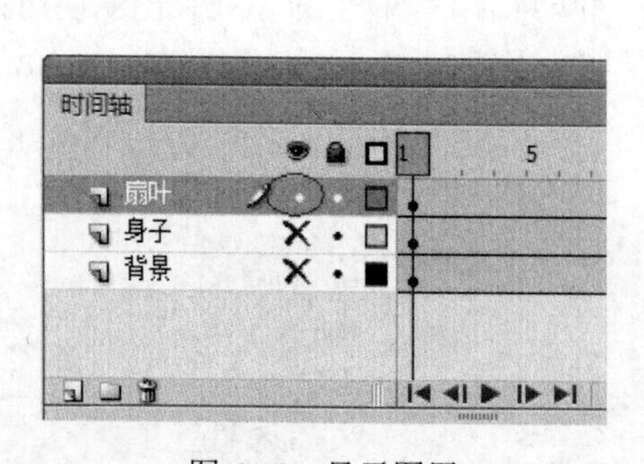

图 6-18　显示图层

图 6-19　轮廓显示

6.1.3 帧

帧是 Flash 动画中最基本的组成单位，是基本的动画单元，它分为普通帧、关键帧和过度帧 3 种类型。关键帧就是用来定义动画变化的帧，在时间轴中有内容的关键帧显示为实心圆，没有内容的空白关键帧则以空心圆显示，如图 6-20 所示。

1. 选择帧

- 要选择时间轴中一个帧，单击该帧，如图 6-21 所示。

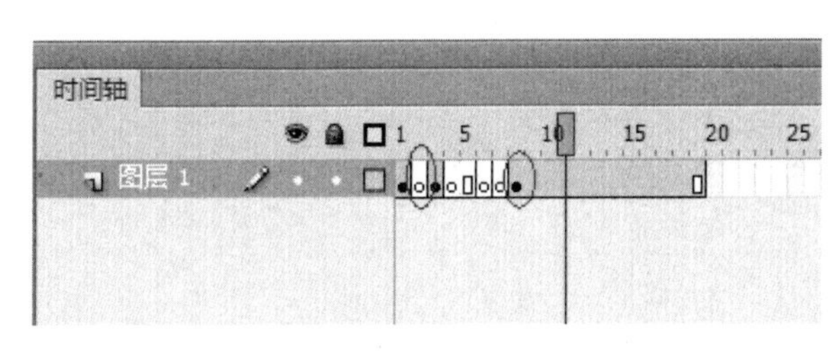

图 6-20　时间轴帧

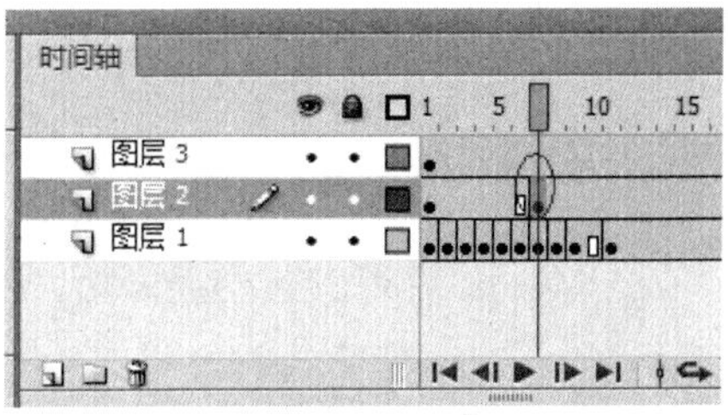

图 6-21　选择帧

- 选择多个连续的帧，按住【Shift】键并单击其他帧，如图 6-22 所示。
- 选择多个不连续的帧，按住【Ctrl】键并单击其他帧，如图 6-23 所示。

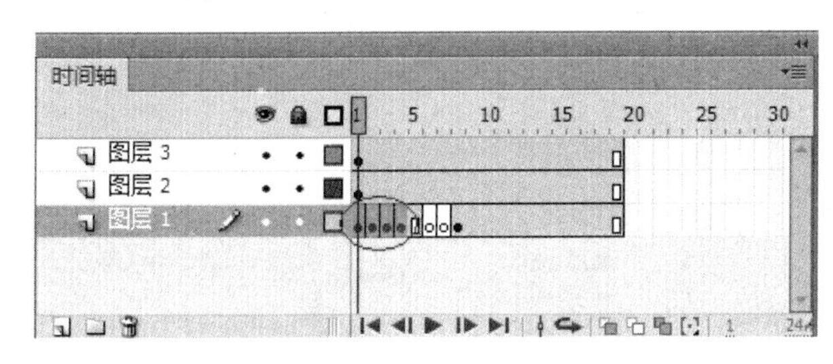

图 6-22　连续选择帧

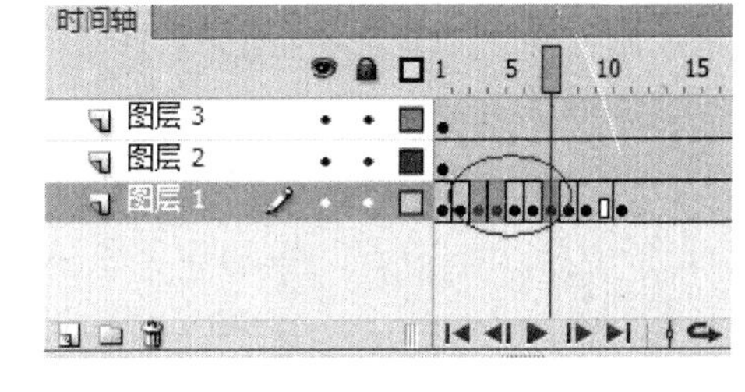

图 6-23　隔帧选择

- 选择单层所有帧，单击图层按钮，将本层的所有帧都选择，如图 6-24 所示。

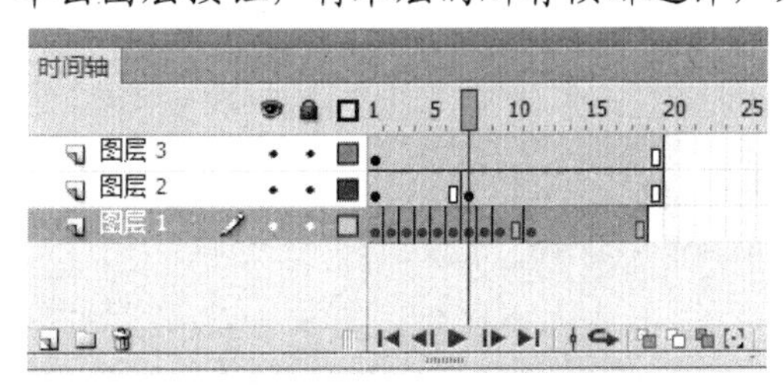

图 6-24　选择单层所有帧

- 选择所有帧。要选择时间轴中的所有帧，如图 6-25 所示，可以选择“编辑”→“时间轴”→“选择所有帧”命令。

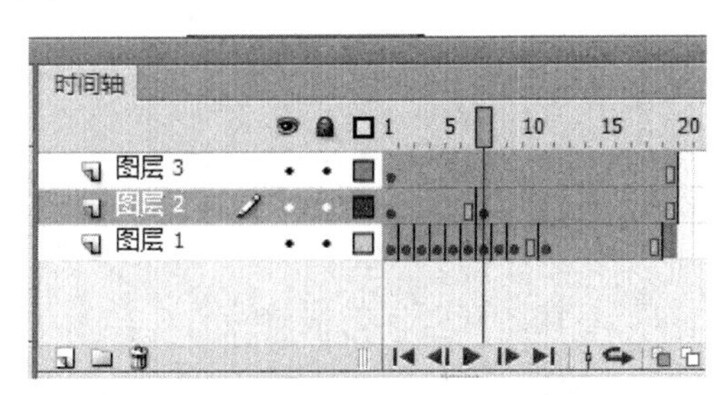

图 6-25　选择时间轴中的所有帧

2．插入帧

插入新帧，执行菜单“插入→时间轴→帧”命令，或按【F5】键，如图 6-26 所示。

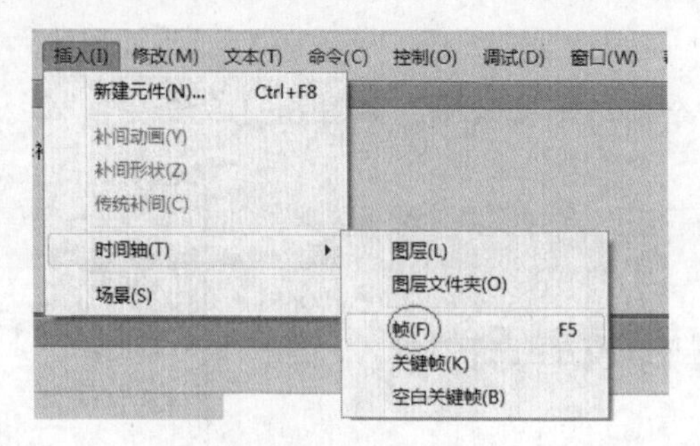

图 6-26　插入帧

3．创建新关键帧

执行“插入→时间轴→关键帧”命令，或用鼠标右键单击要在其中放置关键帧的帧，然后从下拉菜单中选择“插入关键帧”命令，如图 6-27 所示。

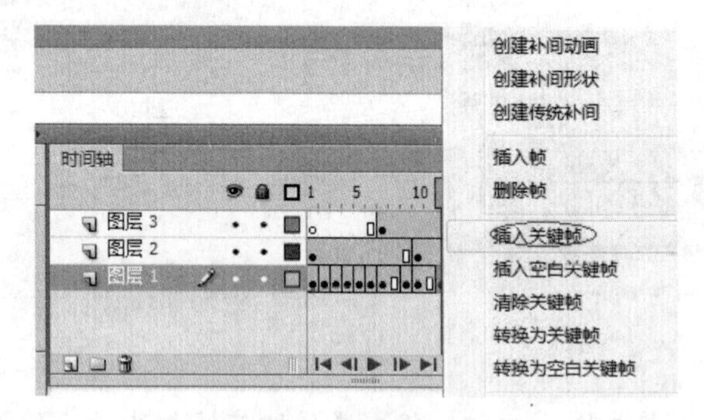

图 6-27　创建新关键帧

4．创建新的空白关键帧

执行“插入”→“时间轴”→“空白关键帧”菜单命令，或用鼠标右键单击要在其中放置关键帧的帧，然后从下拉菜单中选择“插入空白关键帧”命令，复制或粘贴帧，如图 6-28 所示。

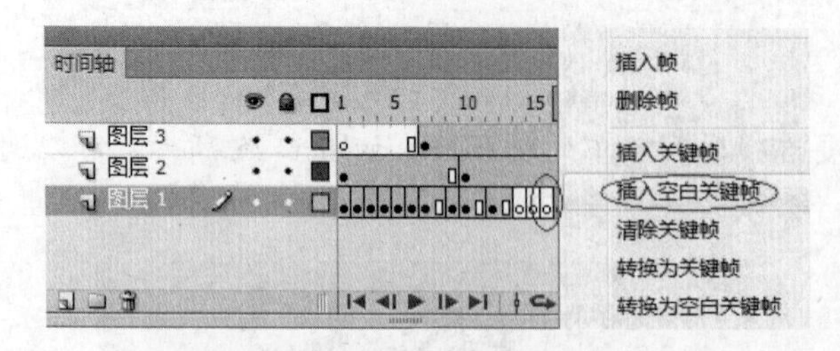

图 6-28　新建新的空白关键帧

5．复制剪切帧

选择要复制的帧，单击鼠标右键，在弹出的快捷菜单中单击“复制帧”，然后在时间轴上添加帧的位置；单击鼠标右键，选择“粘贴帧”，或按住【Alt】键，将关键帧拖动到要粘贴的位置，如图 6-29 所示。

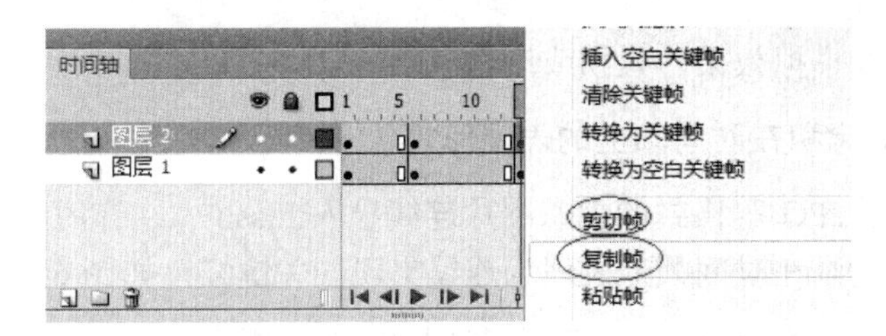

图 6-29　复制剪切帧

6. 删除帧

选择帧或序列，执行“编辑→时间轴→删除帧”命令，或用鼠标右键单击帧或序列，从菜单中选择“删除帧”命令，周围的帧保持不变，如图 6-30 所示。

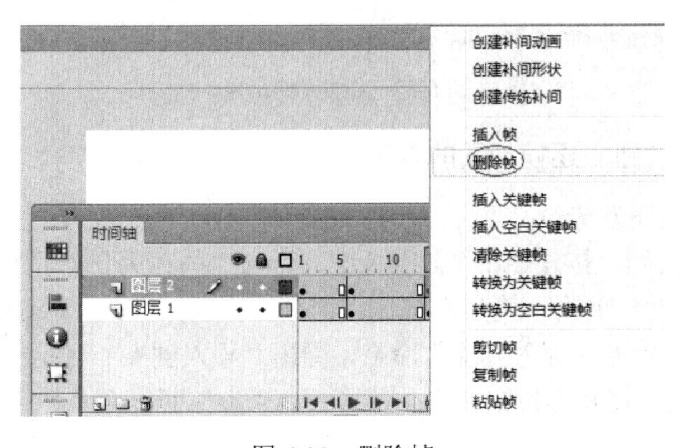

图 6-30　删除帧

7. 移除关键帧及其内容

选择关键帧，执行“编辑”→“时间轴”→“清除关键帧”命令，或如图 6-31 所示，用鼠标右键单击关键帧，并从菜单中选择“清除关键帧”命令。被清除的关键帧及到下一个关键帧之前的所有帧的舞台内容都将由被清除的关键帧之前的舞台内容所替换。

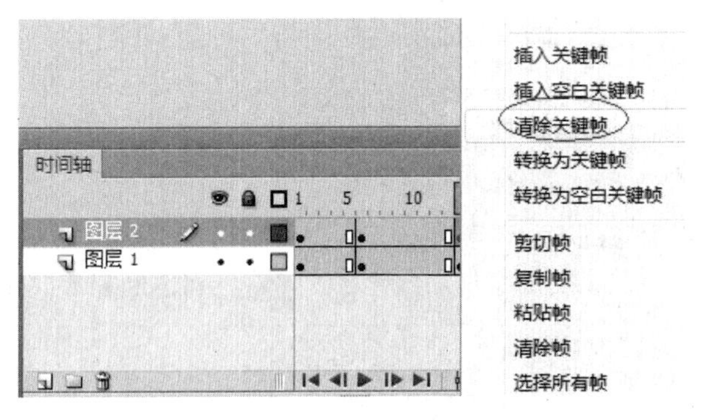

图 6-31　清除关键帧

6.1.4　创建逐帧动画

逐帧动画是一种常见的动画形式，其原理是在“连续的关键帧”中分解动画动作，即每一帧中的内容不同，连续播放而成动画。由于逐帧动画的帧序列内容不同，不仅增加制作负担，而且最终输出的文件容量也很大。但逐帧动画的优势也很明显，它与电影播放模式相似，很适合表现细腻的动画，如模拟效果、人物或动物急剧转身等效果。

1．逐帧动画的概念和在时间轴上的表现形式

将 Flash、PNG 或 JPG 等格式的静态图片连续导入 Flash 中，在时间帧上逐帧绘制帧内容成为逐帧动画。逐帧动画在时间帧上表现为连续出现的关键帧，如图 6-32 所示。

图 6-32　绘制逐帧动画

2．导入的静态图片建立逐帧动画的方法

创建逐帧动画的具体方法：

（1）新建 Flash 文档，按【Ctrl+S】组合键，弹出“另存为”对话框，选择保存路径，输入文件名“小乌龟”，然后单击“确定”按钮，回到工作区。

（2）执行“文件→导入→导入到库”命令，弹出“导入到库”对话框，选择以“乌龟素材”命名的 7 个文件，单击“打开”按钮，将文件导入到“库”面板中，如图 6-33 所示。

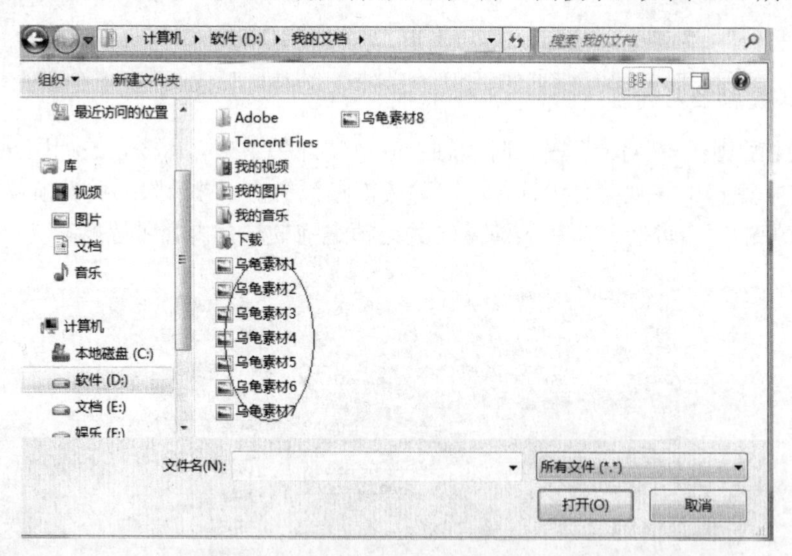

图 6-33　导入素材

（3）将“库”面板中的“乌龟素材 1.jpg”图像拖动到舞台的适当位置，如图 6-34 所示。

（4）在时间轴中选择“图层 1”中的第 2 帧，单击鼠标右键，选择“插入关键帧”命令，在舞台中的图像上单击鼠标右键，在弹出的快捷菜单中选择“交换位图”命令，在弹出的“交换位图”对话框中选择“乌龟素材 2.jpg”。单击“确定”按钮，舞台中的图像“乌龟素材 1.jpg”被“乌龟素材 2.jpg”替换。

（5）重复步骤（4），在第 3、4、5、6、7 帧插入关键帧，并将“乌龟素材 3.jpg”“乌龟素

材 4.jpg”“乌龟素材 5.jpg”“乌龟素材 6”“乌龟素材 7”分别导入到舞台的同一位置。

（6）按【Ctrl+S】组合键保存文件，按【Ctrl+Enter】组合键测试影片，播放效果如图 6-35 所示。

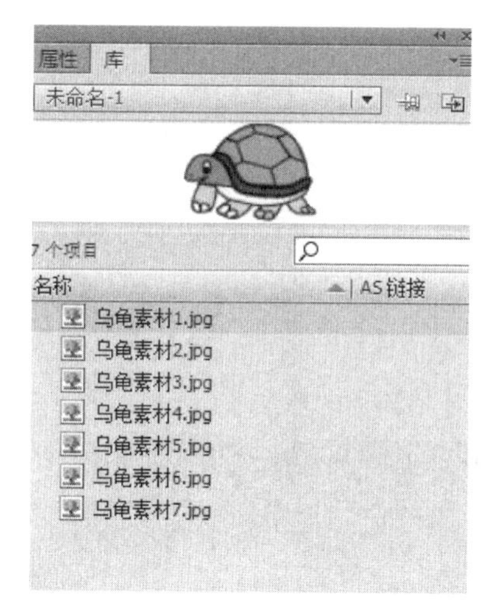

图 6-34　乌龟素材

图 6-35　小乌龟动画效果

3．导入 GIF 格式序列图像的方法

将文件“导入到场景中”的操作方法如下。

（1）新建 Flash 文档，按【Ctrl+S】组合键，弹出“另存为”对话框，选择保存路径，输入文件名“小白鸽”，然后单击“确定”按钮，回到工作区。

（2）执行“文件”→“导入”→“导入到场景”命令，如图 6-36 所示，导入背景文件“蓝天.jpg”。在“变形面板”中使其与舞台匹配宽高，并覆盖整个舞台，将图层重命名为“背景”。

图 6-36　将“蓝天”素材导入场景

（3）新建一个图层，执行“文件”→“导入”→“导入到舞台”命令，在“导入到舞台”

对话框中选择“小白鸽 1.gif”文件，单击“打开”按钮。弹出图像导入提示对话框，如图 6-37 所示，单击“是”按钮。

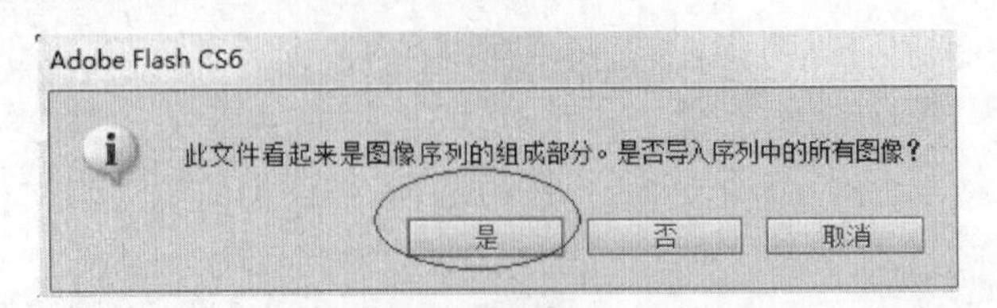

图 6-37　图像导入提示

（4）“白鸽”出现在场景中，选择“背景”图层，在第 5 帧处单击鼠标右键，在弹出的快捷菜单中选择“插入关键帧”命令，使背景延续，删除多余的帧，如图 6-38 所示。

（5）按【Ctrl+Enter】组合键测试影片，播放效果如图 6-39 所示。

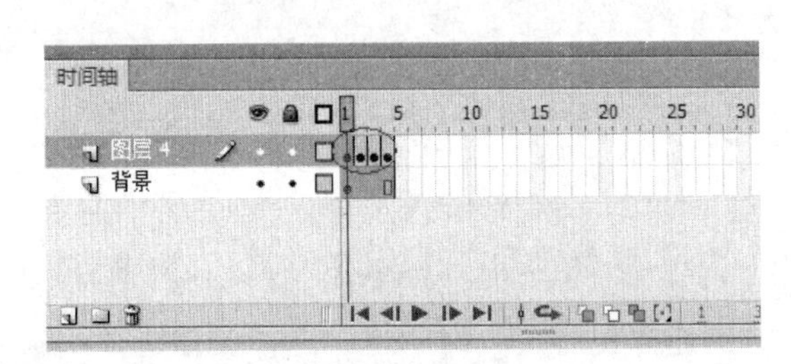

图 6-38　延续背景

图 6-39　测试影片

4．绘制矢量逐帧动画

用鼠标或压感笔在场景中一帧帧地画出帧内容，再用导入静态图片的方法建立逐帧动画。绘制矢量逐帧动画具有非常大的灵活性，通过逐帧动画，可以表现任何想表现的内容，而不受现有资源的限制，但需要一定的专业基础。如图 6-40 所示为矢量逐帧动画的截图。

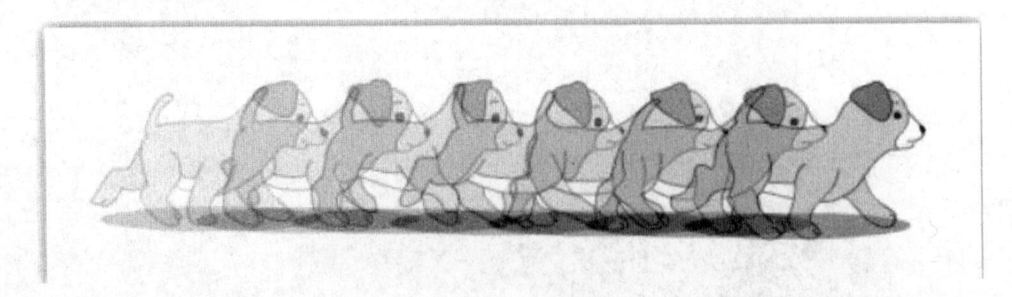

图 6-40　矢量逐帧动画

（1）使用绘图纸外观。

通常情况下，在某个时间场景中仅显示动画序列的一个帧。为方便定位和编辑逐帧动画，可以使用绘图纸外观，在场景中一次查看两个或更多帧的内容。播放头下面的帧用全彩色显示，但是其余帧是暗淡的，看起来就好像每个帧都画在一张半透明的绘图纸上，而且这些绘图纸相互层叠在一起，无法编辑暗淡的帧。在时间轴面板中，绘图纸外观的主要选项如图 6-41 所示。

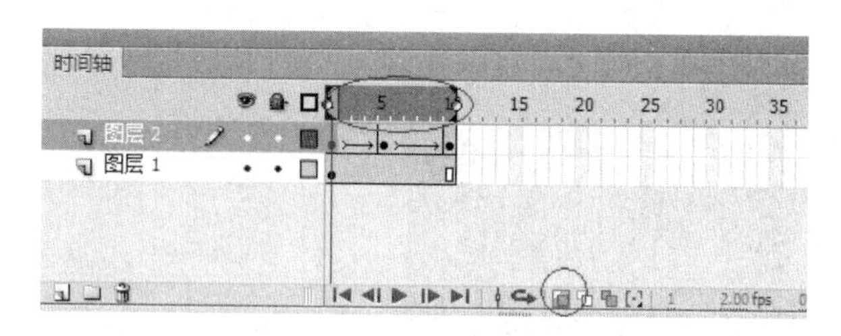

图 6-41　图纸外观

（2）在场景中同时查看动画的多个帧。

打开素材文件“小瓢虫.fla”，隐藏“背景”图层，单击“绘图纸外观”按钮。“起始绘图纸外观”和“结束绘图纸外观”标记之间的所有帧被重叠为“文档”窗口中的一个帧，如图 6-42 所示。

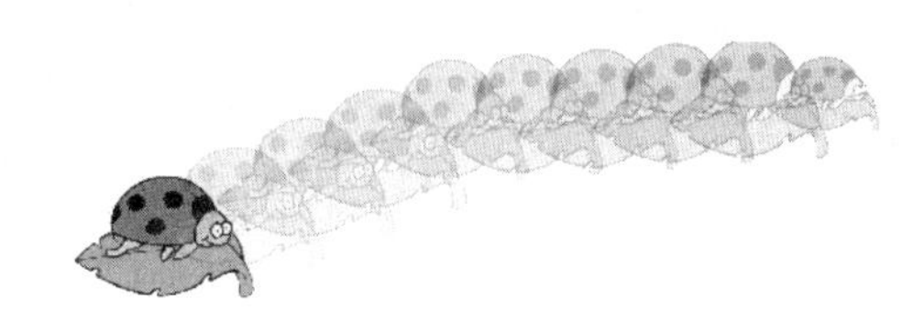

图 6-42　绘图纸外观

（3）控制绘图纸外观的显示。

● 单击“绘图纸外观轮廓”按钮，将具有绘图纸外观的帧显示为轮廓。将“绘图纸外观标记”的指针拖动到一个新位置，如图 6-43 所示。

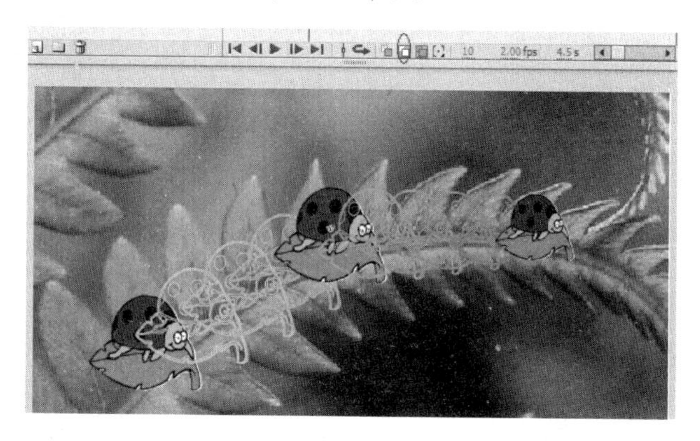

图 6-43　绘图纸外观轮廓

● 单击“编辑多个帧”按钮，编辑绘图纸外观标记之间的所有帧，如图 6-44 所示。

（4）更改绘画纸标记。

单击“修改绘图纸标记”按钮，在弹出的下拉列表中选择相应的 5 个选项，可改变绘图标记。

● 始终显示标记：不管绘图纸外观是否打开，都在时间轴标题中显示绘图外观标记。

● 锚定绘图纸：将绘图纸外观标记锁定在时间轴标题中的当前位置。一般情况下，绘图纸外观范围是和当前帧指针及绘画纸外观标记相关的。通过锚定绘图纸外观标记，可以防止它们随当前帧指针移动，如图 6-45 所示。

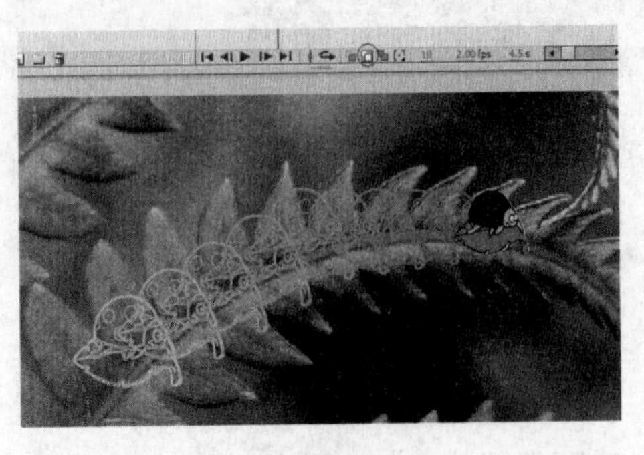

图 6-44 锚定标记

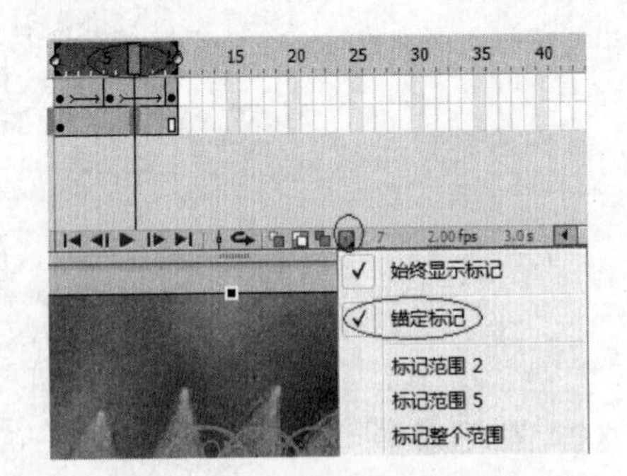

图 6-45 锚定绘图纸

- 标记范围 2：在当前帧的两边各显示 2 个帧，如图 6-46 所示。
- 标记范围 5：在当前帧的两边各显示 5 个帧，如图 6-47 所示。

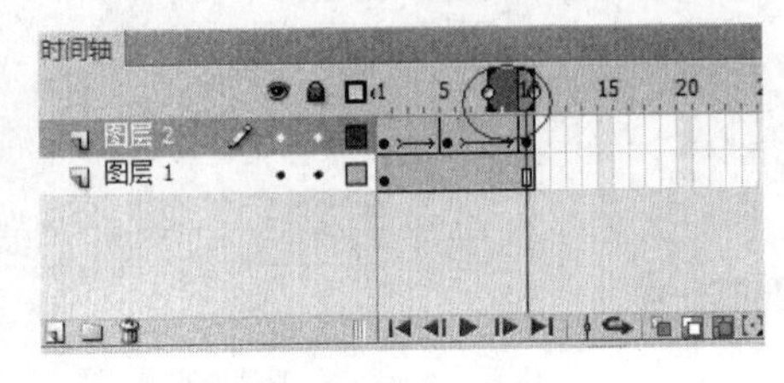

图 6-46 标记范围 2

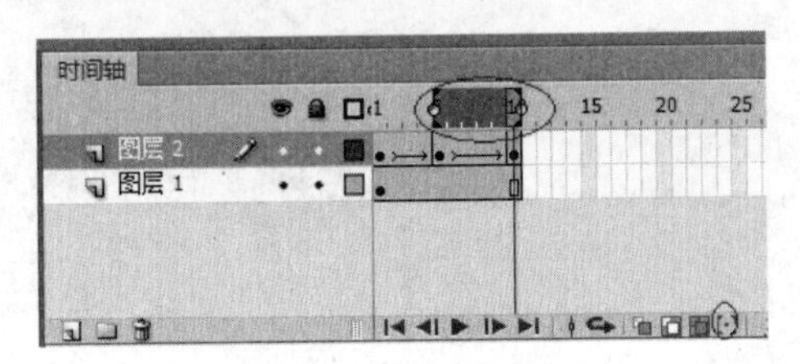

图 6-47 标记范围 5

- 标记整个范围：在当前帧的两边显示所有帧，如图 6-48 所示。

跟我学

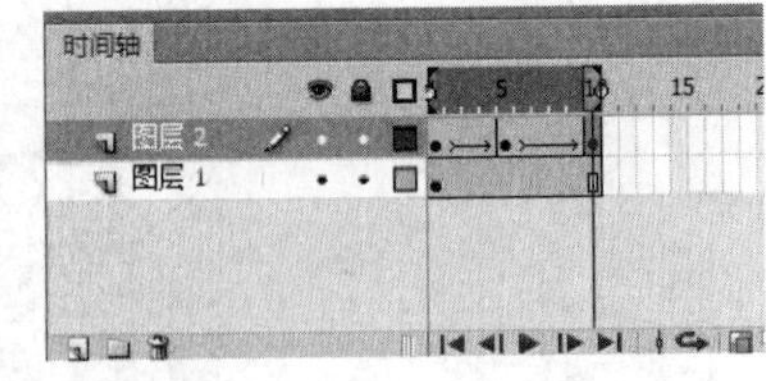

图 6-48 标记整个范围

操作步骤如下：

（1）新建文档，输入名称“奔马”，设置舞台大小为“500×500 像素”，颜色为“白色”。

（2）执行“文件”→“导入”→“导入到库”命令，将素材文件中的“奔马 1～7”序列图形素材选中，按【Shift】键将其都导入库中，如图 6-49 所示。

（3）在场景编辑区中的时间轴中，将图层改名为奔马，在时间轴第 6 帧处按【F5】键，然后在第 1 帧处按右键加入关键帧，导入“奔马 1”素材，从菜单栏中选择视图——标尺功能，拖出几条参考线，设定马的主体定位，如图 6-50 所示。

图 6-49 导入奔马素材

图 6-50 参考线

（4）如上方法，分别在第 2、3、4、5、6、7 帧处插入关键帧，导入“奔马 2～7”素材。如图 6-51 所示。

（5）如图 6-52 所示，按【Ctrl+Enter】组合键测试影片。

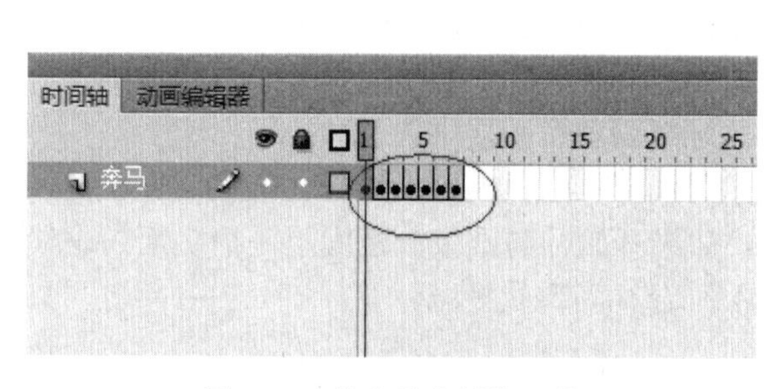

图 6-51　将奔马素材拖入帧

图 6-52　奔腾骏马动画效果

动手做——制作跳跃的兔子动画

运用上述方法与技巧，制作如图 6-53 所示的跳跃的兔子。

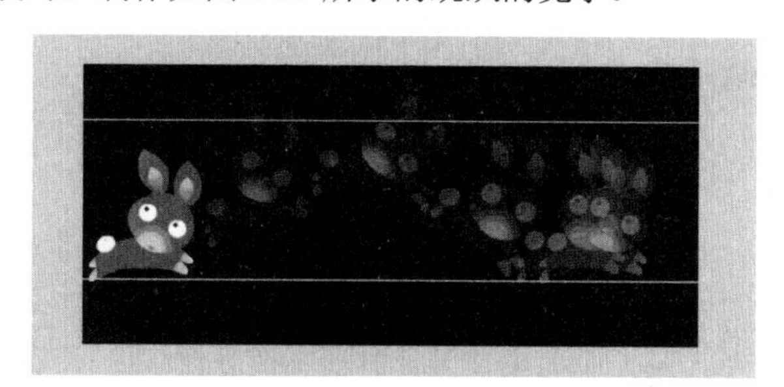

图 6-53　跳跃的兔子

任务单（十三）　魔力纸牌——补间形状

任务描述

运用形状补间动画制作魔力纸牌动画效果，如图 6-54 所示。

图 6-54　魔力纸牌效果

月光宝盒

6.2.1 制作补间形状的特点

（1）组成元素。

补间形状只能针对分离的矢量图形进行，若要使用实例、组或位图图像等，需先分离这些元素。若要对文本应用补间形状，需将文本分离两次，将文本转换为对象。若要在一个文档中快速准备用于补间形状的元素，则可将对象分散到各个图层中。

（2）在时间轴面板上的表现形式。创建补间形状后，两个关键帧之间的背景变为淡绿色，在起始帧和结束帧之间有一个长长的箭头。如果开始帧与结束帧之间不是箭头而是虚线，说明补间没有成功，原因可能是动画组成元素不符合补间形状规范。

6.2.2 形状补间动画制作方法

（1）创建新文档，将其命名为“奶牛变地球”补间动画。

（2）从素材库中，将“奶牛.jpg”“地球.jpg”导入库面板中，如图 6-55 所示。

（3）在时间轴中，在第 1 帧和第 30 帧处设置关键帧，如图 6-56 所示。在第 1 帧处插入“奶牛.jpg”图片。

图 6-55 导入素材

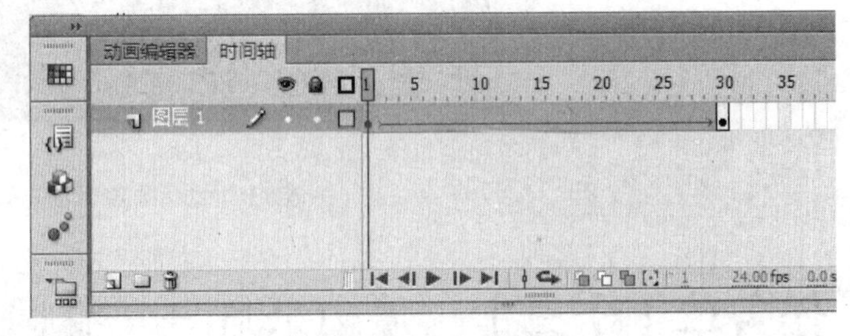

图 6-56 设置关键帧

（4）删除奶牛图案多余部分，如图 6-57 所示。

图 6-57 删除多余部分

（5）将“地球.jpg”图片导入舞台编辑区，按照“奶牛.jpg”图片操作方法将其改变为矢量图。

（6）单击鼠标右键，选择“创建补间形状”，如图 6-58 所示。

（7）按【Ctrl+Enter】组合键测试影片，如图 6-59 所示。

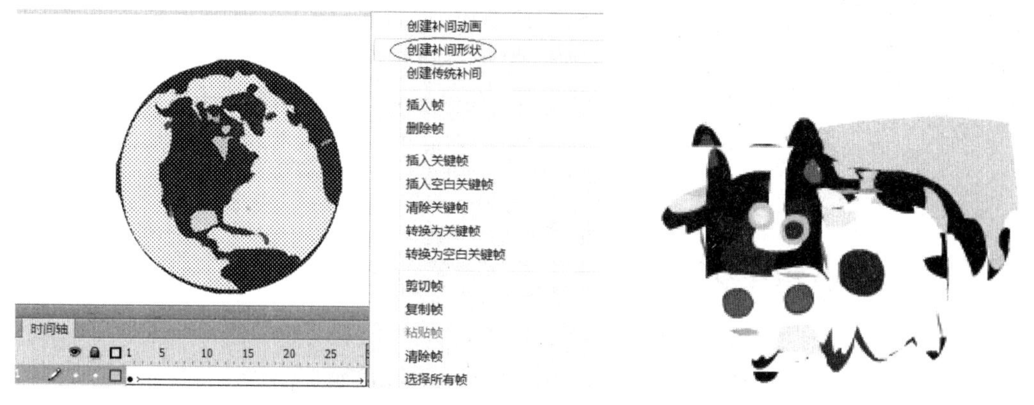

图 6-58　创建补间形状

图 6-59　测试影片

跟我学

具体操作步骤如下。

（1）新建文档，输入名称“魔力纸牌”，设置舞台大小为“500×300 像素”，颜色为“蓝色#0033cc”。如图 6-60 所示。

（2）执行“文件”→“导入”→“导入到库”命令，将素材文件中的“纸牌 1、2”导入库中，如图 6-61 所示。

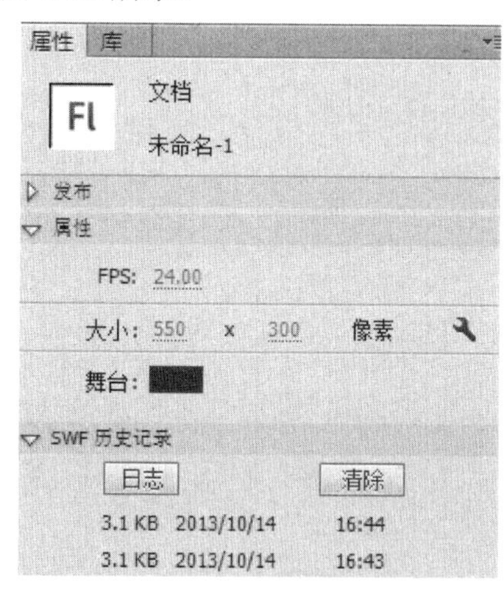

图 6-60　设置场景

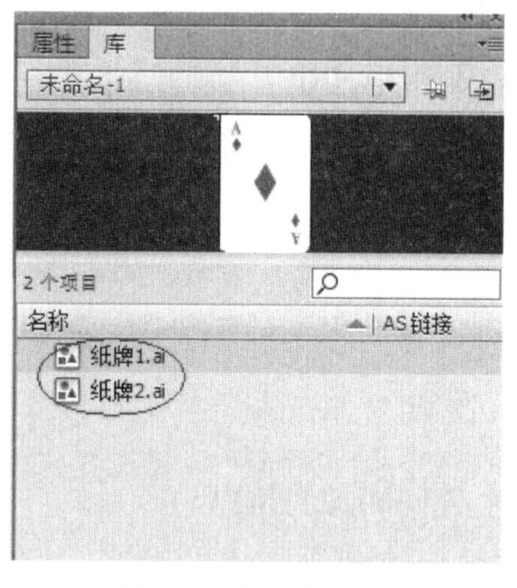

图 6-61　将素材导入库

（3）回到场景编辑区中，在时间轴面板中，在图层中第 30 帧按【F5】键，在第 1 帧中导入“纸牌 1”素材，在第 30 帧导入“纸牌 2”素材。并如图 6-62 所示调节其纸牌位置、大小。

（4）在第 1 帧处单击右键执行补间形状。在第 1 帧与第 30 帧之间出现一个实线箭头，如图 6-63 所示。

图 6-62　将素材拖入场景中

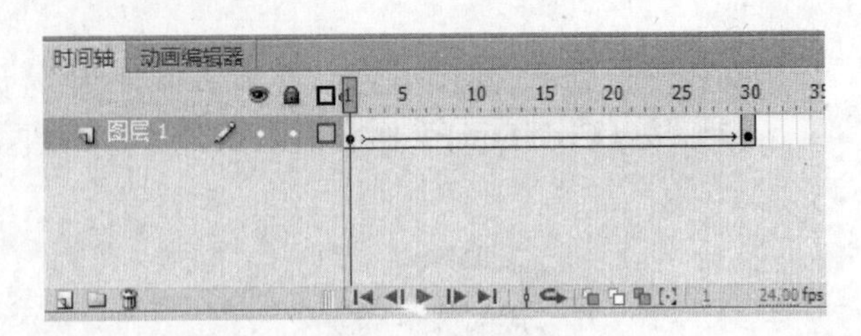

图 6-63　执行补间动画

（5）按【Ctrl+Enter】组合键测试影片。

动手做——制作滚动的石头

通过运用上述方法与技巧，如图 6-64 所示，制作滚动的石头。

图 6-64　滚动的石头

任务单（十四）　弹跳皮球——补间动画

任务描述

本任务是通过运用补间动画原理，制作一个上下跳动的篮球，如图 6-65 所示。

月光宝盒

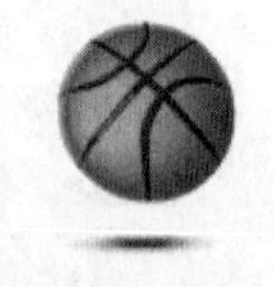

图 6-65　弹跳的篮球

6.3.1　补间动画的特点

补间动画是创建随时间移动或更改的动画的一种有效方法，运用它可以制作出各种各样的变形效果。在补间动画中，能最大程度地减小所生成的文件大小。在一个特定时间定义一个实例、组或文本块的位置、大小和旋转灯属性，然后在另一个特定时间更改这些属性。也可以沿着路径应用补间动画。

6.3.2　补间动画的制作

1．新建一个文档。

（2）单击“文件”→“导入”→“打开外部库”命令，弹出“作为库打开”对话框，在其中选择文件“动作补间动画序列素材”导入库中，如图 6-66 所示，制作一个动画元件。

（3）单击窗口库“打开”命令，打开“库”面板，如图 6-67 所示。

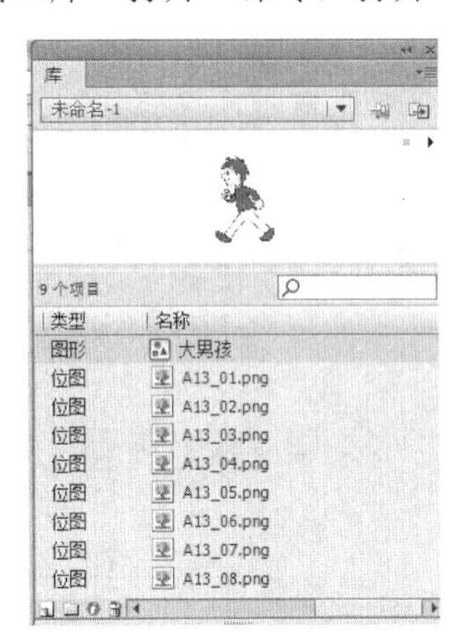

图 6-66　新建图形元件

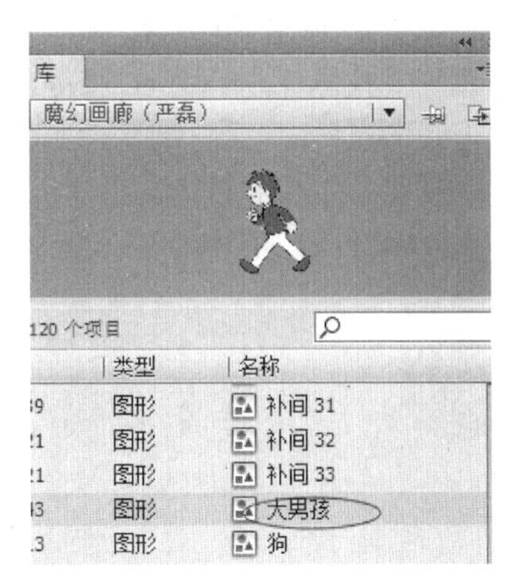

图 6-67　“大男孩”图形元件

（4）将库中的元件拖入舞台，并调整适当方向，移动位置。

（5）在时间轴中的图层 335 的第 440 帧，单击插入关键帧，如图 6-68 所示。

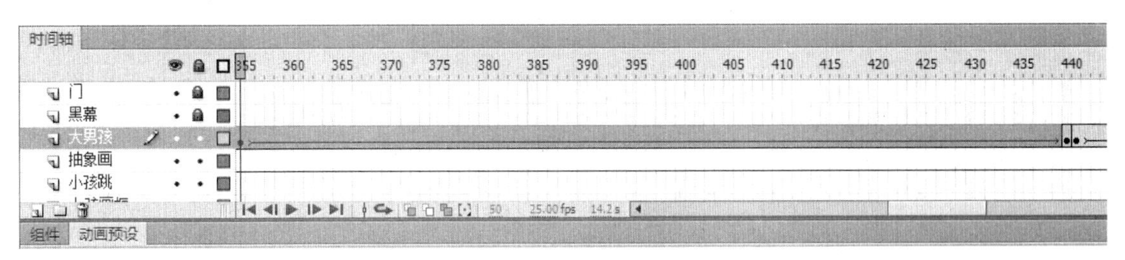

图 6-68　插入关键帧

（6）在时间轴选中任意帧上，单击右键，在第 1 帧至第 30 帧出现一条黑色箭头线，至此，补间动画完成，补间动画效果如图 6-69 所示。

图 6-69　补间动画效果

跟我学

操作步骤：

（1）新建文档，输入名称“弹跳皮球”，设置舞台尺寸为“550×400”像素，颜色为“白色”。

（2）执行“文件”→“导入”→“导入到库”命令，将素材“皮球”“球影”两个素材一起导入库中，如图 6-70 所示。

（3）执行“插入”→“新建元件”命令，新建图层 1 并命名为“影子”，新建图层 2 并命名为“皮球”。在图层“皮球”中，第 1 帧处从库中导入素材“皮球.ai”，在第 10、20、27 帧处插入关键帧，将“皮球.ai”素材拖至适当位置。并在各关键帧之间设置传统补间动画，如图 6-71 所示。

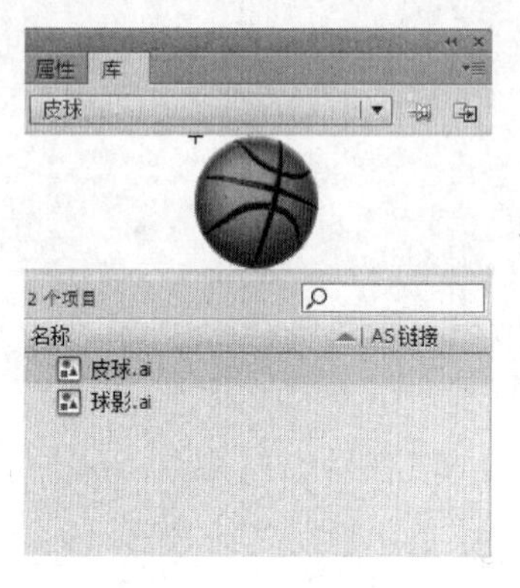

图 6-70　篮球素材

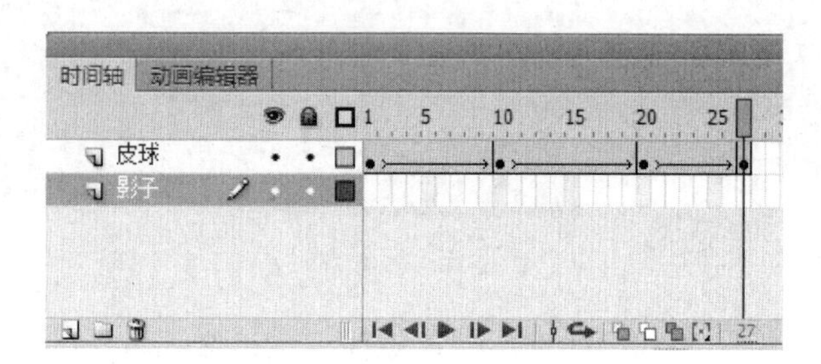

图 6-71　设置补间动画 1

（4）在时间轴中的影子图层中，在第 7 帧、第 10 帧处，插入关键帧并将“影子”素材导入，并调整大小位置，配合【Ctrl+B】组合键分离影子图形，在第 7 帧与第 10 帧之间制作形状补间动画，如图 6-72 所示。

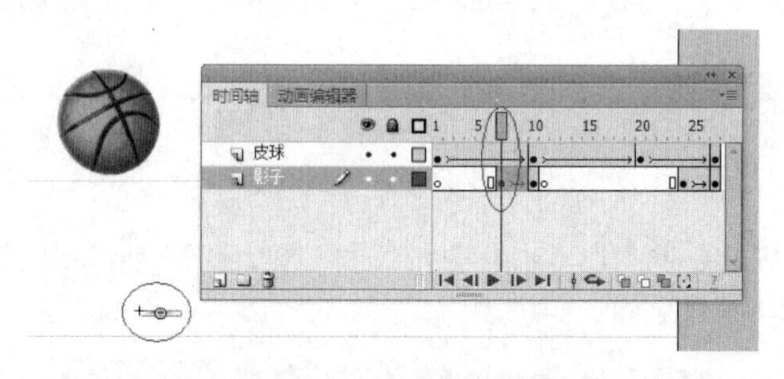

图 6-72　设置补间动画 2

（5）按照同样方法设置第 24～27 帧形状动画，如图 6-73 所示。

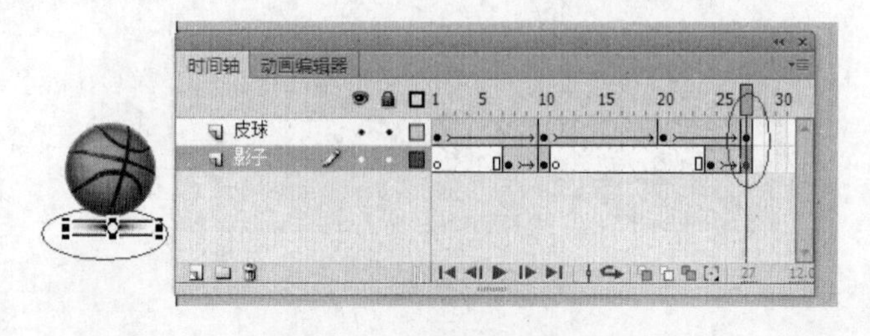

图 6-73　设置补间动画 3

（6）返回到场景编辑区域，将“皮球”元件拖至场景中，按【Ctrl+Enter】组合键测试影片，如图 6-74 所示。

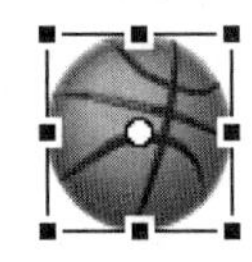

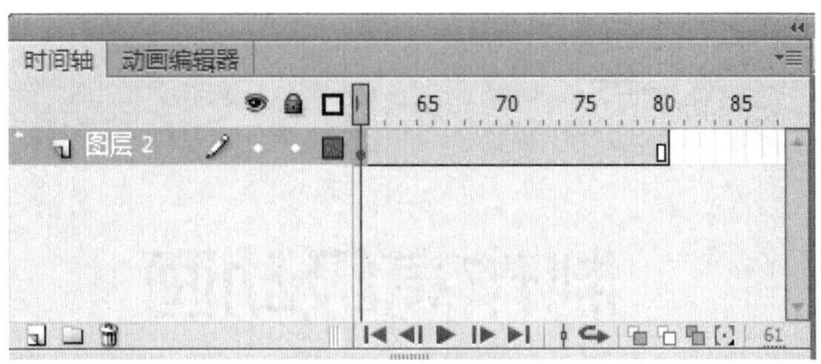

图 6-74　完成动画

动手做——跷跷板

运用上述方法与技巧，制作跷跷板动画效果，如图 6-75 所示。

图 6-75　跷跷板

制作高级动画

本章主要学习 Flash 中的遮罩图层、引导动画、ActionScript、视频、音频素材的添加等编辑制作。

本章知识要点

Flash 的图层关系
遮罩图层的运用
引导层动画
视音频素材的添加

本章知识难点

ActionScript 脚本语言入门

任务单（十五） 卷轴画动画——遮罩动画

任务描述

此次任务是绘制一幅传统中国画的荷花画幅，展开画卷动画效果如图 7-1 所示。

月光宝盒

7.1.1 应用滤镜特效

1. 投影效果

设置投影效果的具体操作如下：

（1）新建一个 Flash 空白文档，然后在文档中输入文本，如图 7-2 所示。

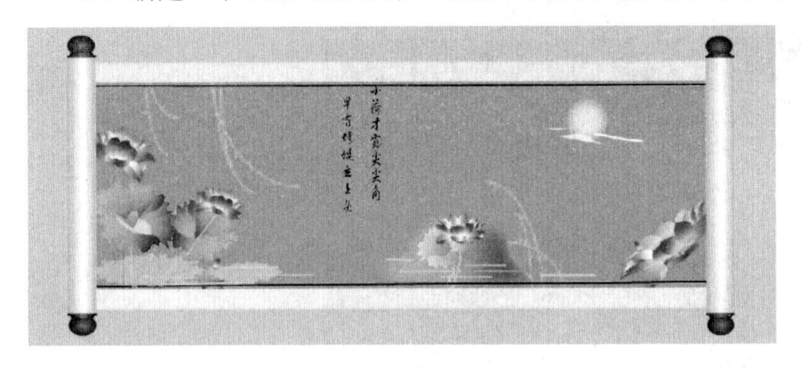

图 7-1　卷轴画

图 7-2　输入文本

（2）选择“属性”面板中的滤镜选项组，在打开的“滤镜”选项组中单击“添加滤镜”按钮，在弹出的快捷菜单中选择“投影”菜单命令，如图 7-3 所示。

（3）选择“投影”菜单命令后，在“滤镜”选项组中将显示设置投影的参数值。设置“模糊 X”为“10 像素”、“模糊 Y”为“10 像素”、“强度”为“120%”、“距离”为“9 像素”，并选中“挖空”复选框，如图 7-4 所示。

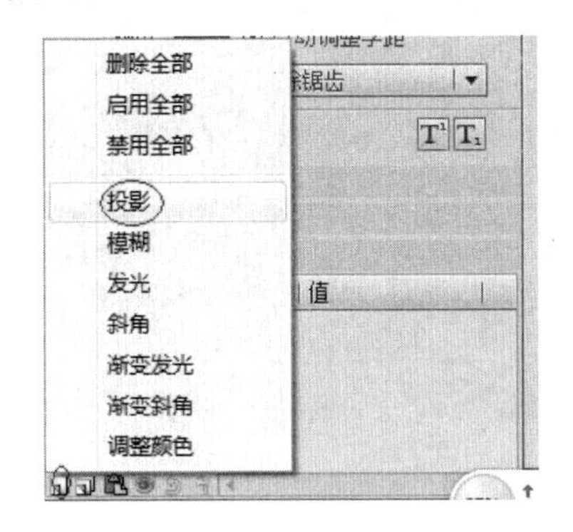

图 7-3　添加滤镜

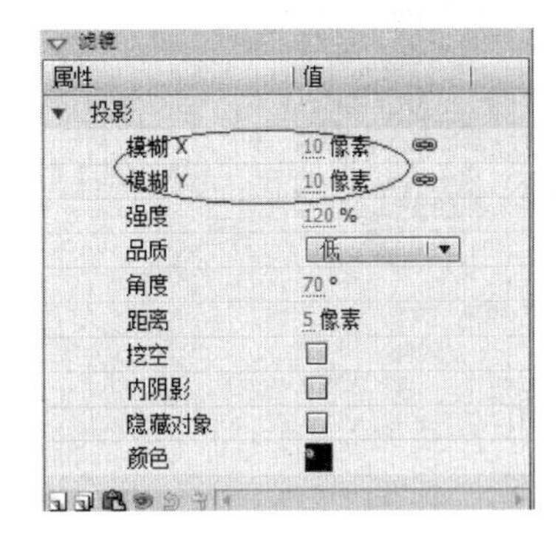

图 7-4　设置“投影”参数

（4）此时文本添加了投影的效果如图 7-5 所示。

图 7-5　投影效果

2．模糊效果

应用“模糊”滤镜。可以柔化对象的边缘和细节。将模糊应用于元件对象。

设置模糊效果的具体操作如下：

（1）新建一个空白文档，然后将“鸽子.jpg”素材导入场景中，可以看到图片被放置在场景上，如图 7-6 所示。

（2）在图像上右击，在弹出的快捷菜单中选择“转换为元件”菜单命令。将该图像转换为元件并命名为“元件”。同时在库面板中显示，如图 7-7 所示。

（3）将“元件 1”拖入场景，调整到适当位置，如图 7-8 所示。

图 7-6　将“鸽子.jpg”素材导入场景中

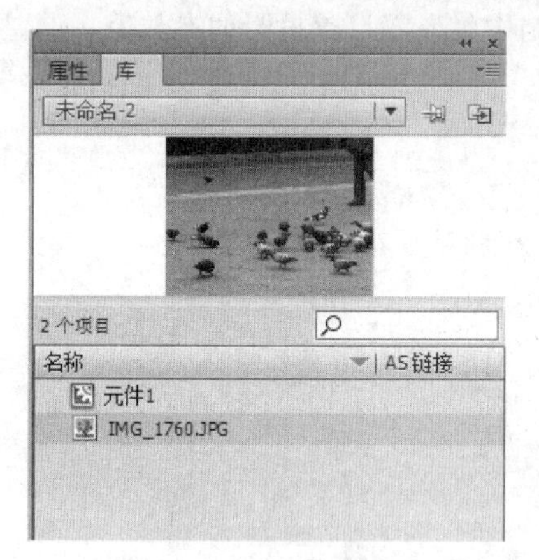

图 7-7　转换为元件

图 7-8　将“元件 1”拖入场景

（4）选中元件 1、在其属性面板中选择“滤镜”选项，在打开的“滤镜”选项组中单击“添加滤镜”按钮，在弹出的快捷菜单中选择“模糊”命令，如图 7-9 所示。

（5）然后在“模糊”属性面板中，设置“模糊 x”为“4 像素”，“模糊 y”为“4 像素”，具体参数设置如图 7-10 所示。

图 7-9　选择“模糊”命令

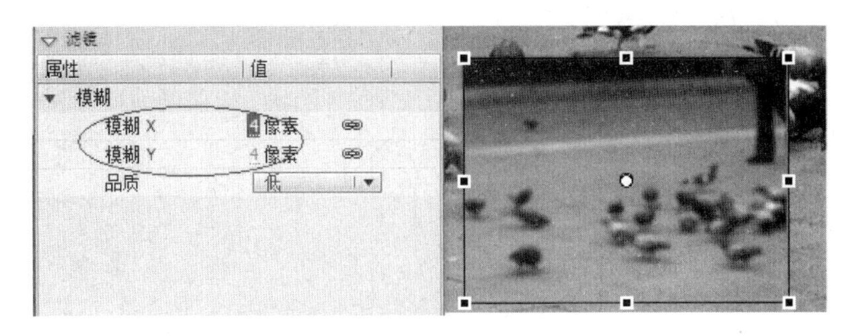

图 7-10　“模糊”效果参数设置

（6）最后的模糊效果如图 7-11 所示。

图 7-11　“模糊”效果

3. 发光效果

（1）无发光效果如图 7-12 所示。

图 7-12　无发光效果

（2）主要操作分析。

① 发光效果制作方法与模糊效果方法基本相似，不同点是在添加滤镜中，发光效果使用的是“发光”命令。

② 选择“发光”命令，并在滤镜面板中设置参数，如图 7-13 所示。

图 7-13 “发光”效果参数设置

③如图 7-14 所示为最后发光效果。

图 7-14 发光效果

7.1.2 图层与图层文件夹

1. 图层概念

一个图层，就像一张透明的纸，在上面可以绘制任何图形，可以把多个图层叠放在一起，共同组成一幅画面。图层上有图形或文字的区域，会遮住下面图层的相应区域；没有图形或文字的区域是透明的。

图层是相互独立的，如果在一个图层上绘制和编辑对象，不会影响到其他图层上的对象，不同图层上的对象也不会相互擦除、连接或分割。若要同时补间多个组或元件，每个组或元件也必须放在单独的图层上。

2. 图层类型

Flash 中的图层分为一般层、引导层、被引导层、遮罩层、被遮罩层 5 种类型，它们的特点、功能和在时间轴上的形状各不相同。

图层上各图标的含义如下：

- 图层文件夹：用来组织图层。
- 一般图层：具有图层的一般属性，是使用最多的图层类型。
- 普通引导层：具有图层的一般属性，是使用最多的图层类型。
- 遮罩层：和“被遮罩层”共同创建遮罩效果。
- 被遮罩层：和“遮罩层”共同创建遮罩效果。
- 活动图层：表明该图层处于隐藏状态，可以对该层进行各种操作。
- 隐藏的图层：表明该图层处于隐藏状态，图层上的对象不可见。
- 锁定的图层：该图层的对象只显示轮廓。
- 运动引导层：可以为补间动画提供运动路径，其内容播放时不显示。
- 被引导层：链接在“运动引导层”之下，图标右缩进显示，图层中的对象可沿着运动引导层中的路径运动。

3. 图层的基本操作方法

新建 Flash 影片后，系统会自动地生成一个图层，并将其命名为“图层 1”。当“时间轴”中有多个图层时，若要激活某个图层，应在“时间轴”中选中该图层，或者选中该图层场景中的对象，这时该图层的右侧出现铅笔图标，表示可以对进行编辑，如图 7-15 所示。

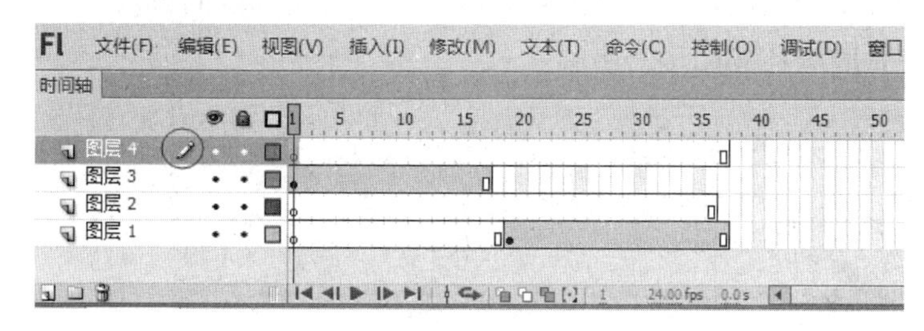

图 7-15　激活图层

1）添加图层

新创建的影片中只有一个图层，根据需要可以增加多个图层。进行以下的操作可以添加图层。

方法一：单击“时间轴”左下方的“新建图层”按钮，如图 7-16 所示。

方法二：选择“插入”→“时间轴”→“图层”命令，如图 7-17 所示。

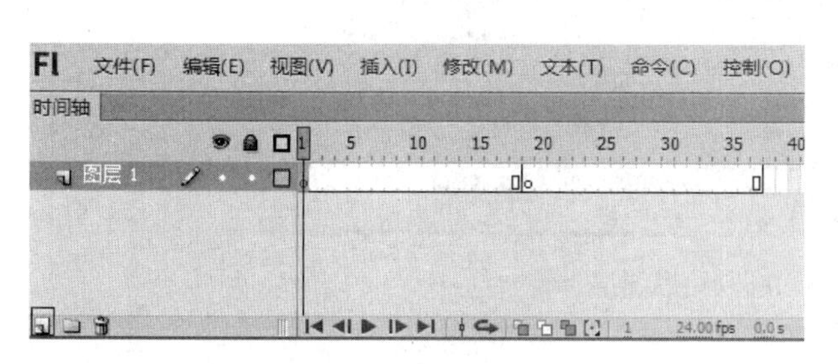

图 7-16　新建图层方法 1

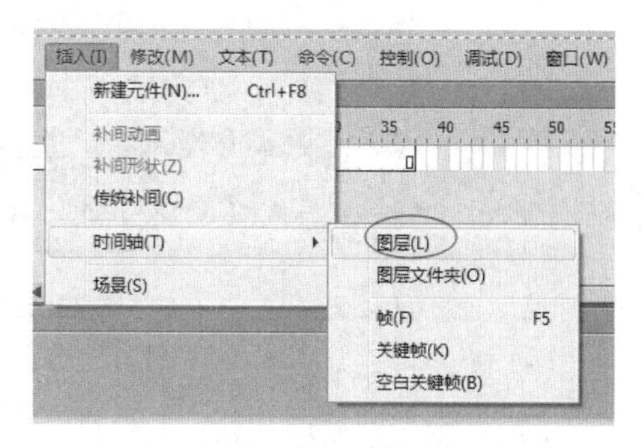

图 7-17　新建图层方法 2

方法 3：右击“时间轴”的图层编辑区，然后在弹出的快捷菜单中选择“插入图层”菜单命令，如图 7-18 所示。

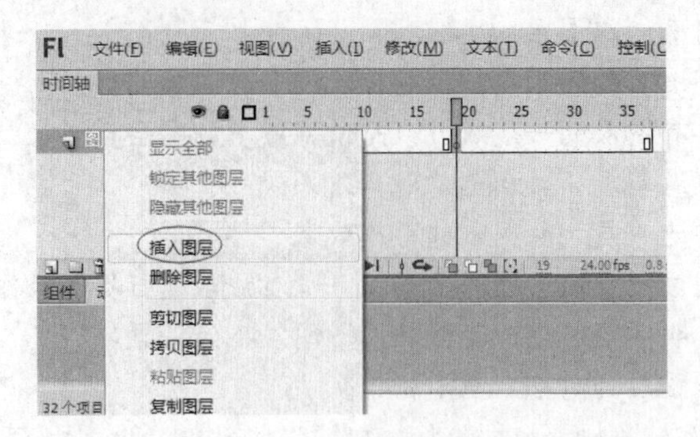

图 7-18　插入图层

高手提示

系统默认的插入图层的名称是“图层 1”“图层 2”“图层 3”等。要重新命名图层，只要双击重新命名图层的名称，然后在被选中的图层的名称字段中输入新的名称即可。

2）选取多个图层

单击要选取的第 1 个图层，按【Shift】键，然后单击要选取的最后一个图层，即可选取这两个图层之间的所有图层，如图 7-19 所示。

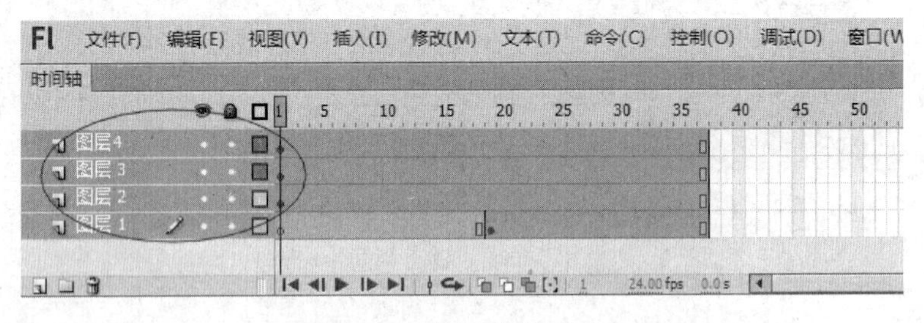

图 7-19　选取全部图层

3）选择相隔图层

单击要选取的第 1 个图层，按【Ctrl】键，然后单击需要选取的其他图层，即可选取不相邻图层，如图 7-20 所示。

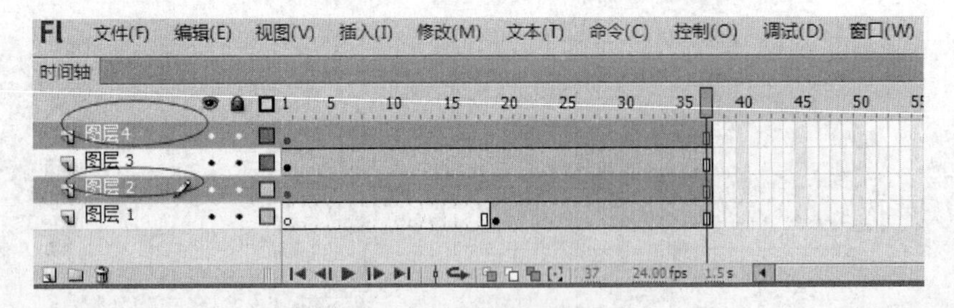

图 7-20　选取相隔图层

4）移动图层

在图层编辑区中将指针移到图层名上，然后按住鼠标左键拖曳图层，这时会产生一条虚线，当虚线到达预定位置后放开鼠标，即可移动图层，如图 7-21 所示。

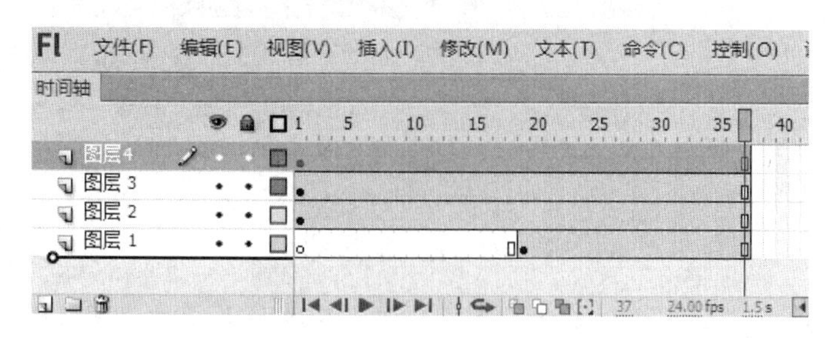

图 7-21　移动图层

5）复制图层

用户可以将图层中的所有对象或部分帧复制下来，然后粘贴到场景或图层中。单击时间轴左下方的“新建图层”按钮，插入图层。选中新图层，然后选择“复制图层”命令，如图 7-22 所示。

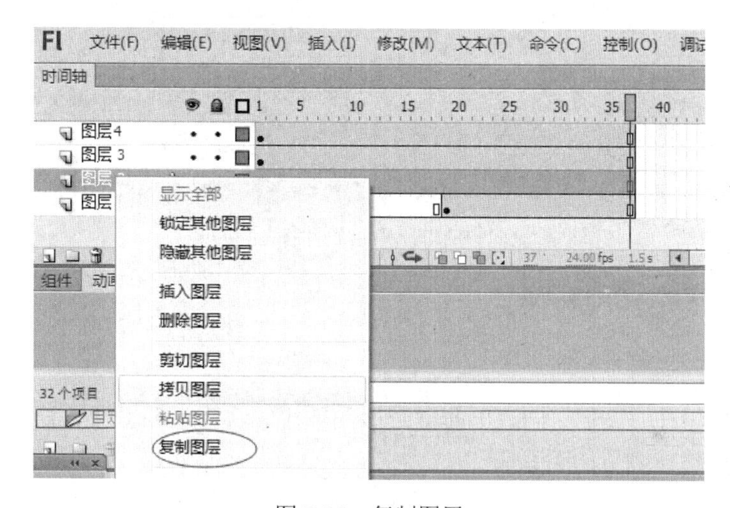

图 7-22　复制图层

6）删除图层

选择要删除的图层，进行下列任何一项操作：

● 单击时间轴上的“删除”按钮，如图 7-23 所示。

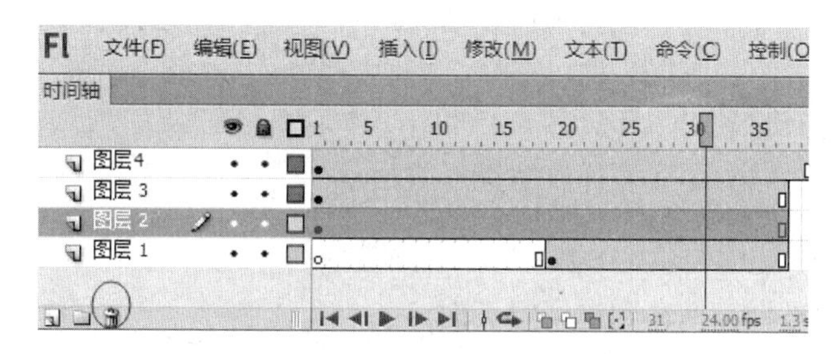

图 7-23　单击“删除”按钮删除图层

● 将要删除的图层拖曳到“删除”按钮的位置，如图 7-24 所示。

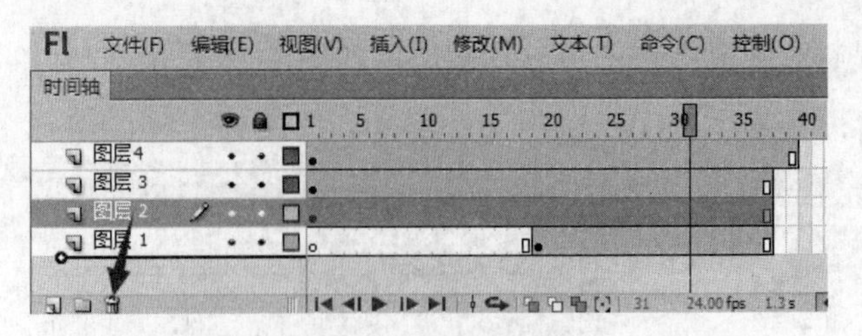

图 7-24　拖曳删除图层

● 右键单击时间轴上的图层编辑区，然后从弹出的快捷菜单中选择“删除图层”菜单命令，如图 7-25 所示。

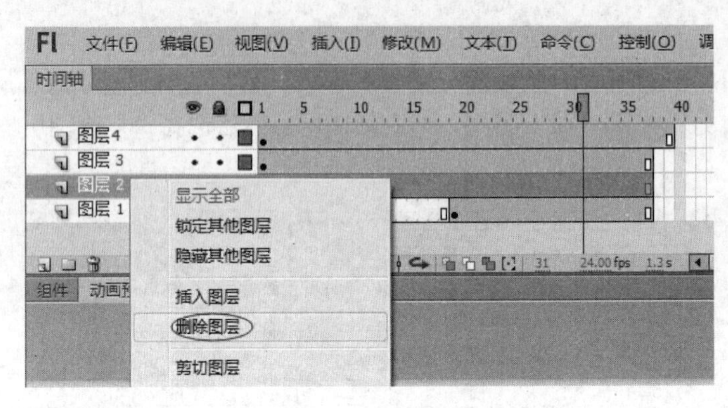

图 7-25　右键删除图层

7.1.3　创建图层遮罩动画

1．遮罩层概述

应用遮罩，可以在 Flash 中创造出非常奇妙的效果。实现遮罩效果需要两个以上的图层，并为它们建立遮罩与被遮罩的关系。

遮罩层的功能是隐藏下面的图层，并只让其中的部分内容显示出来。当遮罩层上没有任何内容时，下面的图层会全部被隐藏；当遮罩层上有内容，下面图层上的图像透过该内容时，下面的图层会全部被隐藏。在发布的影片中，遮罩层上的任何内容都不会显示。

2．创建遮罩层

（1）选择或创建一个图层，在其中放置填充形状、文字或元件的实例。

（2）右击时间轴中的遮罩层名称，在弹出的快捷菜单中选择“遮罩”命令。将出现一个遮罩层图标，表示该层为遮罩层。紧贴它下面的图层将被链接到遮罩层，其内容透过遮罩上的填充区域显示出来，被遮罩的图层名称以缩进形式显示。

3．创建被遮罩层

（1）将现有的图层直接拖动到遮罩层下面。

（2）在遮罩层下面创建一个新图层。

（3）执行“修改→时间轴→图层属性”菜单命令，在弹出的“图层属性”对话中，设置“类型”为“被遮罩”。

跟我学

制作“卷轴画”的具体操作步骤：

（1）新建文档，输入名称“卷轴画”，选择“插入”→“新建元件”命令或按组合键【Ctrl+8】，弹出“创建新元件”对话框，输入名称为“轴”，元件类型选择影片元件。在库中，双击“轴”元件，回到当前“轴”元件编辑区中，使用矩形、椭圆形工具绘制轴的图形，如图 7-26 所示。

（2）打开素材文档，将素材“荷花”导入库中，如图 7-27 所示。

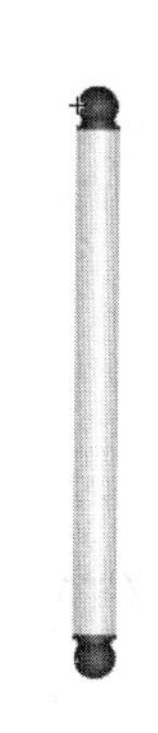

图 7-26　轴元件

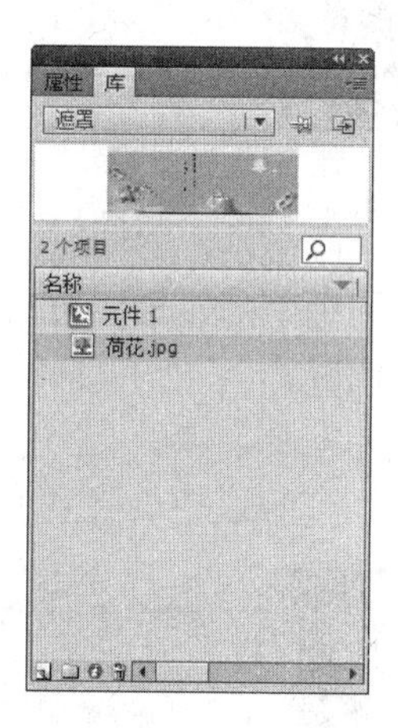

图 7-27　导入素材

（3）返回到场景编辑区，设置场景尺寸为“650×250”像素，颜色为“白色”。

（4）在时间轴中，新添加图层 2、图层 3、图层 4，分别将四个图层依次命名为“底图”“遮罩”“左轴”“右轴”。在时间轴中第 50 帧处，按【F5】键。将库中底图荷花导入时间轴中的底图层中，同时选取图层第 50 帧处，按【F5】键，如图 7-28 所示。

（5）单击时间轴中的遮罩图层，在第一帧处，使用矩形工具绘制一个与画面相同尺寸的图形，设置为“#000099”蓝色。在第 50 帧处，单击鼠标右键，选择“插入关键帧”。鼠标指针移至第一帧处，将蓝色图形缩小，如图 7-29 所示。

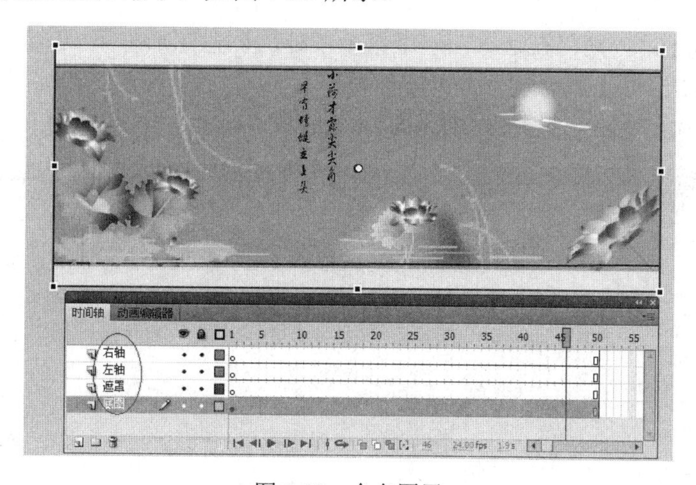

图 7-28　命名图层

图 7-29　遮罩图层

（6）在时间轴中的左轴图层与右轴图层中，分别从库中导入画轴素材，如图 7-30 所示，调整其大小、位置。

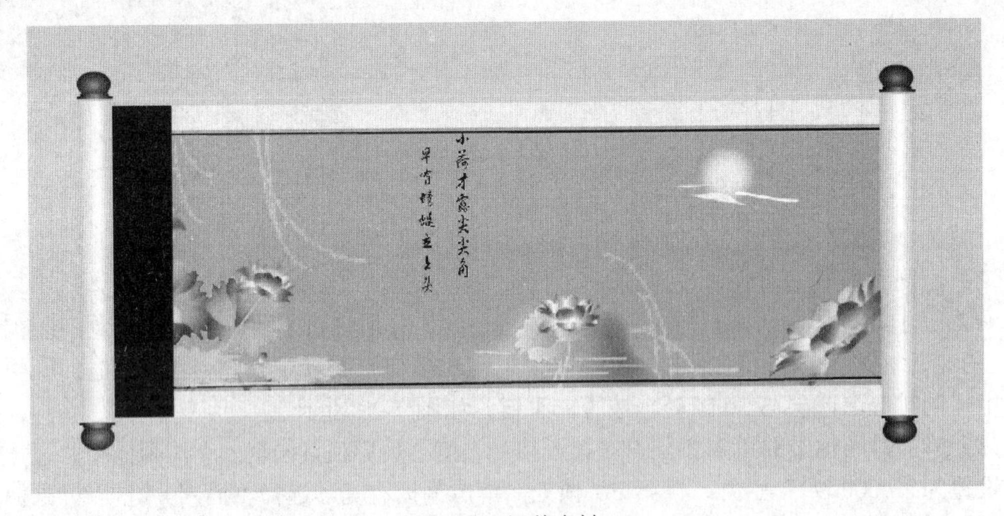

图 7-30　调整素材

（7）在时间轴中，分别将在遮罩图层中第 1 帧处的蓝色图形与第 50 帧处的蓝色图形选中，并执行分离，按【Ctrl+B】组合键。并在第 1 帧到第 50 帧之间设置形状补间动画。在遮罩图层右击，执行“遮罩层”命令，如图 7-31 所示。

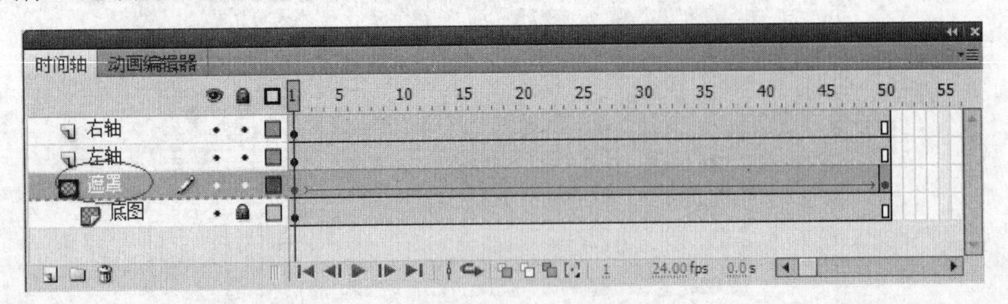

图 7-31　设置遮罩层

（8）在时间轴中，选择轴，在第 50 帧处插入关键帧，在其第 1 帧处画轴，并调整其位置。

并在第 1 帧与第 50 帧之间，设置传统补间动画，如图 7-32 所示。

（9）按【Enter+Ctrl】组合键测试影片，如图 7-33 所示。

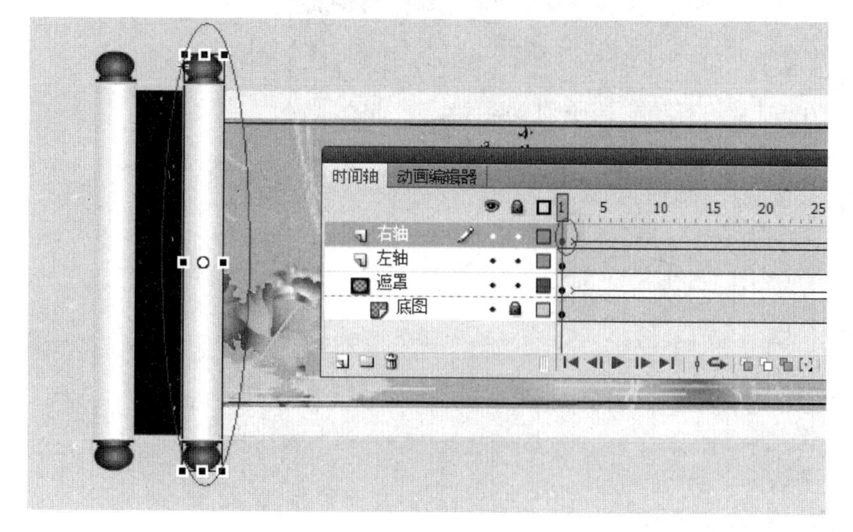

图 7-32　传统动画

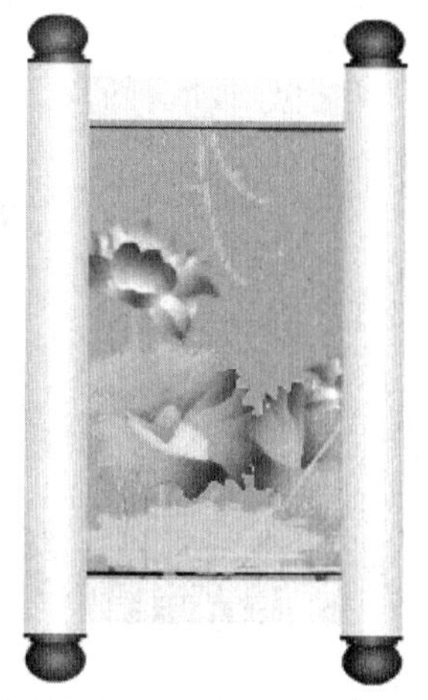

图 7-33　测试影片

动手做——百叶窗遮罩动画效果

通过运用上述方法与技巧，制作如图 7-34 所示的百叶窗动画效果。

图 7-34　百叶窗动画效果

任务单（十六）　制作飘落的树叶——引导路径动画

任务描述

制作模拟秋天秋风扫落叶的自然现象：树上的每个树叶按照一定的顺序，自然地落在地面的动画效果。“枫叶飘落”效果如图 7-35 所示。

图 7-35 “枫叶飘落”效果

月光宝盒

7.2.1 创建引导路径动画的方法

补间动画只能实现对象的直线运动，而引导动画可以实现复杂的曲线运动。引导动画至少需要两个层，一个层用来放置引导路径（引导路径播放时是不显示的），另一个层用来创建补间动画的层，称为“引导层”；引导层的内容可以是使用“钢笔”“铅笔”“直线”“椭圆”“矩形”“刷子”工具绘制的连续线段。

7.2.2 创建路径引导动画

具体操作如下：

（1）建立一个文档、名称为“引导层动画”。

（2）在时间轴面板中，第一层第 1 帧处，使用“椭圆形”工具并按【Shift】键绘制一个正圆形，添加径向渐变，如图 7-36 所示。

（3）在时间轴，选择图层 1 并右击，选择“添加传统运动引导层”命令，如图 7-37 所示。

图 7-36 绿色小球

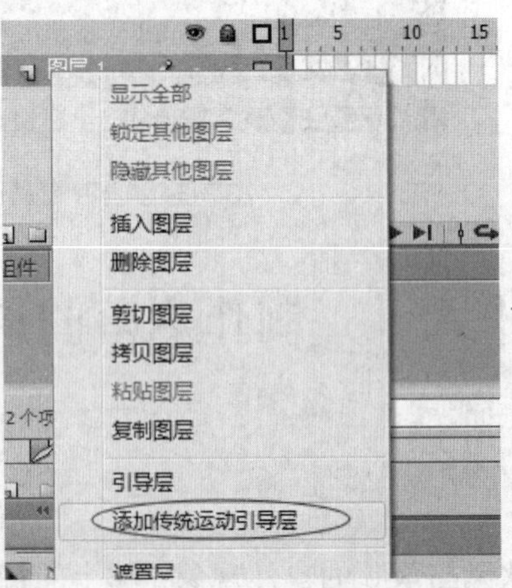

图 7-37 添加引导层

（4）在第 1 层最后 1 帧处单击插入关键帧。按照指定路径将圆球图形从路径起点，拖向路径末端，如图 7-38 所示。

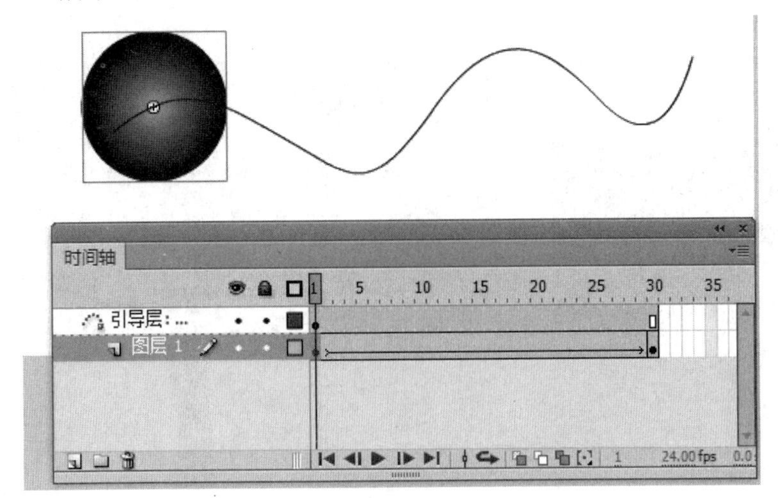

图 7-38　设置圆球图形运动路径

7.2.3　应用引导路径动画的技巧

1．调整到路径

创建补间动画时，如果选择了补间属性面板上的“调整到路径”选项，补间元素基本就会调整到运动路径，运动对象会保持固定的角度，使效果更真实。

2．对齐元件到路径的技巧

选择补间属性面板上的“贴紧”选项，补间元素的注册点主动吸附到路径。如果元件为不规则的形状，可以使用“任意变形工具”来调整注册点，通过调整元件的注册点能获得最好的对齐效果。

如果对齐时没有吸附感，可以激活工具栏中的“贴紧至对象”按钮。当元件对齐到路径上时，注册点处的圆圈会变大，拖动元件会有一些吸附的感觉。单击工具栏里面的“缩放工具”来放大场景，可以更清楚地看元件中的小圆圈，方便实现对齐。

跟我学

具体操作步骤如下：

（1）新建文档，输入名称“飘落的树叶”，设置场景大小为“550*400 像素”，颜色为“白色”。

（2）选择“文件”→“导入”→“导入到库”命令，将背景、树叶、树导入库中，如图 7-39 所示。

（3）在场景编辑中，在时间轴中的图层 1 中，第 25 帧处按【F5】键，将“背景”素材、“树”素材分别导入场景中，如图 7-40 所示。

（4）在时间轴面板中，增加新层并改名为“树叶 1”，单击右键，选择“引导层”，在“树叶 1”图层上面增加一个引导层，然后在第一帧处导入“单叶”素材，使用“任意变形工具”调整大小，在时间轴面板中增加树叶 2、树叶 3 图层，调整位置及大小并设置旋转角度，如图 7-41 所示。

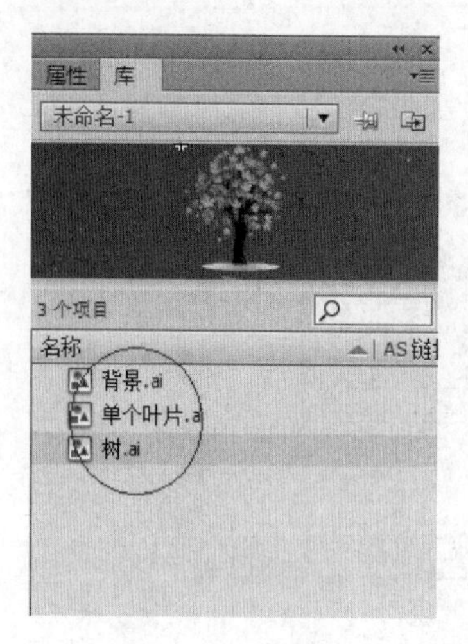

图 7-39　导入素材

图 7-40　将素材分别拖入场景

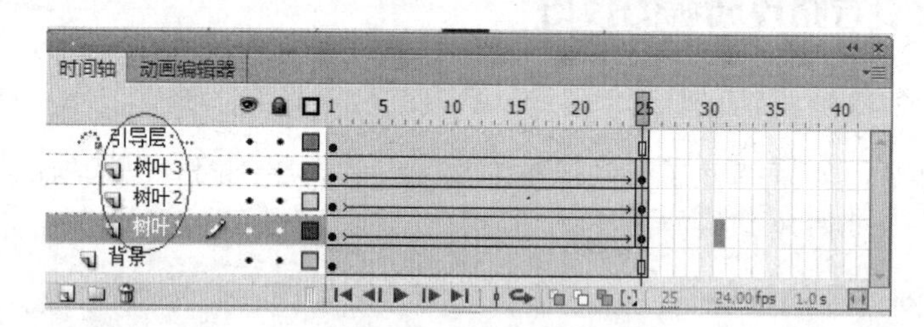

图 7-41　设置引导层

（5）在场景中使用“钢笔工具”绘制曲线引导路径，在“树叶 1”图层中第 1 帧处，将“树叶”放置在引导路径开始端，在第 25 帧处，将“树叶”放置在引导路径结束端。在第 1 帧与第 25 帧之间创建传统补间动画。按照同样方法为树叶 2、树叶 3 设置引导路径及动画。引导路径如图 7-42 所示。

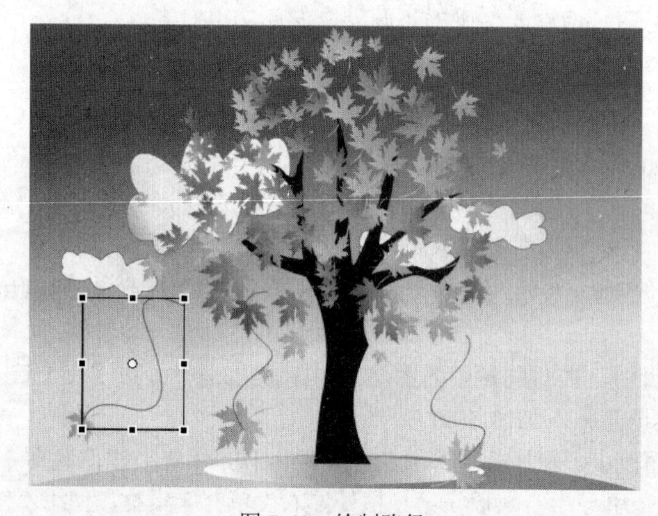

图 7-42　绘制路径

（6）按【Enter+Ctrl】组合键测试影片。

动手做——飞落的纸飞机效果

通过运用上述方法与技巧，制作如图 7-43 所示纸飞机的动画效果。

图 7-43　纸飞机的动画效果

任务单（十七）　《老北京胡同》电子相册——音频、视频的交互控制

任务描述

本任务是制作一个关于老北京胡同的电子相册，如图 7-44 所示。

图 7-44　《老北京胡同》电子相册

通过背景音乐、视频、图片等素材的编辑，制作《老北京胡同》电子相册。并用交互脚本控制按钮控制节目的播放与停止。

月光宝盒

7.3.1 声音的编辑

1. 导入声音

在 Flash 中没有提供录音功能，要想使用声音素材，只能从外部导入。

（1）选择“文件”→“导入”→“导入到库”命令，弹出“导入到库”对话框。在（文件类型）下拉列表中选择 WAV、MP3 或 ASF 格式的声音导入到影片中，然后选择素材中的“音效素材/button.wav”，单击“打开”按钮，如图 7-45 所示。

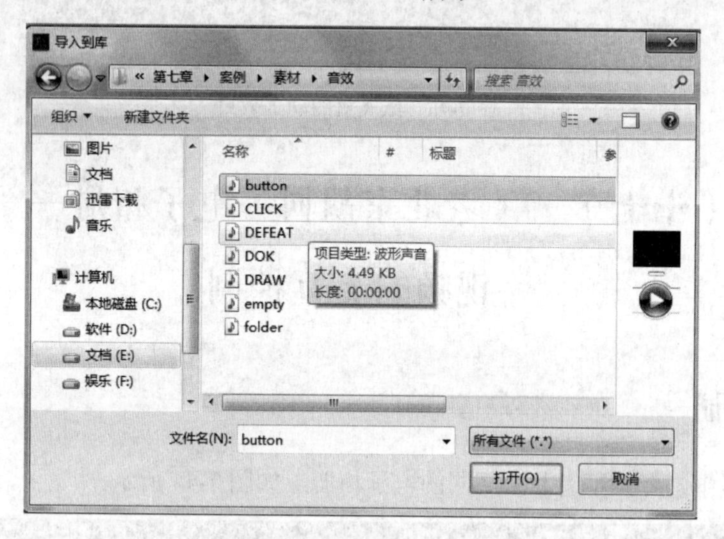

图 7-45　导入声音文件“button”

（2）在库中可以找到已经导入的声音文件，然后选择一个图层，将声音文件从“库”面板中拖拉到场景上即可，如图 7-46 所示。

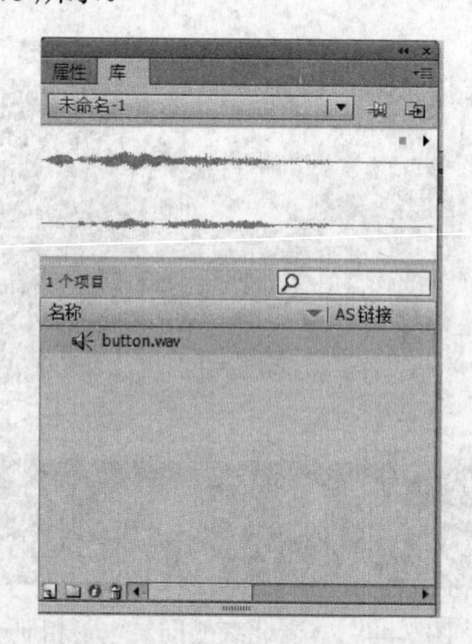

图 7-46　将声音文件“button.wav”拖入场景

高手提示

导入的声音最初并不会出现在时间轴上。当声音图层的后面插入帧时，声音的波形就会出现。

2. 给按钮添加音效

可以把声音和按钮的不同状态结合起来，以使按钮的各种动作产生不同的音效。

具体操作如下所示：

（1）新建一个空白文档。

（2）选择“窗口”→“公用库”→“按钮”命令，打开“Button.fla 文件”，如图 7-47 所示。

（3）从库面板中拖曳“blue”按钮到场景中，双击场景中编辑的按钮元件，进入按钮编辑环境，并保存按钮元件，如图 7-48 所示。

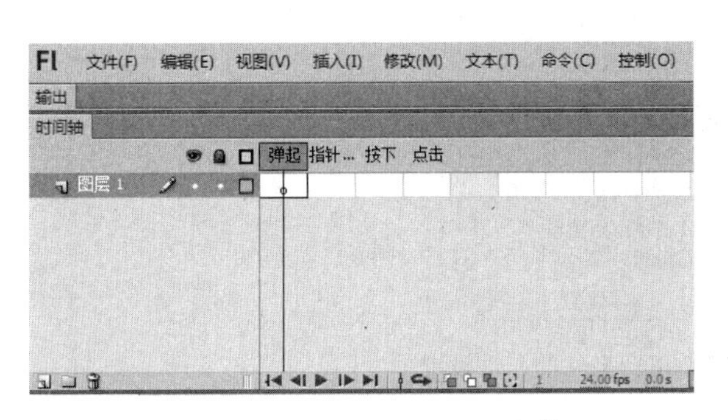

图 7-47 打开“Button.fla”文件

图 7-48 “blue”按钮

（4）在时间轴上新建一个图层，作为按钮的声音图层，并命名为“sound”，如图 7-49 所示。

（5）在“sound”图层中选中“指针经过”帧，然后按【F7】键插入空白关键帧，如图 7-50 所示。

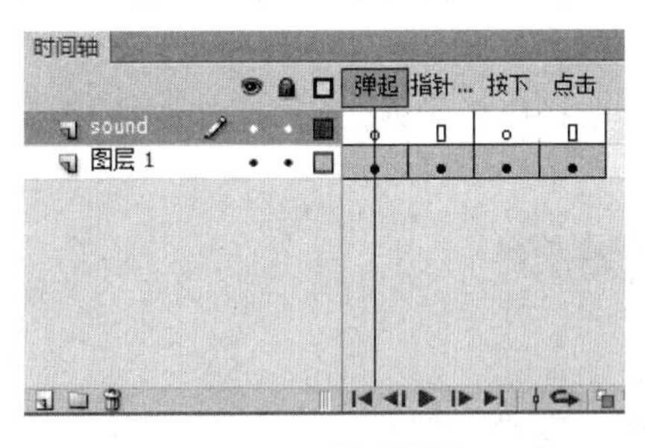

图 7-49 新建图层

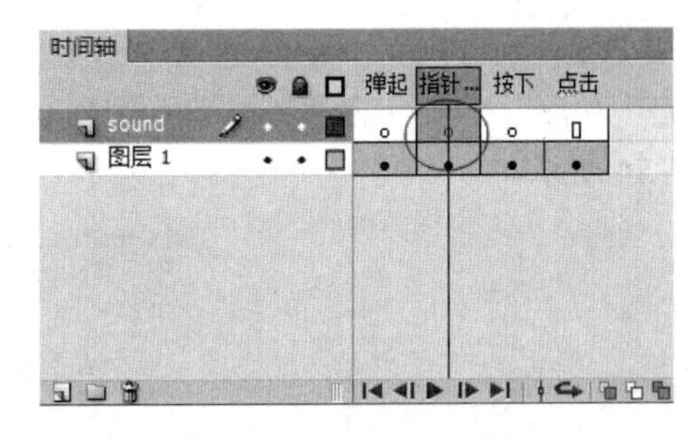

图 7-50 “sound”图层

（6）将素材中的“DOK.wav”导入到“库”面板中，然后拖曳到场景上，这样鼠标经过按钮时，就会产生相应的音响效果，如图 7-51 所示。

（7）选中“按下”帧，按【F7】键插入空白关键帧，然后从“库”面板中将“button.wav”拖曳到场景中，这样当鼠标按下时，就会产生相应的音响效果，如图 7-52 所示。

（8）打开“属性”面板，在“声音”选项组中分别将声音“Button45.wav 和 Button30.wav”

的“同步”设为“事件”，“声音循环”设为“重复”，重复次数为“1”，如图 7-53 所示。

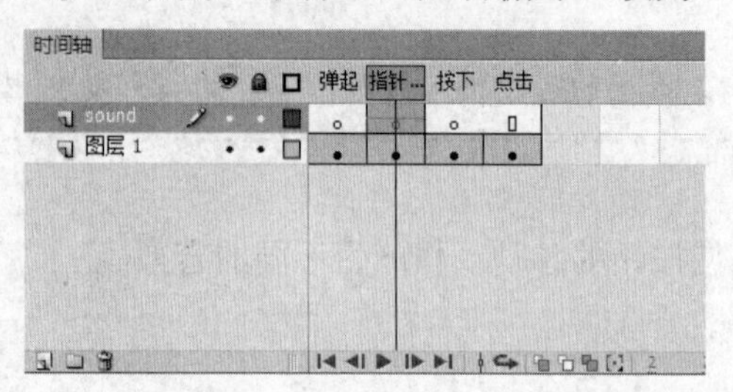

图 7-51　给声音素材“DOK.wav”设置鼠标经过效果

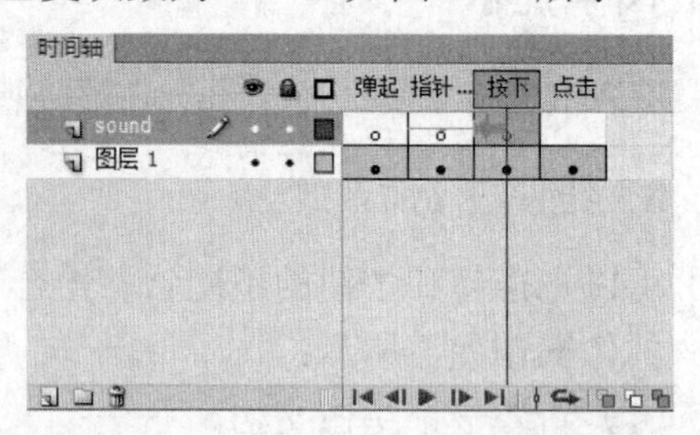

图 7-52　给声音文件“Button.wav”设置按下按钮产生音效的效果

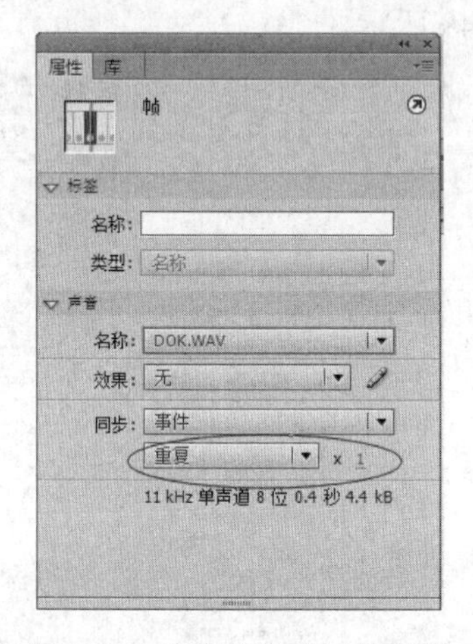

图 7-53　声音文件的属性设置

（9）按【Ctrl+Enter】组合键测试影片。

3. 使用“属性”面板设置播放效果和播放类型

当把声音的一个实例放到时间轴上时，可以选择它的播放效果及声音类型，并能对它进行编辑，以产生更多的变化。这些操作都可以在“属性”面板及声音编辑器中完成。

1）声音

在“声音”选项组的“名称”下拉列表中，可以选择已经导入“库”面板中的声音文件，如图 7-54 所示。

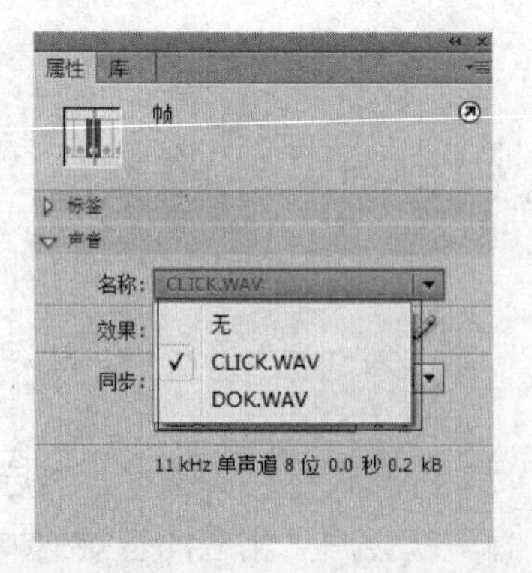

图 7-54　选择已导入“库”面板的声音文件

2）效果

从“效果”下拉列表中选择一种播放效果，或单击右侧的“编辑声音封套”按钮，打开“编辑封套”对话框，从中选择播放的效果，如图 7-55 所示。

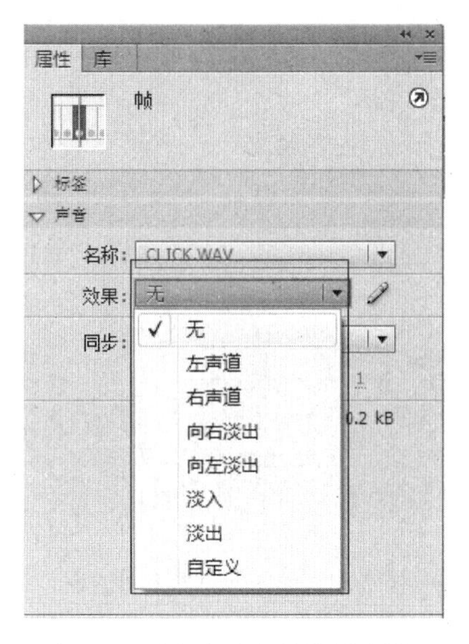

图 7-55　选择声音文件的播放效果

3）同步

可以从“同步”下拉列表中选择一个同步声音，如图 7-56 所示。

4）重复

该选项可设置声音实例从开始到结束的播放遍数，通常用来创建背景音乐的循环声音，如图 7-57 所示。

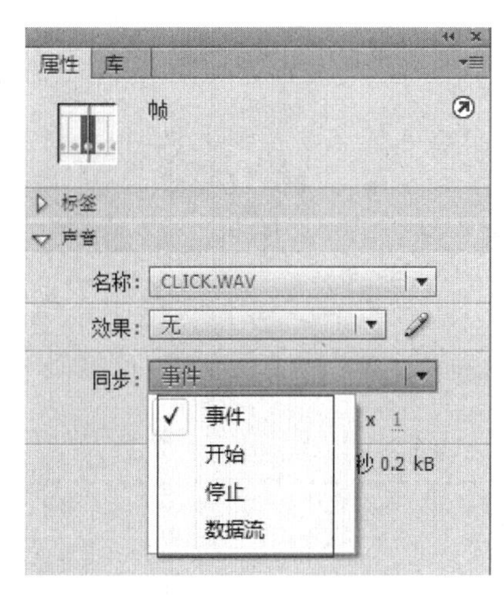

图 7-56　选择同步声音

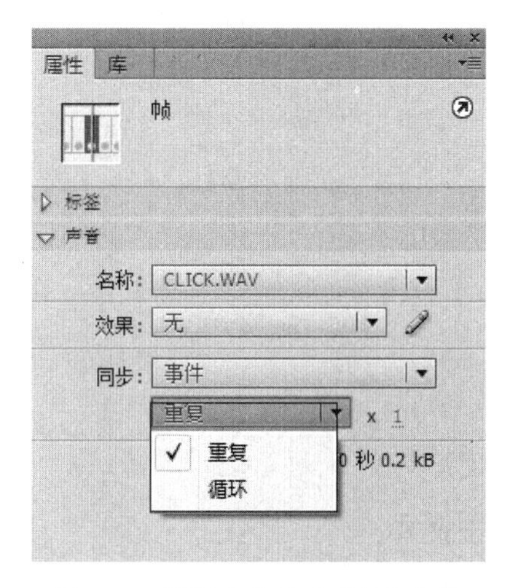

图 7-57　设置声音的“重复”参数

4．使用声音编辑器编辑声音

在“属性”面板中单击“编辑声音封套”按钮，弹出“编辑封套”对话框，从中可以编辑声音效果，如图 7-58 所示。

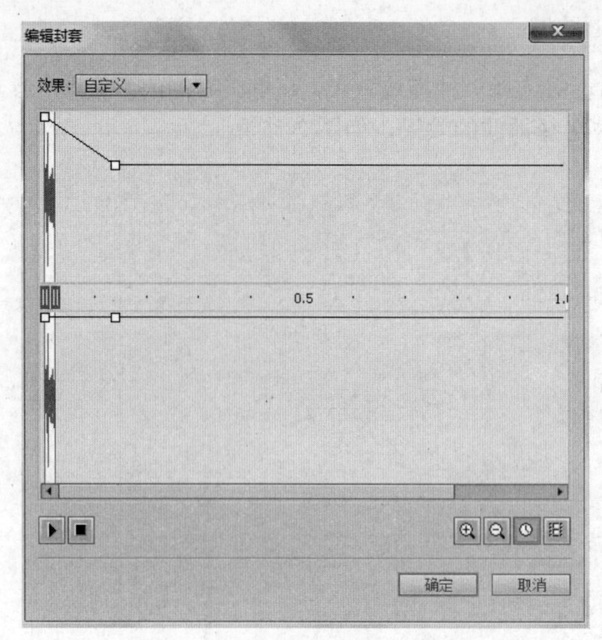

图 7-58　“编辑封套”对话框

5. 声音的输出

在“发布设置”对话框中，可以对声音的输出进行设置，如图 7-59 所示。

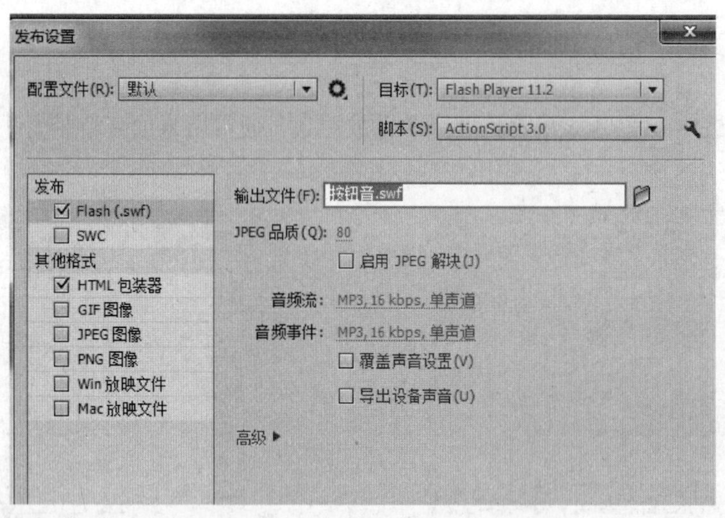

图 7-59　“发布设置”对话框

高手提示

选择“文件”→“发布设置”命令，弹出“发布设置”对话框，然后选择“Flash”选项卡，即可对声音的输出进行设置。

6. 设置声音输出属性的方法

在【库】面板中选中声音文件，右击，从弹出的快捷菜单中选择【属性】命令，弹出【声音属性】对话框，从中即可对声音输出属性进行设置，如图 7-60 所示。

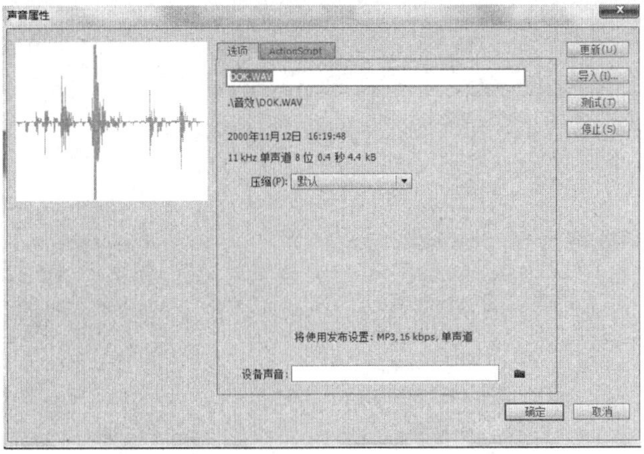

图 7-60　声音属性

7.3.2　导入视频

1. Flash 支持的视频类型

若要将视频导入 Flash CS6 中，必须使用以 FLV 或 H.264 格式编码的视频。选择“文件”→“导入”→“导入视频”命令，弹出“导入视频”对话框，从中检查选择导入的视频文件。

如果视频不是 FLV 或 F4V 格式，则可使用 Adobe Media Encoder 以适当的格式对视频进行编码。

2. 为影片添加视频

在向 Flash CS6 中导入不支持的格式视频时，会弹出“警告”对话框，说明 Adobe Media Encoder 不支持该文件，此时可以启动 Adobe Media Encoder，将此文件转换成支持的格式。

为影片添加视频的具体步骤如下：

（1）选择“文件”→“导入”→“导入视频”命令，弹出“导入视频”对话框，勾选“在 SWF 中嵌入 FLV 并在时间轴中播放”单选按钮，如图 7-61 所示。

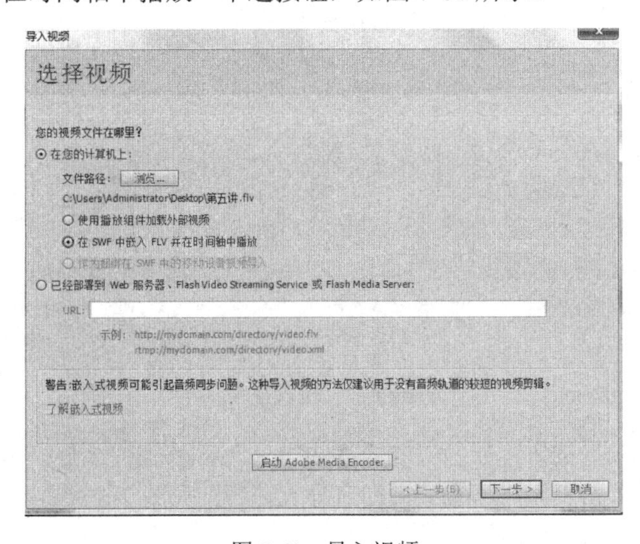

图 7-61　导入视频

（2）单击“文件路径”的“浏览”按钮，弹出“打开”对话框，如图 7-62 所示。

图 7-62 “打开”对话框

（3）弹出嵌入窗口，单击“下一步”按钮，如图 7-63 所示。

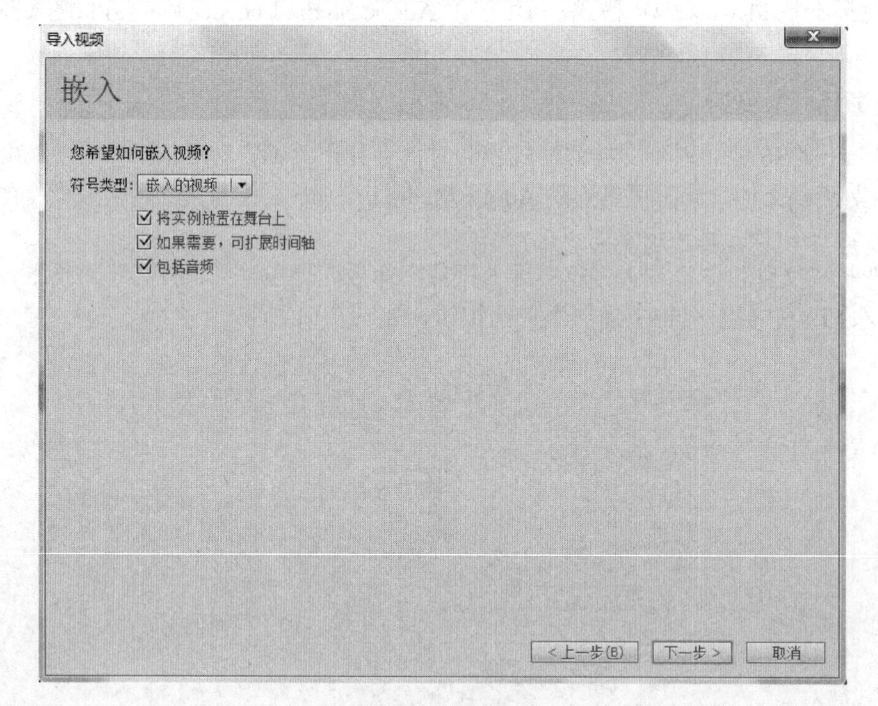

图 7-63 嵌入视频

（4）单击“下一步”按钮，显示“完成视频导入”对话框，如图 7-64 所示。

（5）在场景中，单击“完成”按钮，即可导入视频，如图 7-65 所示。

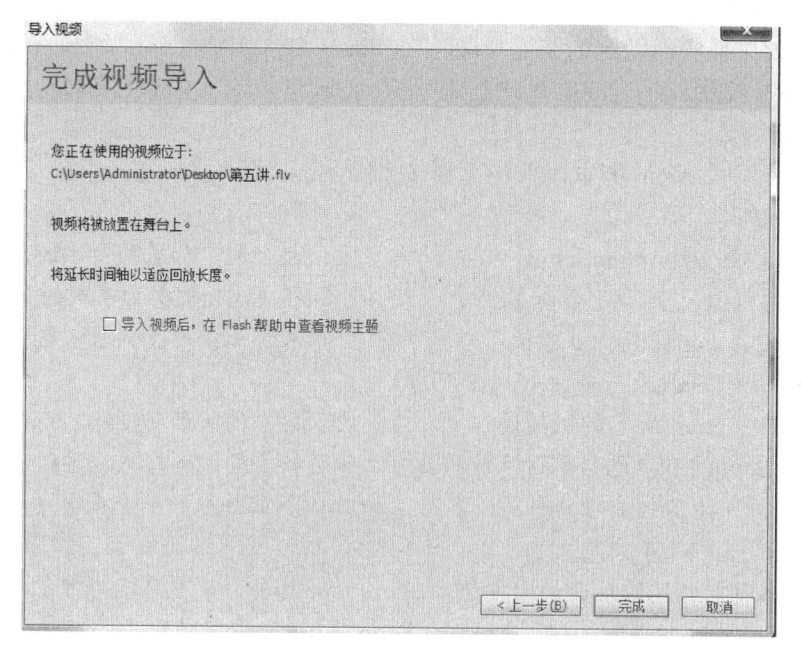

图 7-64　完成视频导入

图 7-65　导入场景中的视频

高手提示

在“外观”对话框中，可以改变视频播放控件的外观以及颜色。在“外观”列表中，可以选择任意一种外观；单击“颜色”后面的按钮，可以选择任意一种颜色。

7.3.3　ActionScript 的基础

1. ActionScript 基本语法

Action 脚本（ActionScript）是 Flash 中特有的一种动作脚本语言，在 Flash 动画中，通过为按钮、影片剪辑或帧添加特定的脚本，或使用 Action 脚本编制特定的程序，可以使 Flash 动画呈现特殊的效果或实现特定的交互功能。在 Flash CS3 中 Action 脚本的版本为 3.0（即 ActionScript 3.0），该版本在 2.0 的基础上做了很大的改进，除了支持更多的功能外，在执行效率方面也有所增强。

要学习和使用 Action 脚本，首先需要了解 Action 脚本的语法规则，在 Flash CC 中 ActionScript 3.0 的基本语法如下。

● 区分大小写：在 ActionScript 3.0 中，需要区分大小写，如果关键字的大小写不正确，则在执行时会被 Flash CS6 识别。如果变量的大小写不同，就会被视为不同的变量。

● 分号：在 ActionScript 3.0 中使用分号字符“;”来终止语句。如果省略分号字符，则编译器将假设每一行代码代表一条语句。

● 注释：在 Action 脚本的编辑过程中，为了便于脚本的阅读和理解，可为相应的脚本添加注释。ActionScript 3.0 中包括单行注释和多行注释两种类型注释形式。单行注释以两个正斜杠字符（//）开头并持续到该行的末尾；多行注释以一个正斜杠和一个星号（/*）开头，以一个星号和一个正斜杠（*/）结尾。

● 常量：常量是指无法改变的固定值。在 ActionScript 3.0 中只能为常量赋值一次，而且必须在最接近常量声明的位置赋值。在 ActionScript 3.0 中，通常使用“const”语句来创建变量。

● 点语法：点“.”用于指定对象的相关属性和方法，并标识指向的动画对象、变量或函数的目标路径。如表达式“ucg_y”表示“ucg”对象的_y 属性。

● 语言标点符号：主要包括冒号、大括号和圆括号。其中冒号“:”用于为变量指定数据类型（如 var myNum: Number=15）；大括号“{}”用于将代码分成不同的块，以作为区分程序段落的标记；圆括号“( )”用于放置使用动作时的参数，定义一个函数及对函数进行调用等，也可用于改变 ActionScript 的优先级。

● 关键字：在 ActionScript 3.0 中具有特殊含义且供 Action 脚本调用的特定单词，被称为关键字。在编辑 Action 脚本时，不能使用 ActionScript 3.0 保留的关键字作为变量、函数和标签等的名字，以免发生脚本的混乱。在 ActionScript 3.0 中保留的关键字主要包括词汇关键字、句法关键字和供将来使用的保留字 3 种。

2．认识变量

在 Action 脚本中，变量主要用来存储数值、字符串、对象和逻辑值等信息。

1）变量的命名规则

在 ActionScript 3.0 中，变量由变量名和变量值组成，变量名用于区分不同的变量，而变量值用于确定变量的类型和内容。变量名可以是一个字母，也可以是由一个单词或几个单词构成的字符串，在 ActionScript 3.0 中变量的命名规则主要包括以下几点。

● 不能使用空格和特殊符号：变量名中不能有空格和特殊符号，可使用英文和数字。

● 保证唯一性：变量名在它作用的范围中必须是唯一的，即不能在同一范围内为两个变量指定同一变量名，在不同的作用域中，可以使用相同的变量名。

● 不能使用关键字：变量名不能是关键字或逻辑变量。如不能使用关键字“do”作为变量名。

2）变量的类型

变量可以存储不同类型的值，因此在使用变量之前，必须先指定变量存储的数据类型，而数据类型会对变量的值产生影响。在 ActionScript 3.0 中，变量的类型主要有以下几种。

● Numeric：数值变量，包括 Number、Int 和 Unit 等 3 种变量类型。Number 适用于任何数

值；Int 用于整数；Unit 则用于不为负数的整数。

● Boolean：逻辑变量用于判断指定的条件是否成立，包括 true 和 false 两个值，true 表示条件成立，false 表示不成立。

● String：字符串变量，用于存储字符和文本信息。

● Text Field：用于定义动态文本字段或输入文本字段。

● Movie Clip：用于定义特定的影片剪辑。

● Simple Button：用于定义特定的按钮。

● Data：用于定义有关时间中的某个片刻的信息（日期和时间）。

3）变量的作用域

变量的作用域是指变量能够被识别和应用的区域。根据变量的作用域可将变量分为全局变量和局部变量。全局变量是指在代码的所有区域中定义的变量，而局部变量是指仅在代码的某个部分定义的变量。在 ActionScript 3.0 中，在任何函数或类定义的外部定义的变量都为全局变量；而通过在函数定义内部声明的变量则为局部变量。

高手提示

在 ActionScript 3.0 中，使用 var 语句声明变量。在 ActionScript 2.0 中，只有当使用类型注释时，才需要使用 var 语句。而在 ActionScript 3.0 中，要声明变量就必须使用 var 语句声明（如 var mn：Number=60；表示声明名为“mn”的数值变量，将 60 作为变量值赋值给“mn”变量），否则在调用变量时就会出现错误。

2. 认识函数

函数是执行任务并可以在程序中重复使用的代码块。在 ActionScript 3.0 中有方法和函数闭包两类函数。函数在 ActionScript 中始终扮演着极为重要的角色，如果想充分利用 ActionScript 3.0 所提供的功能，就需要较为深入地了解函数。

将函数称为方法或函数闭包取决于定义函数的上下文。如果将函数定义为类定义的一部分或者将它附加到对象的实例，则该函数称为方法。如果以其他任何方式定义函数，则该函数称为函数闭包。

1. 函数的类型

在 ActionScript 3.0 中的函数主要包括以下几种类型。

● 内置函数：内置函数是 ActionScript 3.0 已经内置的函数，可以通过脚本直接在动画中调用，如 trace（）函数。

● 命名函数：命名函数是一种通常在 ActionScript 代码中创建用来执行所有类型操作的函数。

● 用户自定义函数：自定义函数由用户根据需要自行定义的函数，在自定义函数后，就可以对定义的函数进行调用了。

● 构造函数：构造函数是一种特殊的函数，在使用 new 关键字创建类的实例时（如 var my_bl：XML=new XML（）；）会自动调用这种函数。

● 匿名函数：匿名函数是引用其自身的未命名函数，该函数在创建时便被引用。

● 回调函数：回调函数通过将匿名函数与特定的事件关联来创建，这种函数可以在特定事件发生后调回。

● 函数文本：函数文本是一种可以用表达式（而不是脚本）声明的未命名函数。通常需要临时使用一个函数，或在使用表达式代替函数时使用该函数。

2. 函数的作用域

函数的作用域不但决定了可以在程序中的什么位置调用函授，还决定了函数可以访问程序中的哪些定义。与变量的作用域规则相同，函数也分为全局函数和嵌套函数两种。在全局作用域中声明的函数在整个代码中都可用，即全局函数（如 ActionScript 3.0 中的 isNaN()和 parseInt()函数）。在一个函数中声明的函数即为嵌套函数。嵌套函数智能在声明它的函数中起作用。

3. 自定义函数

在 ActionScript 3.0 中可通过两种方法来自定义所需的函数，即使用函数语句定义和使用函数表达式定义。

● 使用函数语句定义：函数语句是在严格模式下定义函数的首选方法，其定义格式如图 7-66 所示。

```
1  function 函数名（函数参数）{
2      statment(s);// 作为函数体的语句
3      };
```

图 7-66　函数语句

● 使用函数表达定义：使用函授表达定义的函数，也称为函数数字面值或匿名函数。这是一种较为繁杂的方法，在早期的 ActionScript 版本中广为使用，其定义格式如图 7-67 和图 7-68 所示。

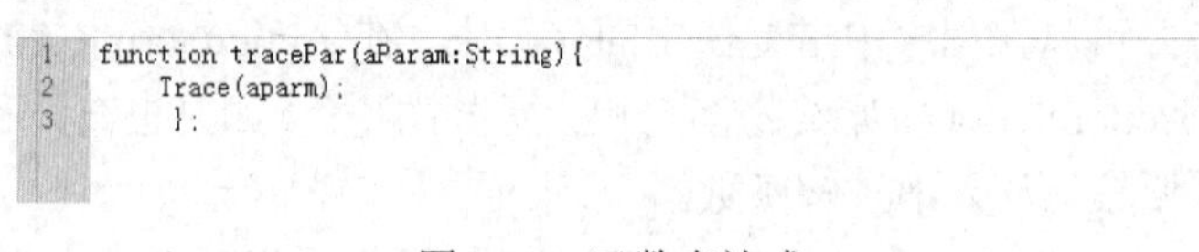

图 7-67　函数表达式

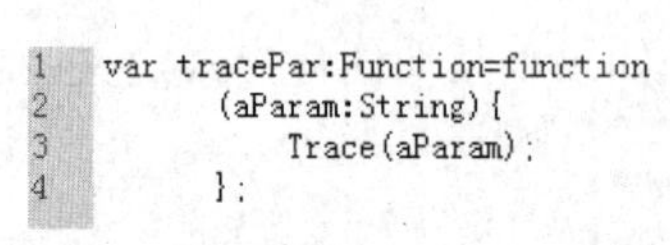

图 7-68　函数表达式

 跟我学

具体操作步骤如下。

（1）新建 Flash 文档，按【Ctrl+S】组合键，弹出“另存为”对话框，选择保存路径，输入文件名“老北京胡同电子相册”，然后单击“确定”按钮，回到场景中。

（2）执行“文件”→“导入”→“导入到库”命令，把照片素材“胡同 01～胡同 05 和声音素材“music.wav”导入库中，如图 7-69 所示。

（3）在时间轴上插入新图层，分别由上至下重新命名为“背景”“标题”“照片”“视频”“音乐”“按钮”和“脚本”，如图 7-70 所示。

（4）选中“背景”层的第一帧，绘制一个与舞台同样大小的矩形，为矩形填充纯黑色。选值；Int 用于整数；Unit 则用于不为负数的整数。

- Boolean：逻辑变量用于判断指定的条件是否成立，包括 true 和 false 两个值，true 表示条件成立，false 表示不成立。
- String：字符串变量，用于存储字符和文本信息。
- Text Field：用于定义动态文本字段或输入文本字段。
- Movie Clip：用于定义特定的影片剪辑。
- Simple Button：用于定义特定的按钮。
- Data：用于定义有关时间中的某个片刻的信息（日期和时间）。

3）变量的作用域

变量的作用域是指变量能够被识别和应用的区域。根据变量的作用域可将变量分为全局变量和局部变量。全局变量是指在代码的所有区域中定义的变量，而局部变量是指仅在代码的某个部分定义的变量。在 ActionScript 3.0 中，在任何函数或类定义的外部定义的变量都为全局变量；而通过在函数定义内部声明的变量则为局部变量。

高手提示

在 ActionScript 3.0 中，使用 var 语句声明变量。在 ActionScript 2.0 中，只有当使用类型注释时，才需要使用 var 语句。而在 ActionScript 3.0 中，要声明变量就必须使用 var 语句声明（如 var mn：Number=60；表示声明名为“mn”的数值变量，将 60 作为变量值赋值给“mn”变量），否则在调用变量时就会出现错误。

2. 认识函数

函数是执行任务并可以在程序中重复使用的代码块。在 ActionScript 3.0 中有方法和函数闭包两类函数。函数在 ActionScript 中始终扮演着极为重要的角色，如果想充分利用 ActionScript 3.0 所提供的功能，就需要较为深入地了解函数。

将函数称为方法或函数闭包取决于定义函数的上下文。如果将函数定义为类定义的一部分或者将它附加到对象的实例，则该函数称为方法。如果以其他任何方式定义函数，则该函数称为函数闭包。

1. 函数的类型

在 ActionScript 3.0 中的函数主要包括以下几种类型。

- 内置函数：内置函数是 ActionScript 3.0 已经内置的函数，可以通过脚本直接在动画中调用，如 trace（ ）函数。
- 命名函数：命名函数是一种通常在 ActionScript 代码中创建用来执行所有类型操作的函数。
- 用户自定义函数：自定义函数由用户根据需要自行定义的函数，在自定义函数后，就可以对定义的函数进行调用了。
- 构造函数：构造函数是一种特殊的函数，在使用 new 关键字创建类的实例时（如 var my_bl：XML=new XML（ ）；）会自动调用这种函数。
- 匿名函数：匿名函数是引用其自身的未命名函数，该函数在创建时便被引用。
- 回调函数：回调函数通过将匿名函数与特定的事件关联来创建，这种函数可以在特定事件发生后调回。

● 函数文本：函数文本是一种可以用表达式（而不是脚本）声明的未命名函数。通常需要临时使用一个函数，或在使用表达式代替函数时使用该函数。

2．函数的作用域

函数的作用域不但决定了可以在程序中的什么位置调用函授，还决定了函数可以访问程序中的哪些定义。与变量的作用域规则相同，函数也分为全局函数和嵌套函数两种。在全局作用域中声明的函数在整个代码中都可用，即全局函数（如 ActionScript 3.0 中的 isNaN()和 parseInt()函数）。在一个函数中声明的函数即为嵌套函数。嵌套函数智能在声明它的函数中起作用。

3．自定义函数

在 ActionScript 3.0 中可通过两种方法来自定义所需的函数，即使用函数语句定义和使用函数表达式定义。

● 使用函数语句定义：函数语句是在严格模式下定义函数的首选方法，其定义格式如图 7-66 所示。

```
1  function 函数名（函数参数）{
2       statment(s);// 作为函数体的语句
3       };
```

图 7-66　函数语句

● 使用函数表达定义：使用函授表达定义的函数，也称为函数数字面值或匿名函数。这是一种较为繁杂的方法，在早期的 ActionScript 版本中广为使用，其定义格式如图 7-67 和图 7-68 所示。

```
1  function tracePar(aParam:String){
2      Trace(aparm);
3        };
```

图 7-67　函数表达式

```
1  var tracePar:Function=function
2       (aParam:String){
3           Trace(aParam);
4        };
```

图 7-68　函数表达式

跟我学

具体操作步骤如下。

（1）新建 Flash 文档，按【Ctrl+S】组合键，弹出“另存为”对话框，选择保存路径，输入文件名“老北京胡同电子相册”，然后单击“确定”按钮，回到场景中。

（2）执行“文件”→“导入”→“导入到库”命令，把照片素材“胡同 01～胡同 05 和声音素材“music.wav”导入库中，如图 7-69 所示。

（3）在时间轴上插入新图层，分别由上至下重新命名为“背景”“标题”“照片”“视频”“音乐”“按钮”和“脚本”，如图 7-70 所示。

（4）选中“背景”层的第一帧，绘制一个与舞台同样大小的矩形，为矩形填充纯黑色。选中“标题”层的第一帧，使用“文本工具”在场景中输入文字“老北京胡同”，设置文本属性为“字体：方正粗宋；大小：36；颜色：白色”。

（5）选中“照片”层的第一帧，把“库”中的图片“01”拖动到场景中，使用“任意变形工具”调整照片的大小和位置。在第 40、第 80、第 120、第 160 帧位置分别插入关键帧。选中当前层第 40 帧上的照片，打开“属性”面板，单击“交换”按钮，在弹出的“交换位图”对话框中选择图片“02”，然后单击“确定”按钮。以同样的方法，用“库”中的 03、04、05 素材分别替换第 80、第 120、第 160 帧处的照片，如图 7-71 所示。

图 7-69　胡同素材

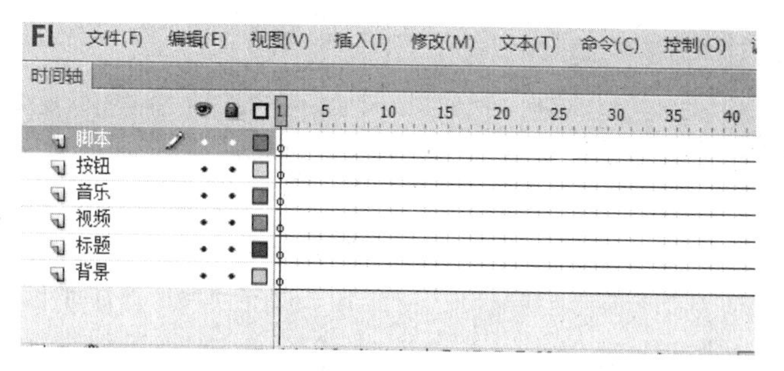

图 7-70　命名图层

图 7-71　界面

（6）选中在音乐背景层的第一帧，打开“属性”面板，单击“声音”下拉列表，选择“music.wav”，把“效果”项设为“无”，“同步”项设为“数据流”，重复为“1”，如图 7-72 所示。

（7）分别在“标题”层和“背景”层的第 201 帧位置按【F5】键添加帧，在“音乐”层和“照片”层的第 200 帧位置按【F5】键插入帧。选择“视频”层的第 201 帧，按【F6】键插入关键帧。执行“文件”→“导入”→“导入视频”命令，将视频导入库中，如图 7-73 所示。

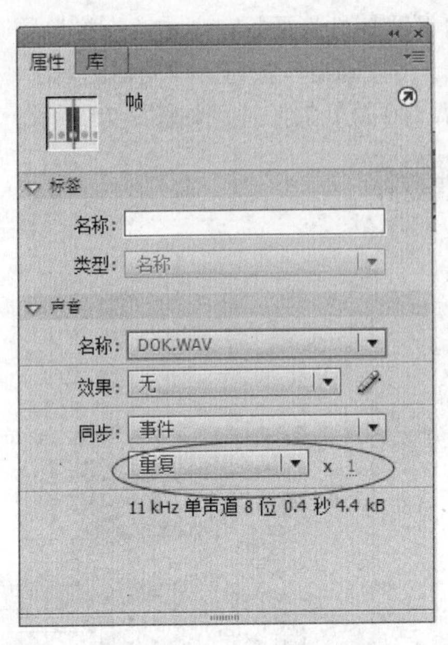

图 7-72　声音属性设置

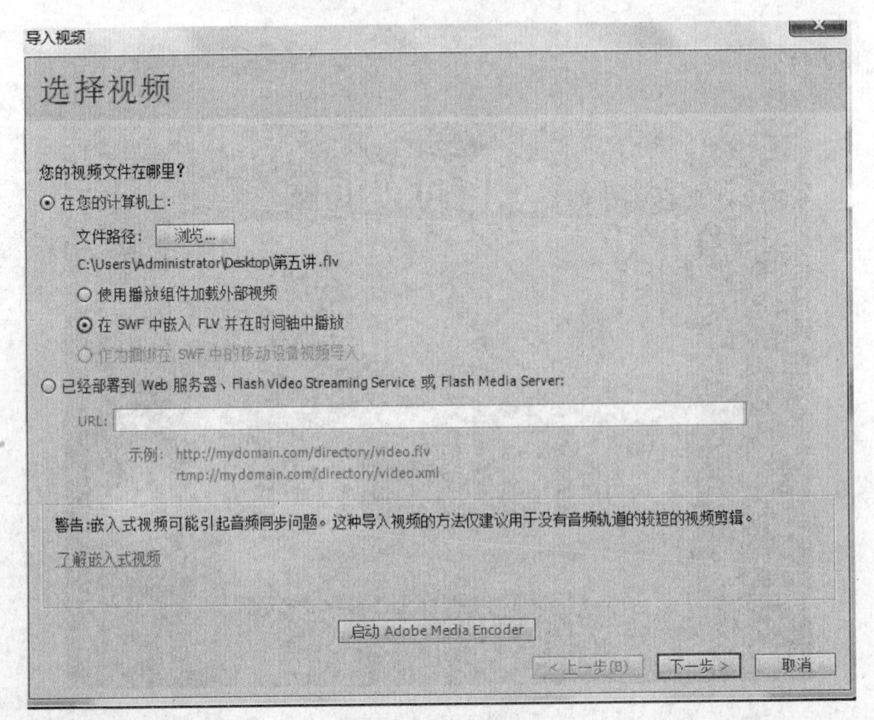

图 7-73　选择视频

（8）分别新建元件，命名为“player”和“stop”按钮，并导入场景中，如图 7-74 所示。

（9）在时间轴上，最上面一层第一帧处，右击，执行“动作”命令，打开代码片段，执行“时间轴导航”→“在此帧处停止”命令，如图 7-75 所示。

（10）在场景中，单击“player”按钮，执行“时间轴导航”→“单击以转到帧并停止”命令。单击“stop”按钮，执行“时间轴导航”→“单击以转到帧播放”命令。在“动作”面板中会自动生成代码，如图 7-76 所示。

图 7-74　界面设计

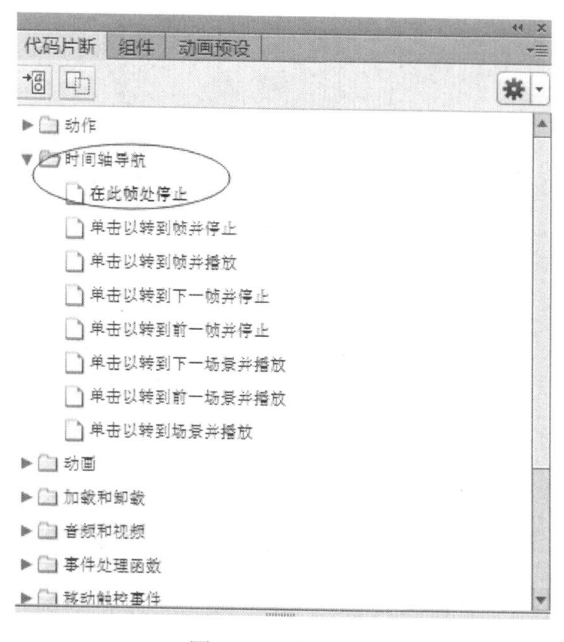

图 7-75　添加脚本

（11）在时间轴面板的视频层第 200 帧处右击，选择“动作”命令，在打开的“时间轴导航”中，单击“在此帧处停止”，然后按照上面的方法，给视频加上“播放”与“停止”按钮，并设置其动作。按【Ctrl+Enter】组合键测试影片。

```
1
2  /* 在此帧处停止
3  Flash 时间轴将在插入此代码的帧处停止/暂停。
4  也可用于停止/暂停影片剪辑的时间轴。
5  */
6
7  stop();
8
9  /*单击以转到帧并播放
10 单击指定的元件实例会将播放头移动到时间轴中的指定帧并继续从该帧回放。
11 可在主时间轴或影片剪辑时间轴上使用。
12
13 说明:
14 1. 单击元件实例时，用希望播放头移动到的帧编号替换以下代码中的数字 5。
15 */
16
17 movieClip_1.addEventListener(MouseEvent.CLICK, fl_ClickToGoToAndPlayFromFr
18
19 function fl_ClickToGoToAndPlayFromFrame_6(event:MouseEvent):void
20 {
21     gotoAndPlay(5);
22 }
23
24 /*单击以转到帧并停止
25 单击指定的元件实例会将播放头移动到时间轴中的指定帧并停止影片。
26 可在主时间轴或影片剪辑时间轴上使用。
27
28 说明:
29 1. 单击元件实例时，用希望播放头移动到的帧编号替换以下代码中的数字 5。
30 */
31
32 movieClip_2.addEventListener(MouseEvent.CLICK, fl_ClickToGoToAndStopAtFram
33
34 function fl_ClickToGoToAndStopAtFrame_3(event:MouseEvent):void
35 {
36     gotoAndStop(5);
37 }
38
39 /*单击以转到帧并播放
40 单击指定的元件实例会将播放头移动到时间轴中的指定帧并继续从该帧回放。
```

图 7-76　脚本代码

动手做——制作一份个人电子作品集

通过运用上述方法与技巧，制作一份个人电子作品集。

综合商业应用设计项目

任务单（十八） 房地产广告——广告设计制作

任务描述

- 使用透明度渐变，建立通明效果。
- 使用遮罩层制作闪动动画效果。

跟我学

（1）新建 Java Script 2.0 空白文件，将素材导入到库，在命名为背景的图层第一帧插入关键帧并将“蓝天”背景拉入舞台，如图 8-1 所示。

图 8-1 新建空白文档

（2）在“Logo”特效图层将素材 7 拉入舞台中央，在第 5 帧处将素材 6 拉入舞台并替换掉素材 7，将素材 4 放入第 7 帧替换素材 6，在时间轴上拉至 11 帧并在属性内修改“alpha”为 0，制作传统补间动画。在“Logo”图层上第 7 帧拉至 15 帧，透明度渐变出现，并由 35 帧到 40 帧消失，如图 8-2 所示。

图 8-2　制作渐变效果

（3）将“草地”背景拉至舞台，在 30 帧～55 帧出现，45 帧时 Logo 消失。沿素材楼盘勾线，拖至舞台上，利用线性渐变制作光晕效果，拖至舞台上下活动，并为这两个图层建立遮罩层，如图 8-3 所示。

图 8-3　光晕效果

（4）使用第一步的方法在 108 帧上使 Logo 出现，如图 8-4 所示。

图 8-4　出现 Logo

（5）使用同样的方法建立有填充的楼盘并加上遮罩效果，如图 8-5 所示。

图 8-5 遮罩效果

（6）新建图层“鸟”，并将素材“鸟”拉入舞台，如图 8-6 所示。

图 8-6 新建图层“鸟”

（7）新建图层“云”，将素材“云”拉入舞台，出现于 130 帧，如图 8-7 所示。

图 8-7 新建图层“云”

（8）将所有图层拉至 200 帧并结束，如图 8-8 所示。

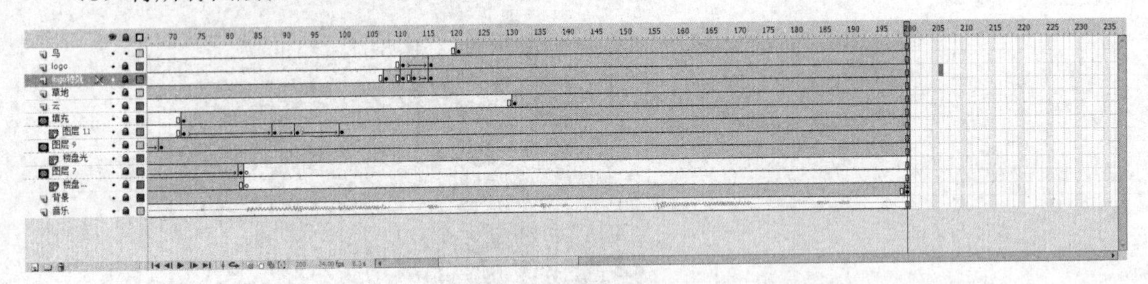

图 8-8　所有图层

（9）新建音乐图层，在第一帧插入关键帧，将素材音乐拖入场景，在属性内改为数据流，如图 8-9 所示。

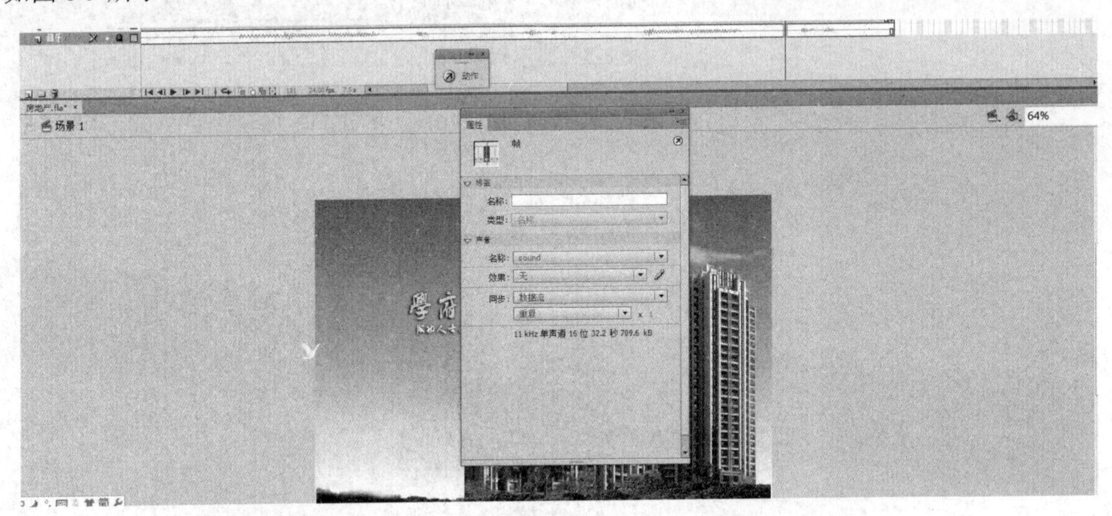

图 8-9　将音乐素材拖入场景

（10）在背景图层的 200 帧处，插入脚本，如图 8-10 所示。

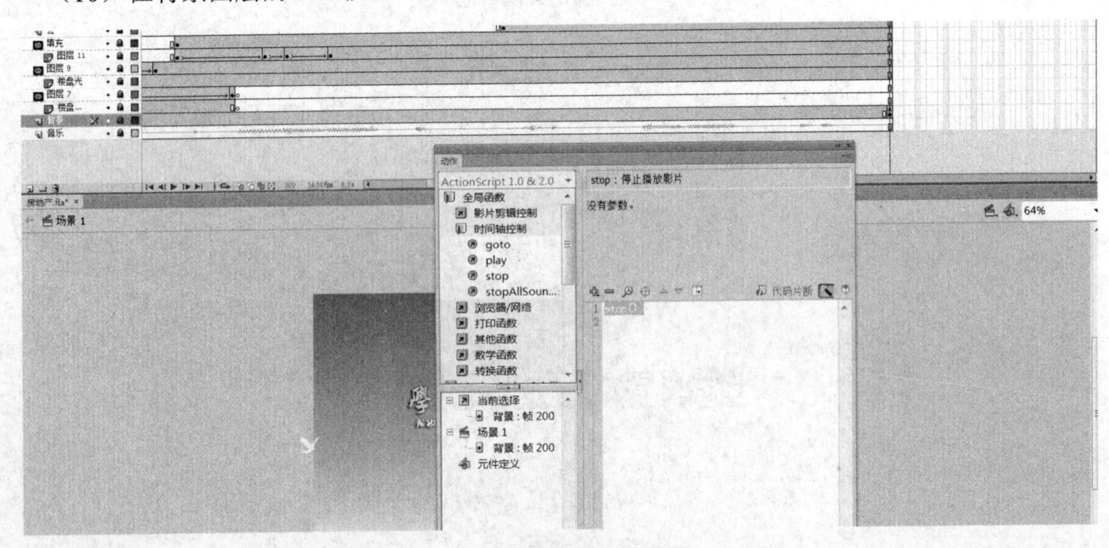

图 8-10　插入脚本

（11）在第一帧的背景图层上，插入脚本“play”，如图 8-11 所示。

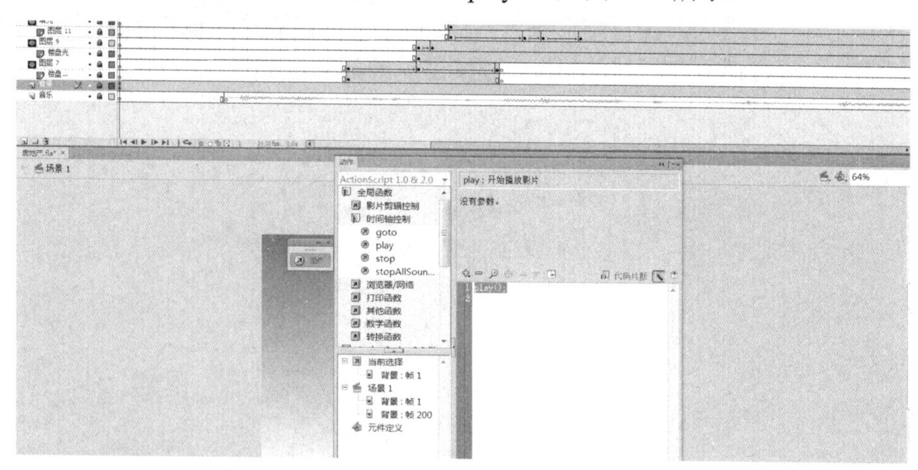

图 8-11　背景图层

（12）完成“房地产广告”，按【Ctrl+Enter】组合键或执行“文件”→“导出”→“导出影片”命令，将文件导出，效果如图 8-12 所示。

图 8-12　完成效果

任务单（十九）　个人网站片头——网站片头制作

任务描述

- 调节透明度，通过复制连续出现的效果。
- 建立影片剪辑，制作元件“动态背景”。

跟我学

具体操作步骤如下。

（1）新建文件，选择 2.0 脚本，命名为“个人相册”，新建场景“700×450 像素”，背景为

“白色”，帧频设置为“24 帧每秒”，如图 8-13 所示。

（2）新建元件，命名为“黑色矩形条”，并绘制一条黑色矩形，拖曳至场景上，通过调节透明度在时间轴上进行调节并复制，制作出连续出现的效果，并打包，如图 8-14 所示。

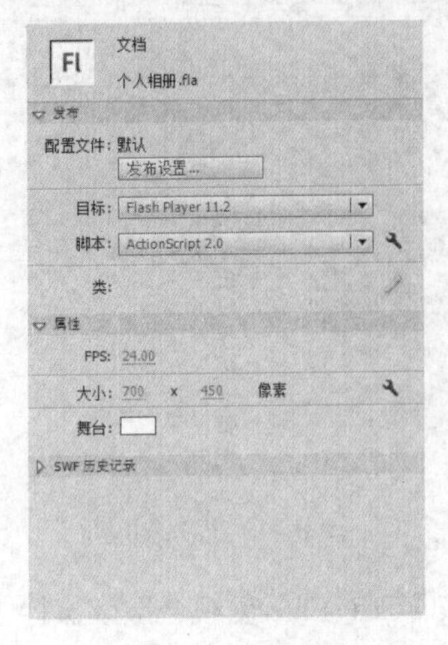

图 8-13　新建场景

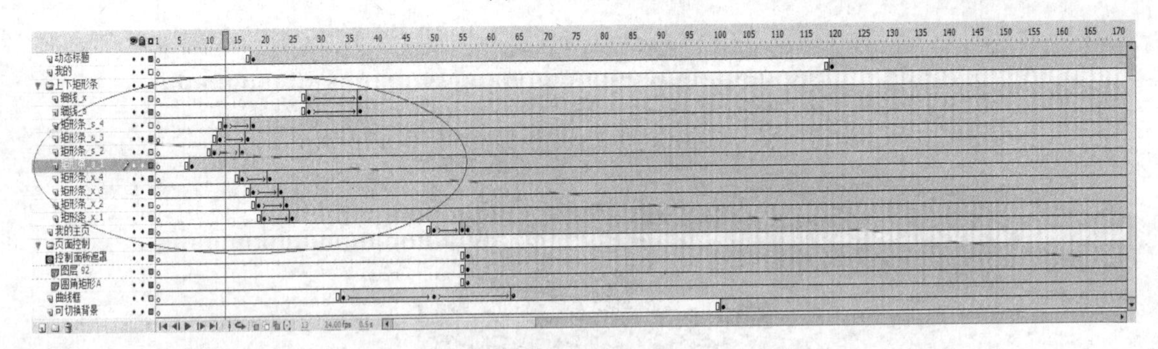

图 8-14　新建元件

（3）新建图层，在 34 帧处插入关键帧，并将元件“矩形背景”拉入场景，完成传统动画补间，向左出现在舞台上，并且透明度由低到高出现，如图 8-15 所示。

图 8-15　矩形背景拉入场景

（4）将“矩形 A”拖入场景的 56 帧处，并新建图层，将人像或照片放入 56 帧处，与矩形 A 时刻保持一致，如图 8-16 所示。

（5）新建图层，这是一个遮罩层，在 56 帧处插入关键帧，制作一个矩形元件，达到显示部分高光的作用，如图 8-17 所示。

图 8-16　放入照片

图 8-17　遮罩层

（6）在 50 帧、54 帧、55 帧处分别插入关键帧，将文字拖入舞台，在 50 帧～54 帧之间创建传统补间动画，使文字由左向右飞入舞台，可修改其属性值使其模糊，如图 8-18 所示。

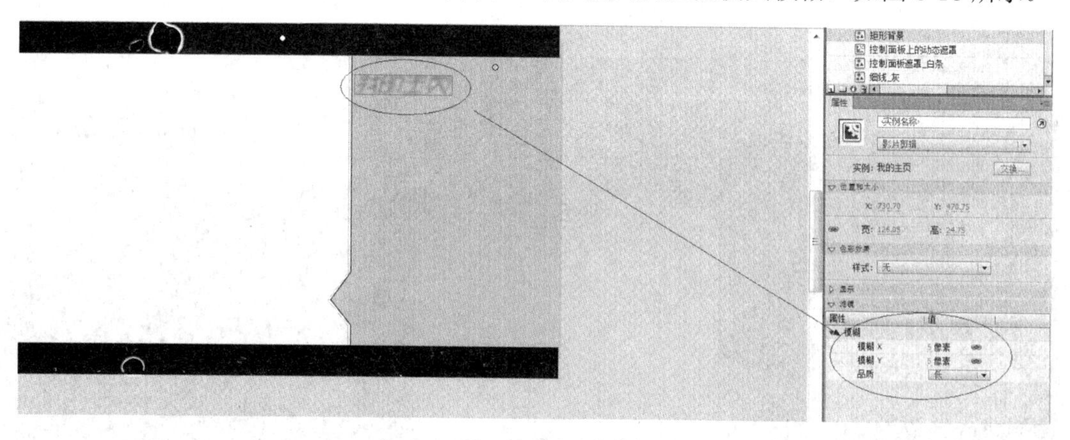

图 8-18　插入关键帧

（7）将素材“蝴蝶”导入到库，并拉至舞台右上角，该素材是“.gif”格式，可以完成部分动画。制作影片剪辑“我的世界，我的精彩”制成逐个出现效果，并新建图层，在 120 帧处出现，如图 8-19 所示。

（8）制作元件“动态背景”，该处主要依靠“百叶窗”特效，几块矩形依次淡出，展现整个背景层，可参考源文件中的“百叶窗”影片剪辑，如图 8-20 所示。

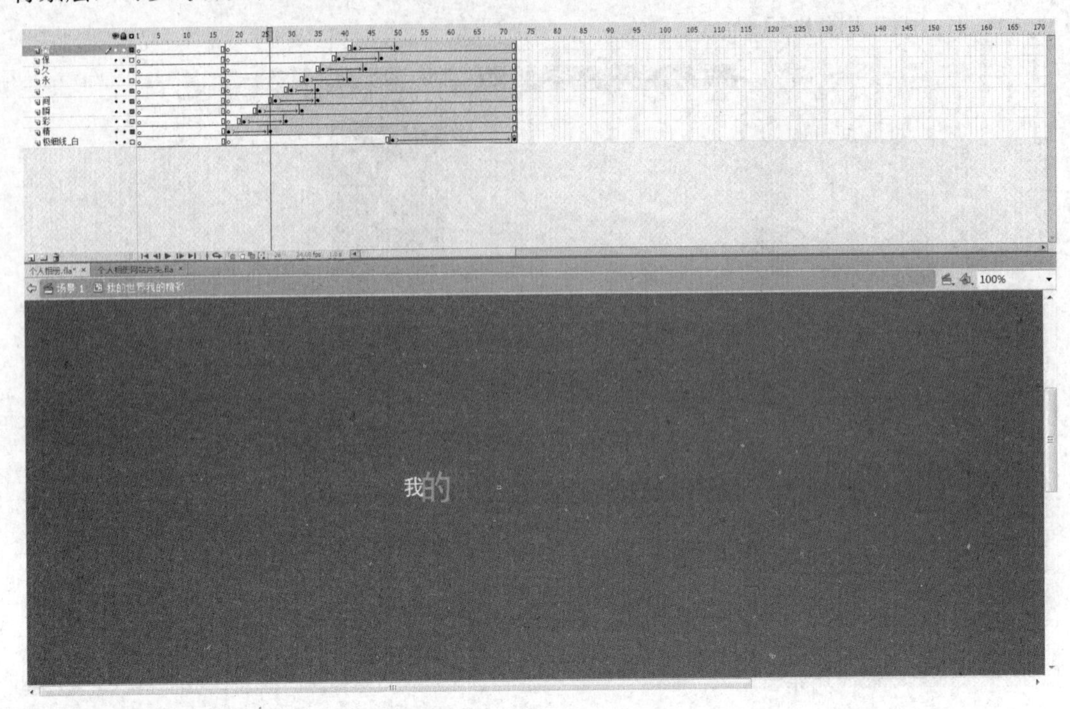

图 8-19　制作逐个出现效果

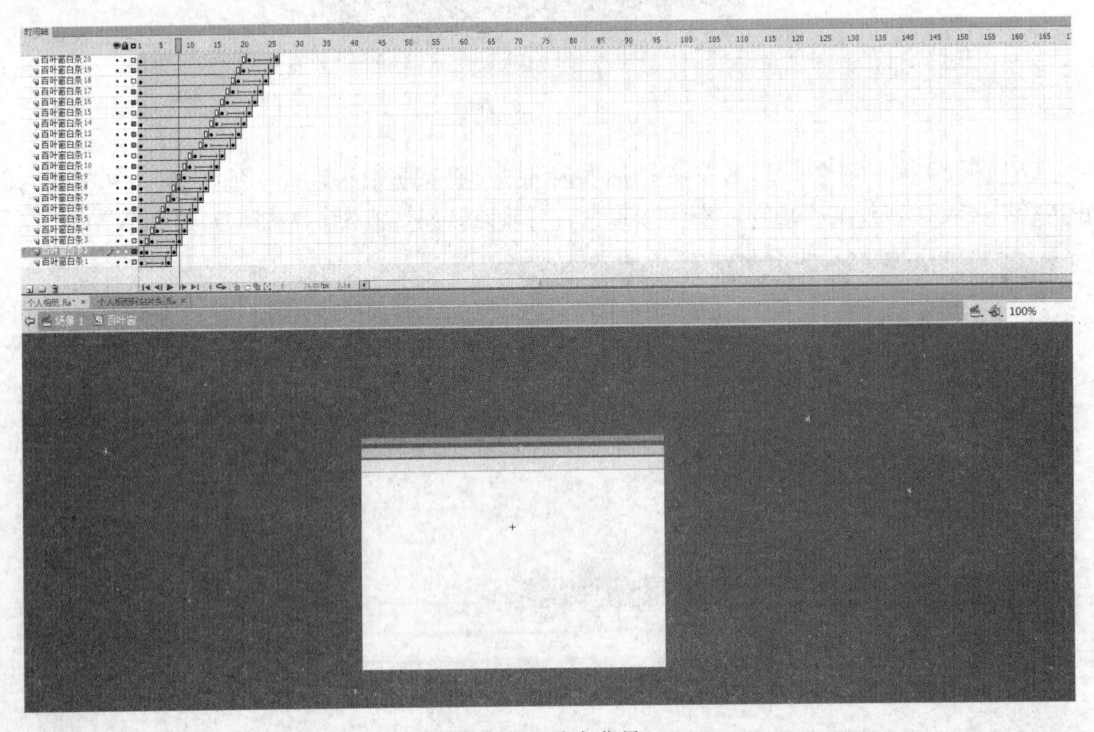

图 8-20　动态背景

（9）背景图片和人像图片可依据个人喜好设置，不受图像内容影响。在 190 帧处插入空白关键帧，右击，选择“动作”，并输入脚本“stop”，使动画停在最后一帧，如图 8-21 所示。

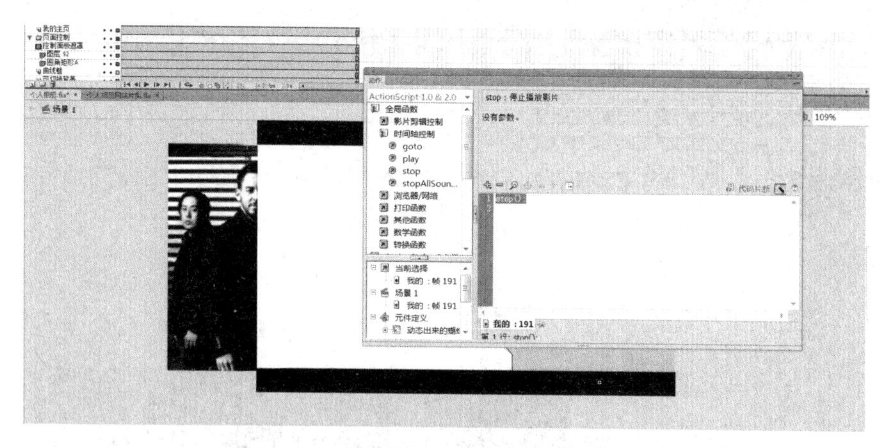

图 8-21　背景图片

（10）动画“个人相册”至此制作完成，按住【Ctrl+Enter】组合键进行影片测试即可，如图 8-22 所示。

图 8-22　个人相册效果

任务单（二十）　文化公司导航——导航特效制作

任务描述

- 通过遮罩图层，建立遮盖效果。
- 新建 button home 影片剪辑，建立按钮。

跟我学

（1）新建空白文档，脚本选择“2.0”，如图 8-23 所示。

（2）将场景尺寸更改为“77×329 像素”，将帧频调整为“30”，并设置舞台颜色为“黑色”，如图 8-24 所示。

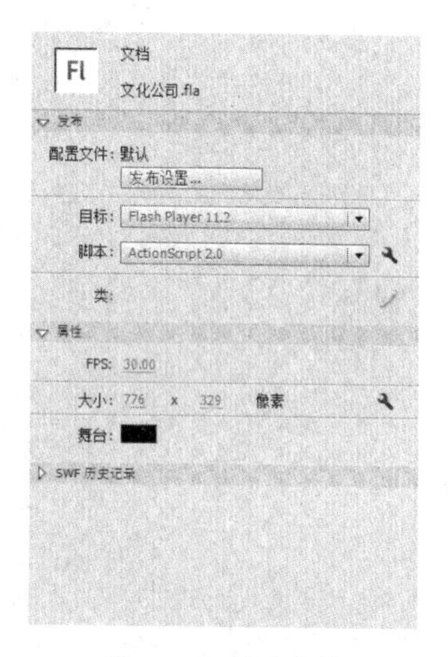

图 8-23　新建文档

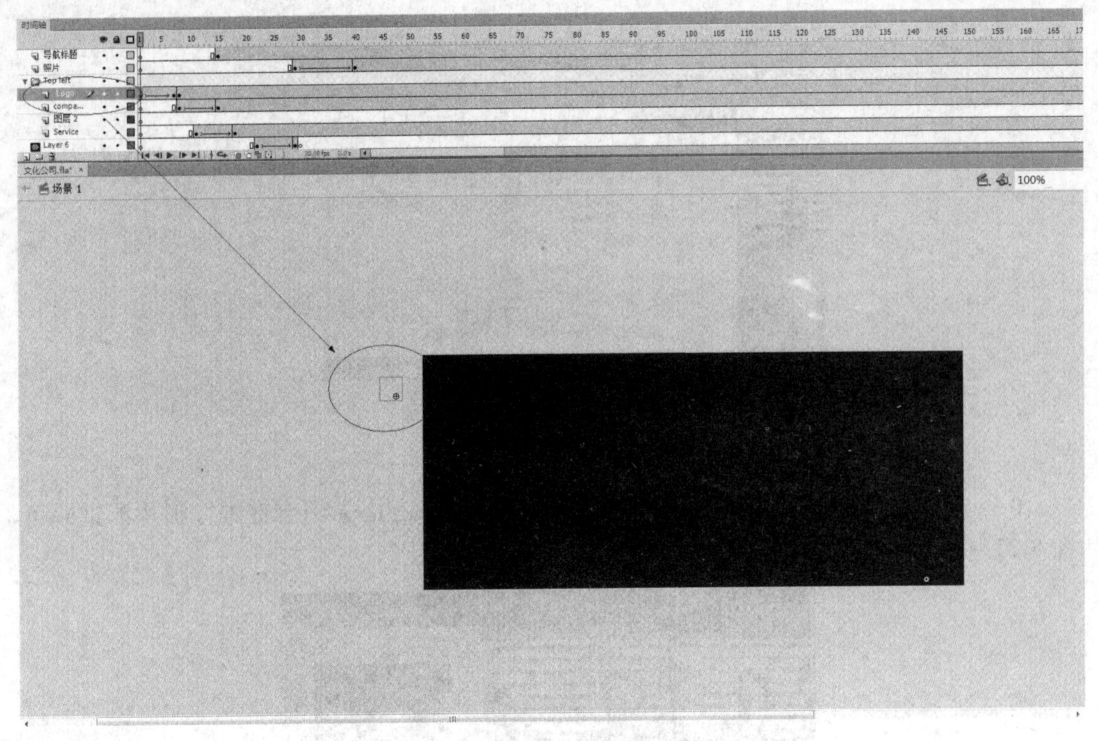

图 8-24 设置舞台

（3）在时间轴上建立图层“Logo”，将素材“Logo”导入至库，并放在场景的第一帧上，在 1 帧～8 帧上制作出透明渐变和位置移动的效果。并在 8 帧～15 帧之间，使标题透明渐变出现在 Logo 右侧，如图 8-25 所示。

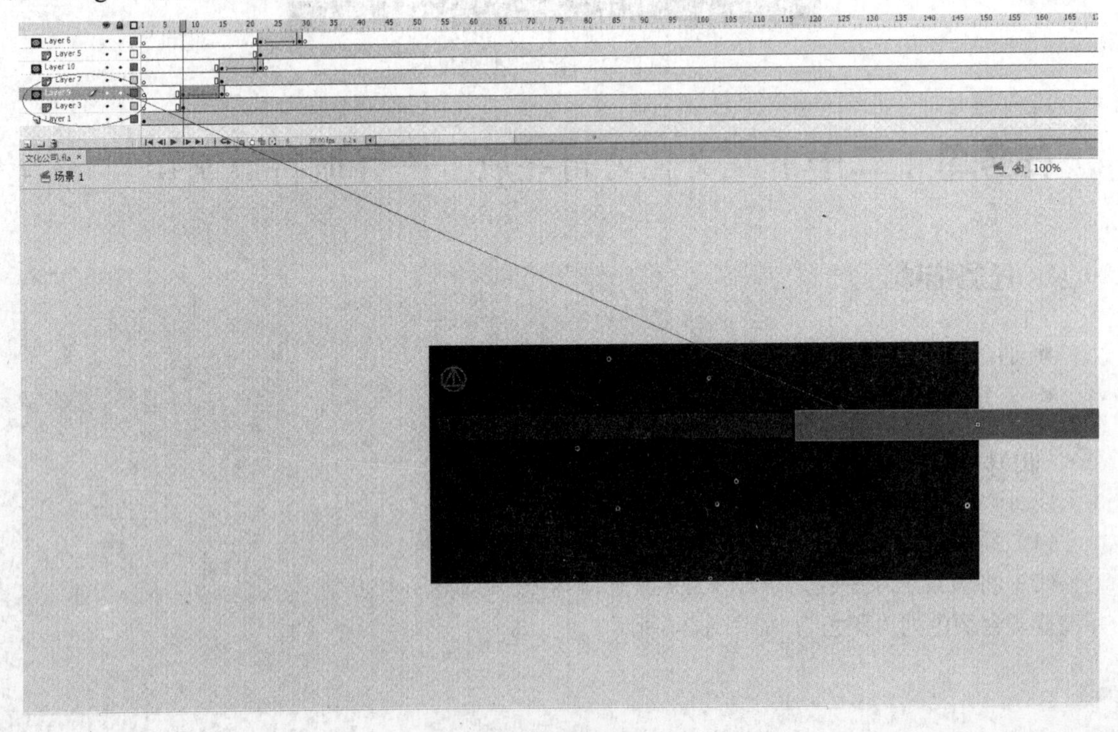

图 8-25 透明渐变

（4）在 8 帧～15 帧，利用遮罩层的效果，使导航条的背景颜色栏慢慢出现，以同样的方法，再一次使用遮罩图层，使右侧的展示图片的背景颜色栏出现，紧接着素材“图 1”以透明渐变出现。至此，使用 3 个遮罩，构建框架，如图 8-26 所示。

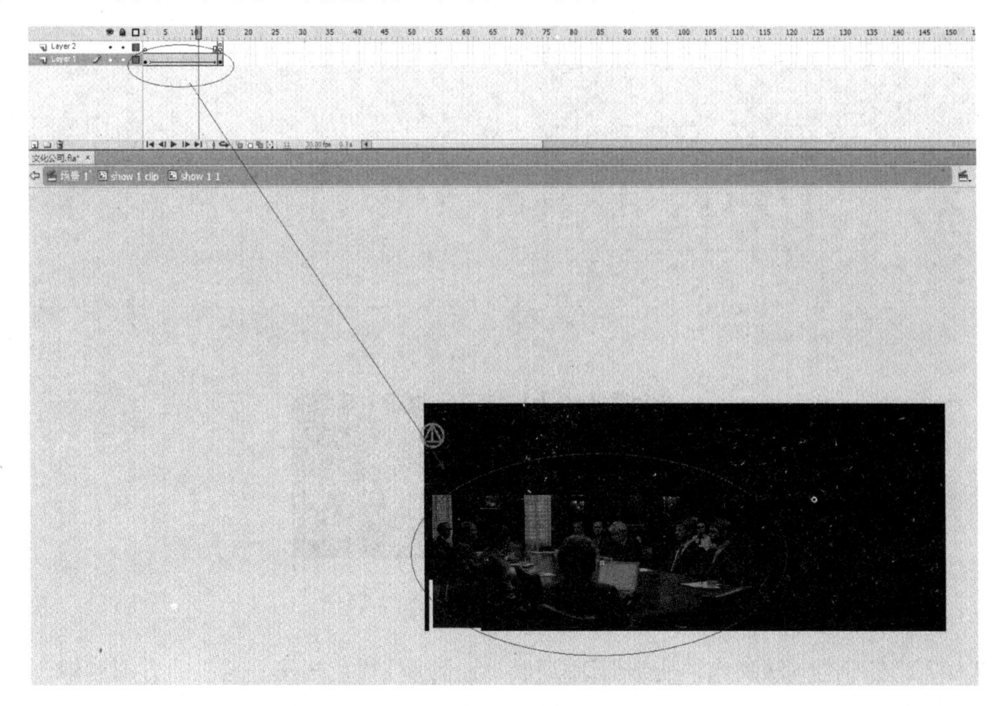

图 8-26　制作遮罩

（5）制作元件“黑色矩形”，并非画一个黑色矩形，并将素材“图 2”制成影片剪辑，拉入元件，在 1 帧～15 帧内完成亮度由-100～0 的渐变，并建立新图层，插入脚本“stop”，如图 8-27 所示。

图 8-27　创建元件“黑色矩形”

（6）新建元件，影片剪辑，图层 1 将黑色矩形放入并持续到 66 帧，图层 2 将事先制作的元件“方形遮罩”拉入舞台并放在一角，作为遮罩层，透明度由 0 到 100 渐变，如图 8-28 所示。

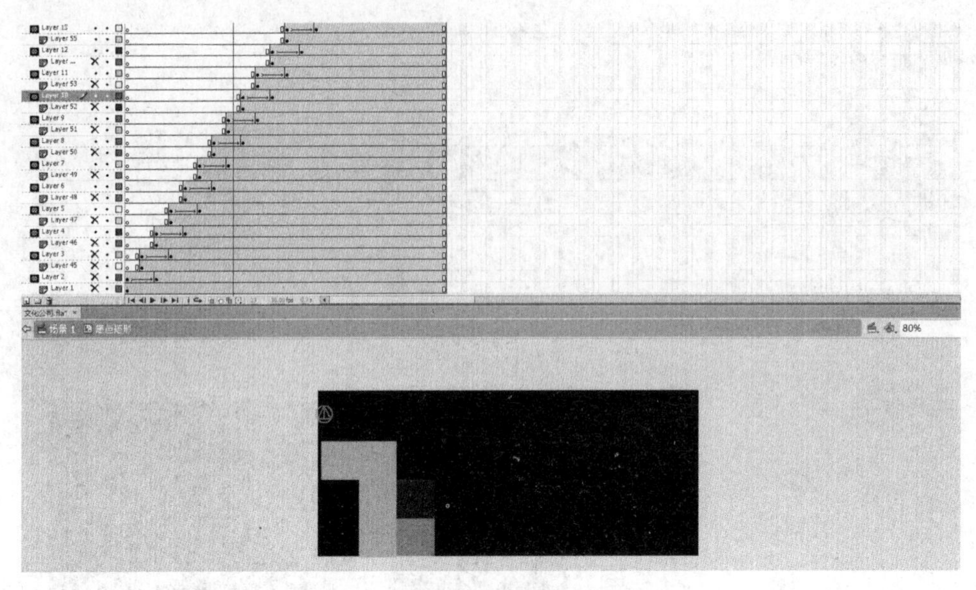

图 8-28　影片剪辑

（7）以第 5 步的方法制作，使方形遮罩可以完全遮住黑色矩形。这里的方形遮罩一定要紧密排列，紧凑地摆满整个黑色矩形，并在最后一帧处将素材“图 2”放入原始位置，再加入脚本“stop”，使元件播放到最后的图片可以停住。

（8）接下来是丰富细节，将素材“line”拉入到舞台，新建“menu all”影片剪辑，在 20 帧处插入帧，并在其间插入传统补间动画，如图 8-29 所示。

图 8-29　插入补间动画

（9）制作菜单栏的小标题。新建“button home”影片剪辑，将“button1”按钮元件拖入舞台，新建图层，在 1 帧、10 帧、20 帧处插入关键帧，绘制三角形，将第 1 帧，第 20 帧的透明度调为 0，创建传统补间动画，如图 8-30 所示。

图 8-30　小标题

（10）以同样的方法制作出其他 6 个菜单栏小标题。并将 6 个组合为元件，一次出现。将制作好的元件放入场景相对应的位置，如图 8-31 所示。

图 8-31　6 个菜单栏小标题

（11）内容部分制作完成，在最后一帧处加入脚本“stop”完成制作。以（5）、（6）步的方法可以制作出更多的展示图片，最终效果如图 8-32 所示。

图 8-32　完成效果

任务单（二十一）　小学生课件——多媒体课件制作

 任务描述

- 建立按钮剪辑元件。

 跟我学

具体操作步骤如下。

（1）新建文件，使用默认场景，将素材“背景”导入到库，并将元件直接放在场景上并延长到第 9 帧，如图 8-33 所示。

（2）制作元件——按钮，使用文本工具，输入文本，并在第二图层上用圆形工具画上背景，一共建立 3 帧，第 1 帧和第 3 帧的图形一样大，第 2 帧上图形变大，如图 8-34 所示。

图 8-33 新建文件

图 8-34 新建按钮

（3）以同样的方法再制作 7 个按钮，分别是“笔顺、部首、部首、返回、结构、拼音、字义、组词”，如图 8-35 所示。

（4）新建图层，通过矩形工具绘制矩形，进行变形后，制作出一本打开的书的图形，作为第二背景，如图 8-36 所示。

（5）新建图层，运用矩形工具，绘制出实线、虚线结合的“田”字格，可利用线条工具，设置笔触，选择“虚线”，如图 8-37 所示。

图 8-35　按钮

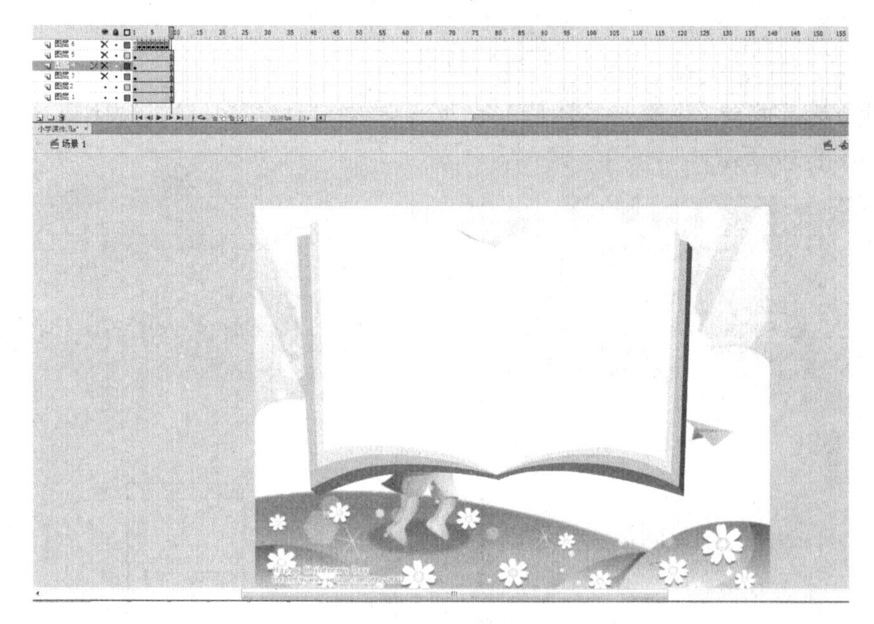

图 8-36　绘制矩形

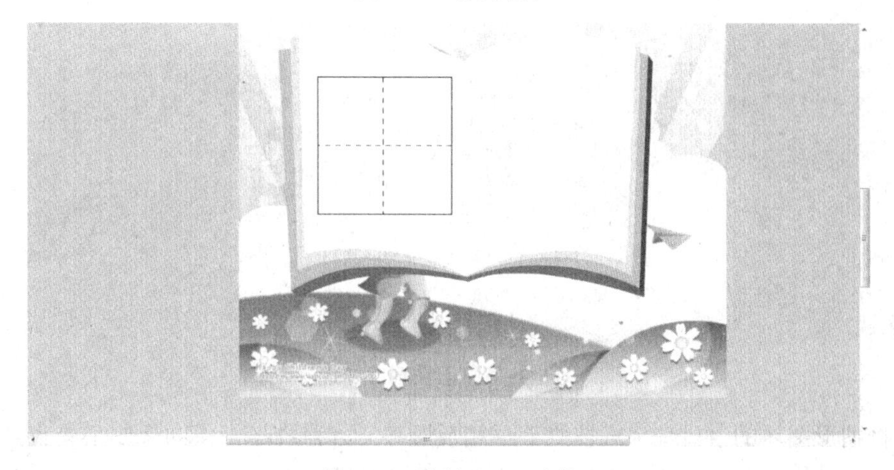

图 8-37　绘制“田”字格

（6）再新建一图层，在田字格的适当位置处，通过文本输入，输入文字“日”，如图 8-38 所示。

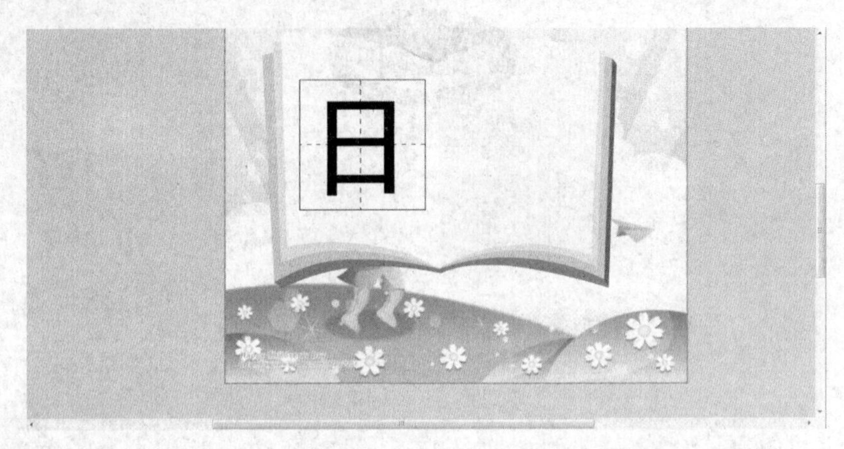

图 8-38　输入“日”字

（7）建立影片剪辑，先输入文字“日”，再将文字打散成图形，进行勾边，将边线分散到新图层，如图 8-39 所示。

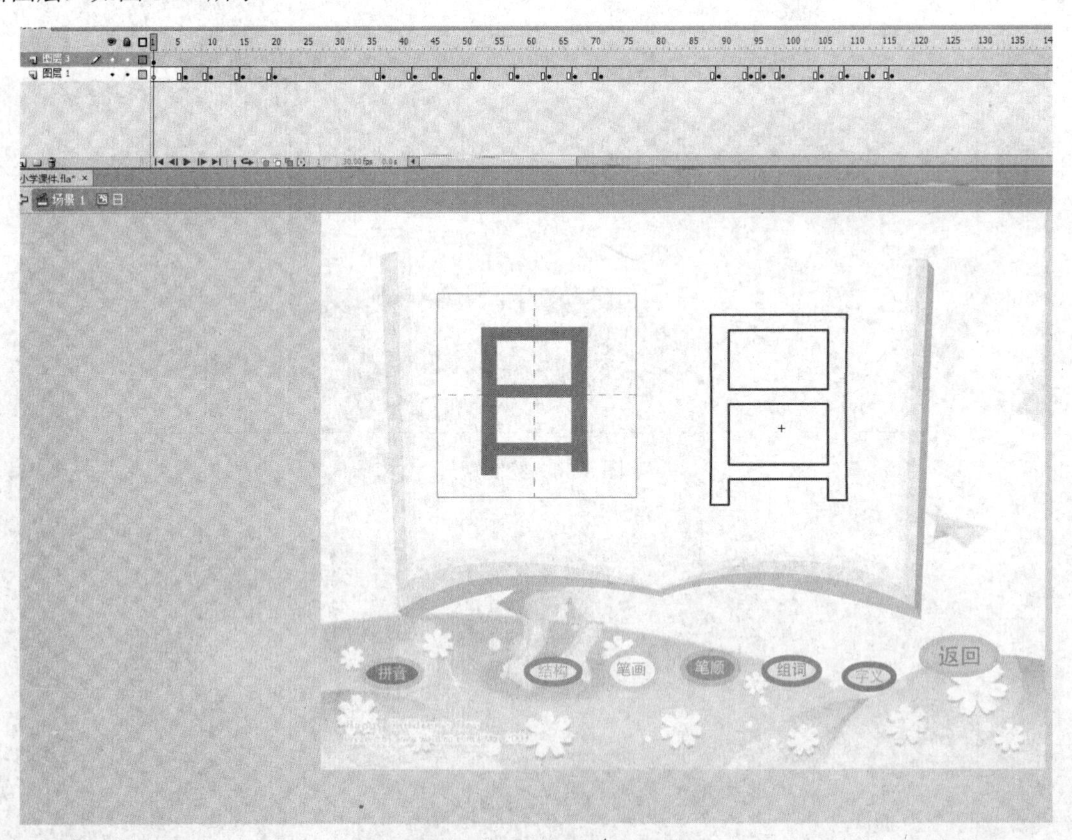

图 8-39　打散图形并勾边

（8）将图形图层的“日”字，按照笔画相反顺序一点点擦掉，借助橡皮工具直到该字完全消失。将所有帧选中，选择“翻转帧”命令，如图 8-40 所示。

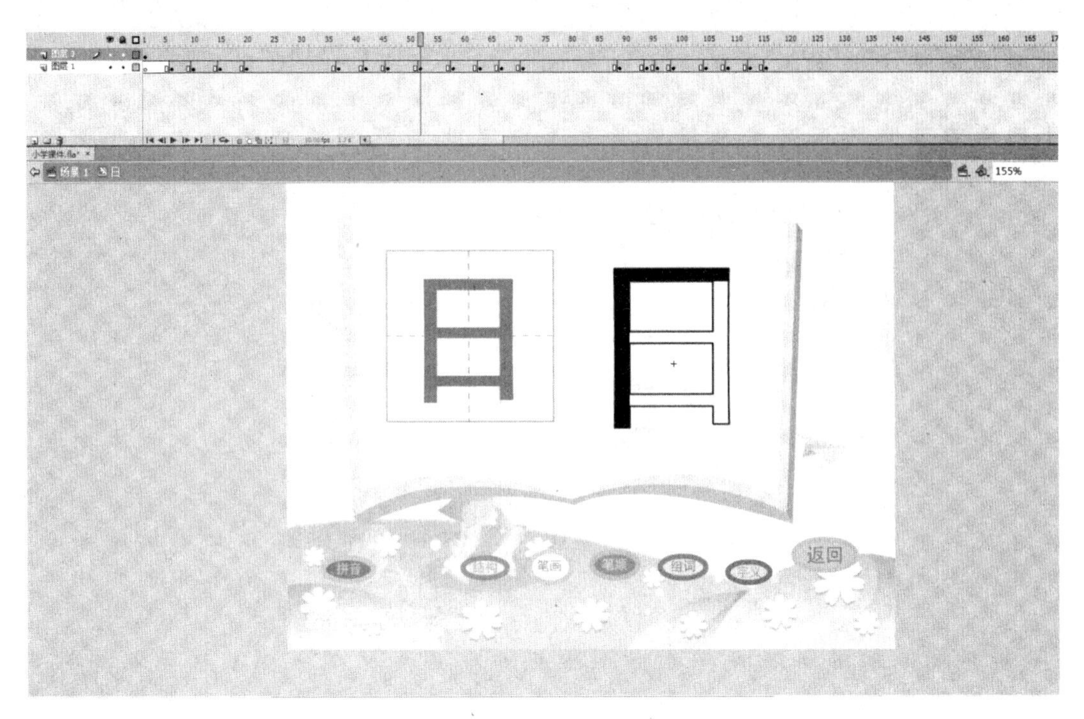

图 8-40 擦掉笔画

（9）在场景上新建图层，在 1 帧～8 帧上建立关键帧，打开动作面板，并在 1 帧～第 8 帧分别插入脚本“stop”，如图 8-41 所示。

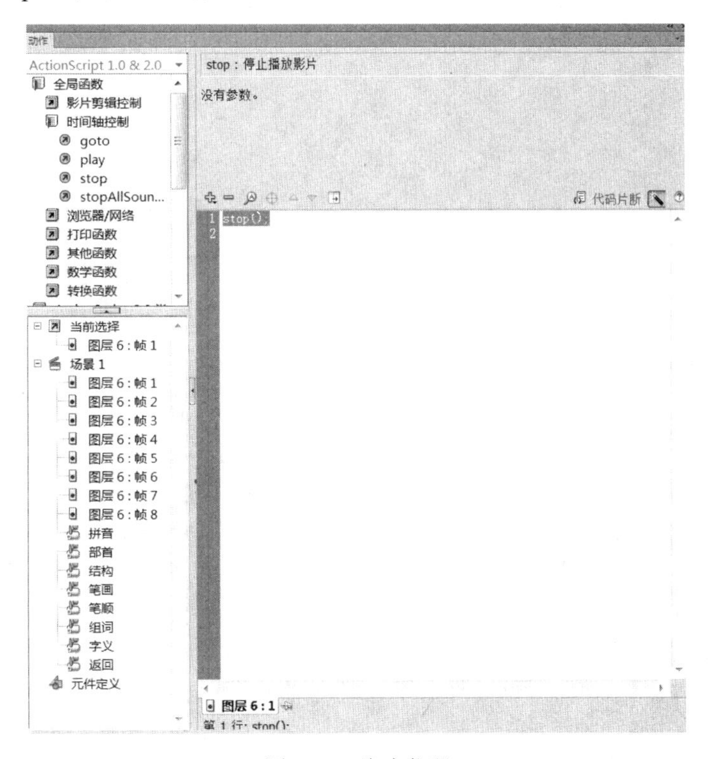

图 8-41 脚本代码

（10）在各个按钮上，分别插入相应的脚本，如“拼音”按钮，则在按钮的动作面板中插

入脚本“gotoandplay（2）”。至此，完成制作，最终效果如图 8-42 所示。

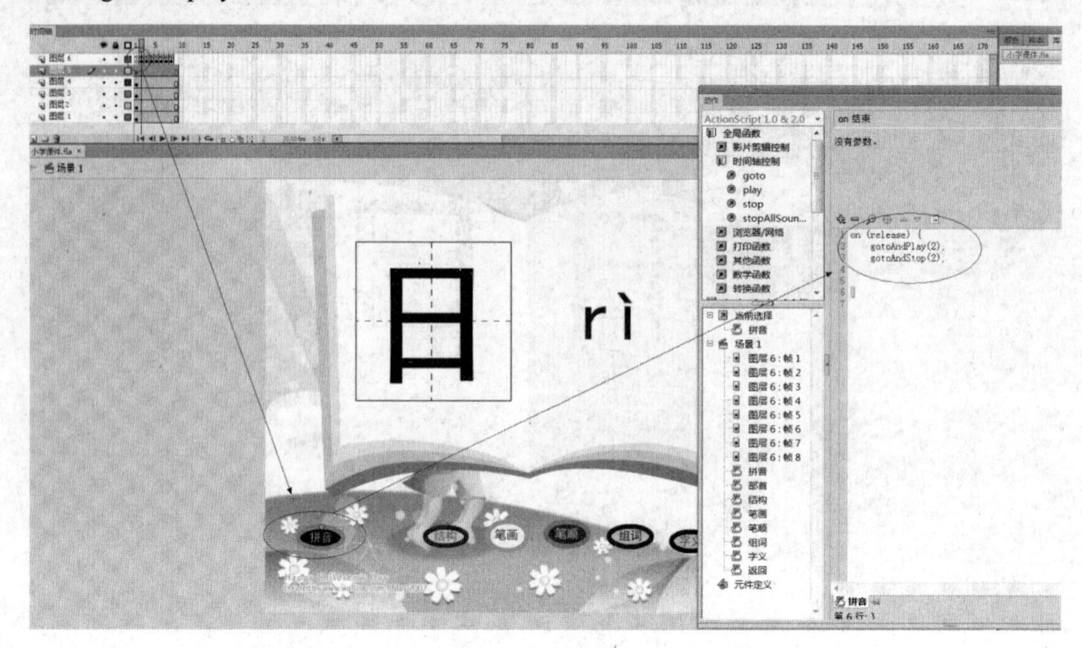

图 8-42　完成效果